高等职业教育优质校建设轨道交通通信信号技术专业群系列教材

模拟电子技术及其应用

（活页式）

主　编　◎　刘海燕

副主编　◎　陈志红　　马　蕾

主　审　◎　付　涛

西南交通大学出版社
·成　都·

图书在版编目（CIP）数据

模拟电子技术及其应用：活页式 / 刘海燕主编. —
成都：西南交通大学出版社，2023.2
ISBN 978-7-5643-8925-3

Ⅰ. ①模… Ⅱ. ①刘… Ⅲ. ①模拟电路 – 电子技术 –
高等职业教育 – 教材 Ⅳ. ①TN710.4

中国版本图书馆 CIP 数据核字（2022）第 207801 号

高等职业教育优质校建设轨道交通通信信号技术专业群系列教材
Moni Dianzi Jishu ji Qi Yingyong(Huoyeshi)
模拟电子技术及其应用
（活页式）

主　编／刘海燕

责任编辑／穆　丰
封面设计／吴　兵

西南交通大学出版社出版发行
（四川省成都市金牛区二环路北一段 111 号西南交通大学创新大厦 21 楼　610031）
发行部电话：028-87600564　028-87600533
网址：http://www.xnjdcbs.com
印刷：四川玖艺呈现印刷有限公司

成品尺寸　185 mm×260 mm
印张　18　　字数　417 千
版次　2023 年 2 月第 1 版　　印次　2023 年 2 月第 1 次

书号　ISBN 978-7-5643-8925-3
定价　43.80 元

本书编写以国家对高等职业教育的办学定位为基本准则，考虑高职教育的教学规律、生源情况、岗位需求等因素，以培养学生能力和素养为出发点，突出重点，在保证必要的基本理论、基础知识、基本技能的基础上紧密结合专业人才培养目标和相关行业规范，注重应用能力的培养，改变理论分析长而深的编写模式，加强"做中学、学中做"的实验、实训内容，在应用能力培养的同时，融合学生综合素质、科学思维方式与可持续发展能力的培养。

本书具有以下特点：

（1）动静结合：本书包含大量的微课视频、动画，打破传统的文字教材模式，学生通过手机扫码即可打开视频，随时解决疑难问题，在书中插入动画让抽象难懂的知识点"动"起来，让学生更易消化吸收。

（2）理实结合：本书各项目后均设置应用实践内容，列出若干实践项目。知识内容丰富、实用，训练多元化、层次化，有基本训练也有综合训练，有电路组装也有虚拟实验。

（3）讲练结合：本书编写突出基本知识、基本理论、基本技能，简化基本单元电路的理论分析，突出基本应用电路的讨论，加强实用电路的举例及应用知识的拓展；加强课后习题量，习题侧重实用电路的分析与设计，用以培养学生的知识应用能力和工程实践能力。

（4）虚实结合：本书各项目后设置有电路应用与电路的组装及调试知识，以提高学生的动手能力；书中介绍了模拟仿真实验软件，使学生轻松掌握实验室操作技巧。

（5）线上线下结合：本书各项目后设置有实验环节，此环节可通过网络注册登录自行研发的实验平台完成。该平台支持学生线上实验，使学生能够突破传统实验室物理条件的限制，无论何时何地，只要通过浏览器就能远程使用实验室资源来进行预定的实验。学生既能通过网络在客户端浏览器进行线上实验，也能在实验室里用传统方法进行线下实验，线上实验能实现智能测试，智能实验报告提交批改。线下实验采用活页式实验报告单，方便学生提交。

（6）思维导图与知识点相结合：让学生在学习之初对知识点进行全方位和系统的了解；使学生在短时间内建立知识体系架构，明确学习目标，提高学习效率，增加理解和记忆，更快学习新知识以及复习旧知识。

（7）中、英双语结合：本书将英文教学和专业课程结合起来，使学生有效地掌握学科专业术语的英文表达，通过该形式提高学生阅读英文文献的水平，为日后进一步学习做好铺垫。

本书在贯彻课程目标的同时，深入挖掘课程中蕴含的思政教育，将课程内容中蕴含的思政教育元素融入教学过程当中，培养学生的爱国主义情怀、科研精神和社会责任感，以及严谨、实事求是的工作态度。

本书由郑州铁路职业技术学院付涛担任主审，提出了很多的宝贵意见和建议，在此表示诚挚的感谢。

本书由刘海燕担任主编，负责全书的策划和定稿。具体编写分工如下：罗丽宾编写绪论及项目一中的任务一至任务五；刘海燕编写项目一中的任务六、应用实践一、应用实践二及项目小结、思考与练习，并统一全书格式；马蕾编写项目二中的任务一至任务六；陈志红编写项目二中的任务七、任务八、应用实践一、应用实践二及项目小结、思考与练习；朱军涛编写项目三中的任务一至任务四，龙芯中科（南京）技术有限公司李浩宇编写项目三中的应用实践一至应用实践三及项目小结、思考与练习；吴昕编写项目四中的任务一至任务三、项目小结、思考与练习；刘素芳编写项目四中的应用实践一至应用实践三；附录一由陈志红编写；附录二由北京神州纪维科技发展有限公司刘佳帅整理。书中微课视频由陈志红、刘海燕、马蕾、张莉、高基豪、吴昕、刘素芳、罗丽宾、孙逸洁、朱力宏、冯笑、任全会、江兴盟等提供。本书英文书稿由吴昕翻译（以上编者均为郑州铁路职业技术学院教师，注明单位者除外）。

本书是郑州铁路职业技术学院、龙芯中科（南京）技术有限公司、北京神州纪维科技发展有限公司联合开发的校企合作教材，编写过程中得到了西南交通大学出版社、龙芯中科（南京）技术有限公司、北京神州纪维科技发展有限公司热情支持和帮助，在此表示衷心的感谢！由于编者水平有限，书中疏漏及不妥之处在所难免，敬请读者批评指正。

编　者

2022 年 11 月

数字资源列表

序号	项目名称	任务名称	二维码名称	资源类型/数量	书籍页码
1		——	项目一英文版本	文档	1
2		任务一 半导体和 PN 结	微课 本征半导体	视频	6
3			微课 杂质半导体	视频	6
4			微课 PN 结	视频	7
5			动画 PN 结的形成	视频	7
6		任务二 二极管及其应用	微课 二极管的结构、分类及特性	视频	8
7			微课 二极管的参数及测试	视频	10
8			微课 二极管在整流电路中的应用	视频	10
9			动画 单相桥式整流电路（1）（2）（3）（4）（5）	视频	10
10			微课 滤波电路	视频	14
11	项目一 常用电子元器件		动画 电容滤波电路（1）（2）（3）（4）	视频	14
12			微课 二极管在稳压电路中的应用	视频	17
13		任务三 晶体三极管	微课 三极管的结构与电流放大原理	视频	20
14			动画 三极管内部载流子的运动（1）发射极电流的形成	视频	20
15			动画 三极管内部载流子的运动（2）基极电流的形成	视频	20
16			动画 三极管内部载流子的运动（3）集电极电流的形成	视频	20
17			微课 三极管的伏安特性曲线	视频	22
18			微课 三极管的主要参数及测试	视频	23
19		任务四 场效应管	微课 结型场效应管	视频	29
20			微课 绝缘栅型场效应管	视频	30
21		任务五 光电子器件	微课 光电子器件	视频	34

序号	项目名称	任务名称	二维码名称	资源类型/数量	书籍页码
22		——	项目二英文版本	文档	61
23		任务一 共发射极放大电路	微课 共射极放大电路基本结构	视频	63
24			动画 基本放大电路组成	视频	63
25			微课 共射极放大电路静态工作点分析计算	视频	64
26			微课 单管共射极放大电路的放大原理	视频	65
27			动画 基本放大电路的放大原理	视频	65
28		任务二 图解分析法	微课 静态工作点图解分析	视频	67
29			微课 放大电路动态的图解分析	视频	68
30	项目二 基本放大电路		微课 图解法分析信号失真	视频	68
31			动画 Q点与波形失真（1）Q点合适	视频	68
32			动画 Q点与波形失真（2）饱和失真	视频	68
33			动画 Q点与波形失真（3）截止失真	视频	68
34		任务三 微变等效电路分析法	微课 三极管的微变等效电路	视频	71
35			动画 微变等效电路的画法（1）（2）（3）	视频	72
36			微课 放大电路主要动态指标计算	视频	73
37		任务四 共集电极放大电路及共基极放大电路	微课 共集电极放大电路	视频	76
38			微课 共基极放大电路	视频	79
39			微课 放大电路的频率特性分析	视频	82
40		任务五 电子电路的稳定措施	微课 温度对工作点的影响，分压式偏置电路的结构	视频	84
41			动画 静态工作点稳定的放大电路	视频	84
42			微课 静态工作点的稳定措施	视频	85
43			微课 反馈的基本概念	视频	87

序号	项目名称	任务名称	二维码名称	资源类型/数量	书籍页码
44	项目二 基本放大电路	任务五 电子电路的稳定措施	微课 反馈类型的判断	视频	88
45			动画 瞬时极性法（1）（2）	视频	88
46			微课 负反馈对放大电路的影响	视频	90
47			动画 负反馈对放大电路的影响	视频	90
48		任务六 多级放大器	微课 多级电路的级联方式	视频	92
49			微课 电容耦合多级放大电路的电路分析	视频	94
50			微课 单管共射极放大电路调整与测试	视频	111
51	项目三 模拟集成电路	——	项目三英文版本	文档	117
52		任务一 集成运算放大器	微课 集成运算放大器的结构及参数	视频	118
53			微课 差动放大电路	视频	120
54			动画 差动放大电路的构成及工作原理（1）（2）（3）	视频	120
55			动画 抑制温漂（1）（2）（3）	视频	120
56			微课 集成运算放大器概述	视频	128
57			动画 虚短与虚断	视频	131
58			动画 虚短与虚断简化电路的分析	视频	131
59			微课 集成运算放大器构成的基本运算电路	视频	132
60			微课 集成运放构成的信号处理电路	视频	138
61		任务二 集成功率放大器	微课 基本功率放大器	视频	149
62			微课 乙类功率放大电路的电路分析	视频	150
63			动画 交越失真（1）（2）（3）	视频	152
64			微课 甲乙类功率放大电路分析	视频	153
65			动画 功率放大电路（1）甲乙类功放结构	视频	153

目录
CONTENTS

绪 论

电子技术是根据电子学的原理，运用电子元器件设计和制造某种特定功能的电路以解决实际问题的科学，是十九世纪末到二十世纪初开始发展起来的新兴技术，在二十世纪发展最迅速、应用最广泛。电子技术成为近代科学技术发展的一个重要标志，在现代社会中起着不可估量的作用。

一、电子技术对人类的影响

20 世纪可以说是电子技术的世纪，它创造了一个又一个科学技术奇迹，使人类真正享受到了科技对生活的巨大改变，也改变了人们对生活和时尚的追求。中国在改革开放后极短的时间内，使电视机、手机、计算机等一系列现代电子产品普及到千家万户，使人们的精神文化生活和物质生活发生了翻天覆地的变化。

电子技术的发展还推动了各个领域的技术发展，如医疗设备领域的 B 超机、心电图机、脑电图机等，使现代医疗诊断水平显著提高；现代工业和航天航空技术更是借助电子技术，使人类的活动范围不断扩大并向太空延伸；国防技术更是离不开电子技术。未来，电子技术将展现更加迷人的风采。

二、电子技术的发展史

电子技术的发展共经历了 5 个阶段，即真空电子管电路→晶体管电路→中小规模集成电路→大规模集成电路→超大规模集成电路。

1904 年，英国的弗来明发明了真空电子二极管，1906 年，美国的德福雷斯特发明了真空电子三极管，同年，美国的费森登开始用电子管调制无线电收、发音乐和演讲，出现了最早的电子管收音机。电子管的外形结构主要是真空玻璃管，代表近代电子技术的基础，目前仅能偶尔从一些古董式的木箱结构的台式收音机中看到，而电视机的显像管是一种专用电子管的结构。在 20 世纪的前半叶，电子管电路独领风骚，在军事、通信、交通等社会领域中，展现了其神通作用。1920 年，美国建成了世界上第一座无线电台，1925 年，英国人贝尔德发明了电视机，1946 年在美国诞生了第一台电子管电子计算机，该计算机用了一万八千多个电子管，整机重达 30 t，功率为140 kW，运算速度仅为 5 000 次/s，且价格昂贵。

电子管具有体积大、工艺复杂、寿命短、不便运输等特点，因此对电子元件的改进成为电子技术发展的必需。巴亨、肖克莱和布拉克，这三位杰出的美国科学家在1947 年成功研制出了晶体三极管，其用固体的晶体材料——半导体制作而成，各方面性能远远超过了真空玻璃管，使电子技术有了根本性的突破，世界科学技术也随之产生了巨变。1953 年，晶体管收音机问世，1956 年，第二代计算机——晶体管计算机诞生，1957 年，苏联采用晶体管自动控制设备，发射了第一颗人造地球卫星。晶体管也使电视接收技术更加成熟实用，逐步在发达国家普及。

1958 年，美国研制成功了第一个集成电路，把一个具有完整功能的电子电路做在一块半导体晶片上，使电子电路的体积大大缩小，功能大大增强，成本大大降低，电子技术发生了又一次巨大的突破和变革。1962 年，各种集成电路迅速发展，并在 1964 年出现了集成运算放大器，同时诞生了由中小规模集成电路制造的电子计算机，使计算机的功能、速度、体积、成本都有了重大突破。

到 20 世纪 60 年代末期，出现了第四代电子器件——大规模集成电路，它可以在一块 5 mm² 左右的晶体上制造出一千多个元件。乘借电子技术的东风，美国宇航局在 1969 年 7 月完成了人类首次登上月球的创举。1972 年诞生了用大规模集成电路制造的第四代计算机，使得计算机进一步微型化，并开始应用于教育科研领域，电子技术也逐步广泛深入到社会的各个领域，使全球科学技术发展更加迅速。

1977 年，美国研制成功了超大规模集成电路，可在 30 mm² 的硅晶体片上造出十五万多个晶体管，同时日本的集成电子技术也进入了超大规模集成电路时代。由此产生了真正意义上的微型计算机，其成本大幅下降，开始向家庭普及。计算机可以说是现代社会的标志产物，是实现信息化和高效工作的前提，缩短了时空距离。电子计算机技术的发展速度可谓日新月异。

电子技术仅用一百多年的时间就取得了如此辉煌的成就，堪称奇迹。正如 20 世纪 20 年代，一位富于幻想的美国作家根斯巴克在其科幻小说中预言："七百年后人们坐在家里可以观赏六千米以外的剧院演出"，当时许多人认为这是毫无根据的瞎想，岂料仅仅几年电视机就诞生了。

人们一直在期待着科学技术的新突破！

三、本课程研究的对象及内容

电子技术主要研究如何用电子器件构成实用电路去控制电子运动，即把电子运动产生的电流和电磁波等物理量作为一种信息来进行传输和处理。这种信息可以分为模拟信号和数字信号两大类。模拟信号是指幅度随时间连续变化的信号，如用电压或电流的变化模拟声波的变化。数字信号是指幅度随时间间断、离散变化的信号，如电报码和用电平的高与低表示的二值逻辑信号等。最早把电流作为信息来处理的是 1844 年 5 月美国的莫尔斯发明的有线电报，用电流分别构成点、横线和空格，组成"莫尔斯电码"，用其组合分别来表示 26 个英文字母等信息，这就是最早的数字信号。最早利用电流产生并传输模拟信号的是 1875 年 6 月美国的贝尔，其发明的电话通过把声音信号转换成同样变化规律的电流信号进行传输。

根据这两类信号，电子电路也分为模拟电子电路和数字电子电路两大类（简称为模电和数电）。模拟电子电路就是用来产生、传输和处理模拟信号的电路，典型设备有收音机、电视机、扩音机等。收音机和电视机系统是把原始的声音和图像信号模拟转换为以同样规律变化的电信号，再进行处理、传输和放大，由扬声器和显像管还原出声音和图像。数字电子电路是专门用来传输和处理数字信号以实现逻辑功能的，典型设备是电子计算机等。计算机系统主要是对各种数字信号进行逻辑运算及分析处理等。模拟电路和数字电路的结合越来越广泛，在技术上正趋向于将模拟信号数字化，以获取更好的传输效果及抗干扰性能，如数码相机、数码电视机等。

本书研究的对象是模拟电子电路，其主要任务之一是对微弱的电信号进行模拟放大。在自动控制电路中，非电物理量经传感器转换成的电信号通常是比较微弱的，必须经过模拟电路进行放大才能驱动执行机构。本书的主要内容有常用电子元器件的结构与原理、基本放大电路、集成运算放大器、集成功率放大器、直流电压源、振荡器等。

电子技术是一门实用性很强的技术课程，必须加强实践能力的培训。本书在各项目配有技能训练内容，作为教学参考内容及实践学习的资料，教学中可根据实训设备条件予以选用。

项目一 常用电子元器件

思维导图

项目一英文版本

常用电子元器件

- 基础知识
  - 本征半导体
    - 本征激发
    - 两种载流子
  - 杂质半导体
    - N型半导体多子：自由电子；少子：空穴
    - P型半导体多子：空穴；少子：自由电子
  - PN结
    - PN结的形成
    - PN结特性单向导电性

- 半导体二极管
  - 结构、种类
  - 主要参数
    - 最大整流电流
    - 反向击穿电压
    - 最高工作频率
  - 伏安特征曲线
    - 正向特性
    - 反向特性
    - 击穿特性
      - 齐纳击穿
      - 雪崩击穿
  - 应用
    - 在整流、滤波电路中的应用
      - 单相半波整流
      - 单相桥式整流
    - 在稳压电路中的应用　稳压二极管　工作在反向击穿区
    - 二极管检测
      - 判别极性
      - 质量检测

- 半导体三极管（双极型）
  - 结构（三个区、三个极、两个结）
    - NPN型
    - PNP型
  - 电流放大原理
    - 内部载流子运动过程
    - 电流分配关系
      - I_C 与 I_E 关系
      - I_C 与 I_B 关系
  - 特性曲线
    - 输入特性曲线　发射结正偏导通时
      - $U_{BE}=0.7\,V$（硅）
      - $U_{BE}=0.3\,V$（锗）
    - 输出特性曲线
      - 放大区：发射结正偏，集电结反偏
      - 饱和区：发射结正偏，集电结正偏
      - 截止区：发射结反偏，集电结反偏
  - 参数
    - 电流放大系数 β
    - 穿透电流
    - 集电极耗散功率
  - 检测方法
    - 管型检测
    - 质量检测

- 场效应管（单极型）
  - 结构
    - 结型
      - N沟道
      - P沟道
    - 绝缘栅型
      - 增强型
      - 耗尽型
  - 主要参数及特性曲线
  - 使用注意事项
    - 栅极处理方法
    - 焊接时注意事项
    - 各级电压极性

- 光电子器件
  - 光电二极管：光信号转换电信号
  - 发光二极管：应用于信号灯指示、字符指示
  - 激光二极管：用于光传输
  - 光电三极管：光电转换、光电流放大
  - 光耦合器：电-光-电传递与转换

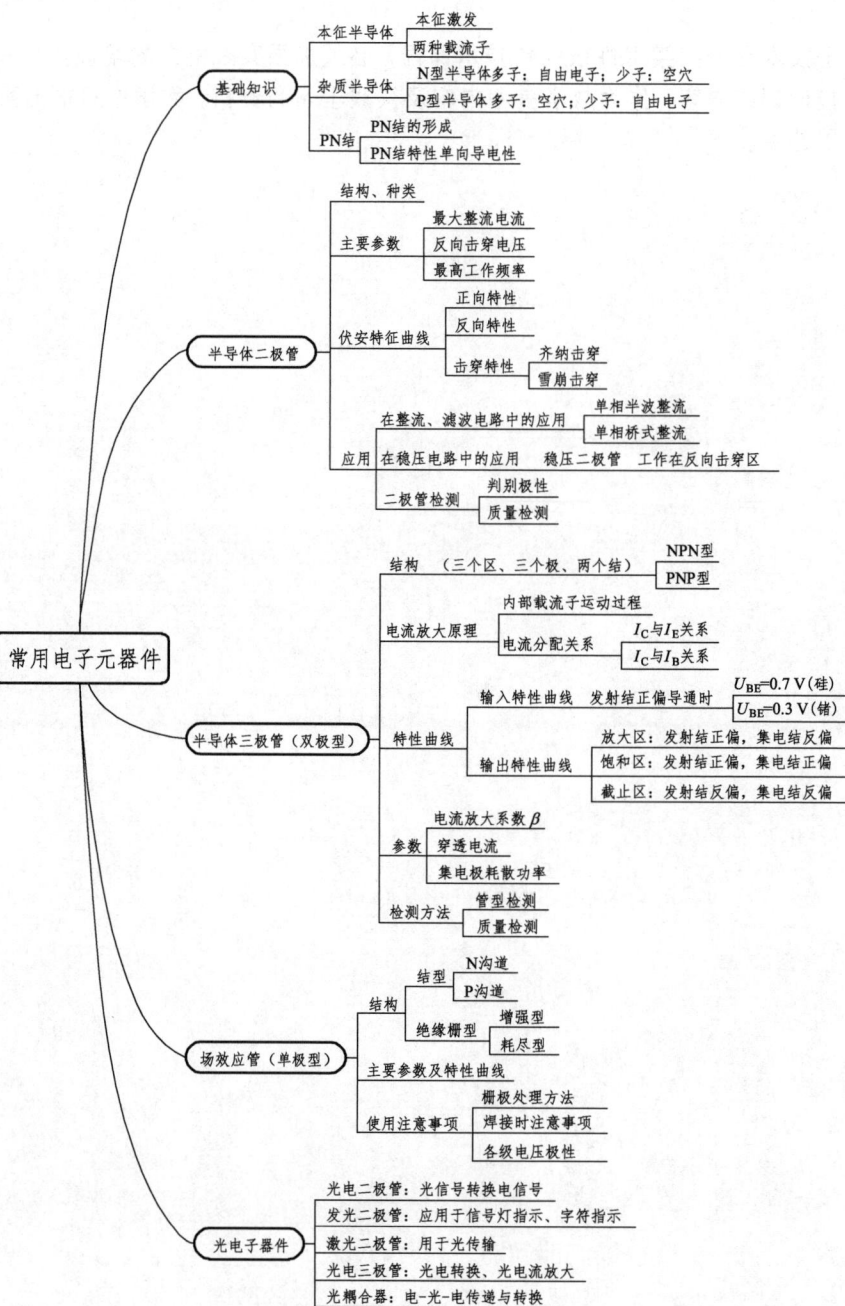

图 1-1　项目一思维导图

认识半导体的性能及 PN 结的形成；熟练掌握由半导体构成的基本电子器件二极管、三极管、场效应管的特性、应用、测试、识别方法及使用常识；

通过"学中做""做中学"培养学生记录、收集、处理、保存各类专业技术信息资料，利用网络技术获取新知识的能力；使学生具有良好的思想品德，以及爱岗敬业、热情主动的工作态度。

任务一　半导体和 PN 结

一、半导体

大自然的物质类别是极其丰富的，单从导电能力上可以分为导体、绝缘体和半导体。

导体是指电阻率很小且易于传导电流的物质，常见的导体有金、银、铜、铁、铝等金属类；绝缘体是指不善于传导电流的物质，常见的绝缘体有胶木、橡胶、陶瓷等。

半导体是导电能力介于导体和绝缘体之间的特殊物质，常用材料有锗（Ge）、硅（Si）、砷化镓（GaAs）等。这些材料在现代科学技术中扮演了极为重要的角色。

（一）半导体的性质

半导体的导电能力具有一些独特的性能。主要表现为如下 3 个方面：

1. 杂敏性

半导体对掺入杂质很敏感。在半导体硅中只要掺入亿分之一的硼（B），电阻率就会下降到原来电阻率的数万分之一。因此用控制掺杂浓度的方法，可人为地控制半导体的导电能力，制造出各种不同性能、用途的半导体器件。

2. 热敏性

半导体对温度变化很敏感。温度每升高 10 ℃，半导体的电阻率减小为原来电阻率的二分之一。这种特性对半导体器件的工作性能有许多不利的影响，但利用这一特性可制成自动控制系统中常用的热敏电阻，它可以感知万分之一摄氏度的温度变化。

3. 光敏性

半导体对光照很敏感。半导体受光照射时，它的电阻率显著减小。例如，半导体材料硫化镉（CdS），在一般灯光照射下，它的电阻率是移去灯光后的数十分之一或数百分之一。自动控制中用的光电二极管、光电三极管和光敏电阻等，就是利用这一特性制成的。

（二）本征半导体

完全纯净的半导体叫作本征半导体，又称为纯净半导体。

半导体中的原子是按照一定的规律整齐排列着的，并呈晶体结构，如图 1-2 所示，所以半导体管又称为晶体管。

微课　本征半导体

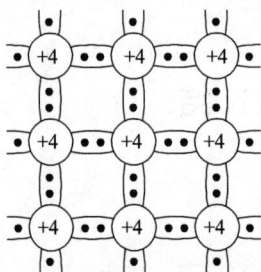

常用的半导体材料是硅和锗。硅、锗原子的外层电子都是 4 个，它们在组成晶体时，晶体内部结构的组合方式是共价键结构，其简化原子模型如图 1-3 所示，每个价电子受到相邻两个原子核的束缚。

图 1-2　硅或锗晶体的共价键结构示意图　　图 1-3　硅和锗的原子结构简化模型

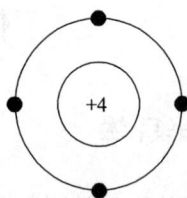

在常温下，价电子获得足够的能量可挣脱共价键的束缚，成为自由电子，这种现象称为本征激发。这时，共价键中就留下一个空位，这个空位称为空穴。空穴的出现是半导体区别于导体的一个重要特点。

在半导体中，有两种载流子，即空穴和自由电子。在本征半导体中，它们总是成对出现的。利用杂敏的特性，可以在本征半导体中掺入微量的杂质，就会使半导体的导电性能发生显著的改变。

（三）掺杂半导体

根据掺入杂质性质的不同，掺杂半导体可分为空穴（P）型半导体和电子（N）型半导体两大类。

微课　杂质半导体

N 型半导体是在纯净的半导体中掺入五价元素（如磷、砷和锑等）形成的（见图 1-4），使其内部多出了自由电子，自由电子就成为多数载流子，空穴为少数载流子。

P 型半导体是在硅（或锗）的晶体内掺入少量的三价元素形成的（见图 1-5），如硼（或铟）等，因硼原子只有三个价电子，在与周围硅原子组成共价键时，缺少一个电子，在晶体中便多产生了一个空穴。控制掺入杂质的多少，便可控制空穴数量。这样，空穴数就远大于自由电子数，在这种半导体中，以空穴导电为主，因而空穴为多数载流子，简称多子；自由电子为少数载流子，简称少子。

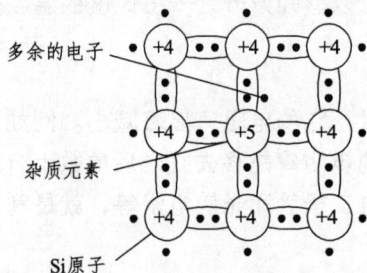

图 1-4　N 型半导体结构　　　　图 1-5　P 型半导体结构

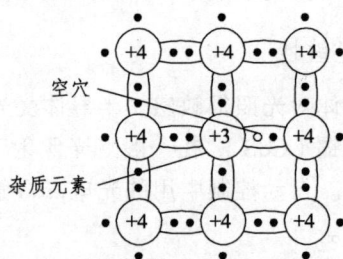

二、PN 结及其特性

微课 PN 结　　　动画 PN 结的形成

（一）PN 结的形成

如果在一块纯净半导体（如硅和锗等）中，通过特殊的工艺，在它的一边掺入微量的三价元素硼形成 P 型半导体，在它的另一边掺入微量的五价元素磷，形成 N 型半导体，这样在 P 型半导体和 N 型半导体的交界面上就形成了一个具有特殊电性能的薄层——PN 结。PN 结具有单向导电的性能，这是因为交界面两侧存在着电子和空穴浓度差，N 区的电子要向 P 区扩散（同样 P 区的空穴也向 N 区扩散，称为扩散运动），并与 P 区的空穴复合，如图 1-6（a）所示。交界面两侧产生了数量相同的正负离子，形成了方向由 N 到 P 的内电场，如图 1-6（b）所示。这个内电场对扩散运动起阻止作用，同时内电场又对两侧的少子起推进作用，使其越过 PN 结，称为漂移运动。显然，扩散与漂移形成的电流方向是相反的，最终扩散运动与漂移运动达到动态平衡，这样就形成了有一定厚度的 PN 结。

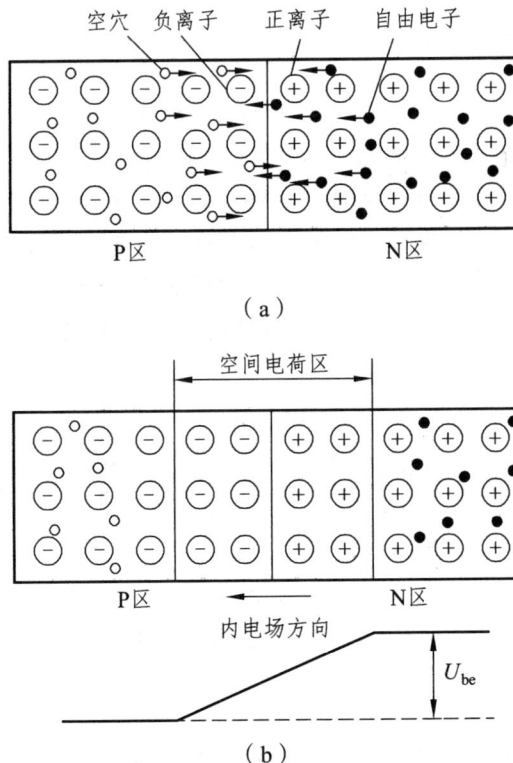

（a）

（b）

图 1-6　半导体 PN 结形成

（二）PN 结的特性

当 PN 结外加正向电压（称为正向偏置）时，由于内电场被削弱，则形成较大的扩散电流，呈现较小的电阻，相当于导通状态，如图 1-7（a）所示；若加上反向电压（称为反向偏置），则内电场加强，只形成极其微弱的漂移电流（因为少子的数量是极少的），呈现较大的电阻，相当于截止状态，如图 1-7（b）所示。这就是 PN 结的重要特性——单向导电性。

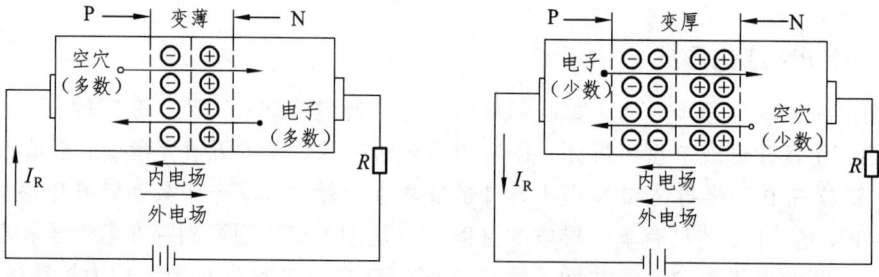

（a）加正向电压时　　　　　　　　（b）加反向电压时

图 1-7　PN 结的单向导电性

任务二　二极管及其应用

一、半导体二极管

在 PN 结两侧各引出一个电极并加上管壳就形成了半导体二极管，其结构和符号如图 1-8（a）、（b）所示。

二极管有两个电极：与 P 区相连的电极为正极，与 N 区相连的电极为负极。正极又称为阳极，用字母 a 表示；负极又称为阴极，用字母 k 表示。二极管的极性通常标示在它的封装上，有些二极管用黑色或白色色环表示其负极端。

微课　二极管的结构、分类及特性

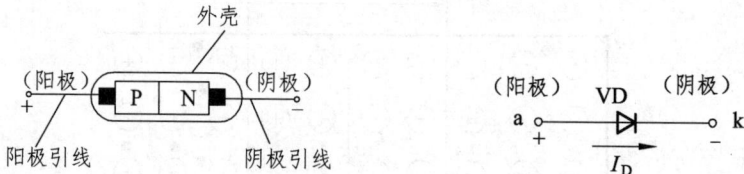

（a）二极管的结构　　　　　　　　（b）二极管的符号

图 1-8　二极管的结构、符号

（一）二极管的类型

根据所用的半导体材料不同，可分为锗二极管和硅二极管；按照管芯结构不同，可分为点接触型、面接触型和平面型。

点接触型二极管的 PN 结接触面很小，只允许通过较小的电流（低于几十毫安），但在高频下工作性能很好，适用于收音机中对高频信号的检波和微弱交流电的整流，如国产的锗二极管 2AP 系列、2AK 系列等。

面接触型二极管 PN 结面积较大，并做成平面状，它可以通过较大的电流，适用于对电网的交流电进行整流，如国产的 2CP 系列、2CZ 系列的二极管。

平面型二极管的特点是在 PN 结表面被覆一层二氧化硅薄膜，避免 PN 结表面被水分子、气体分子以及其他离子等沾污。这种二极管的特性比较稳定，多用作开关元件、处理脉冲信号及用于超高频电路中。国产 2CK 系列二极管就属于这种类型。

根据二极管用途不同，可分为整流二极管、稳压二极管、开关二极管、光电二极管及发光二极管等。常见二极管外形如图 1-9 所示。

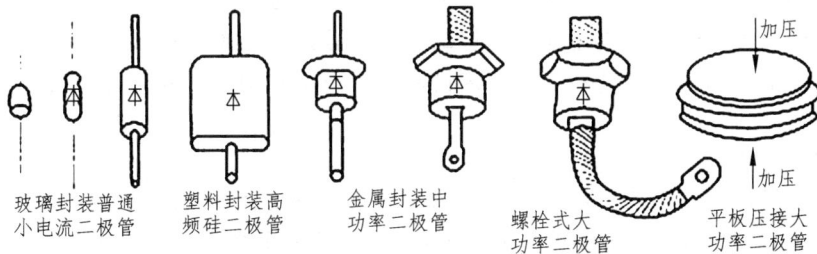

图 1-9 二极管的外形

（二）二极管的伏安特性

图 1-10 中分别是硅二极管和锗二极管的两端电压与其内部电流的关系曲线，称为伏安特性曲线。图中纵轴的右侧称为正向特性，左侧称为反向特性。

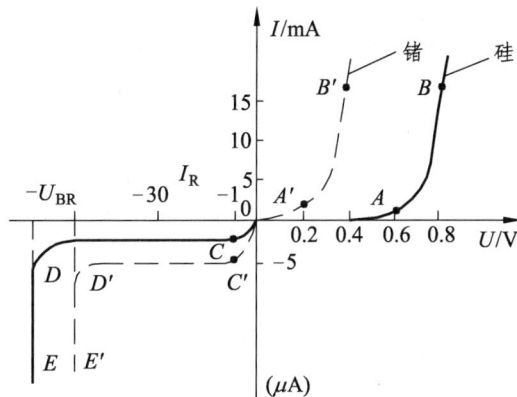

图 1-10 二极管的伏安特性曲线

1. 正向特性

正向连接时，二极管的正极接电路的高电位端，负极接电路的低电位端。当二极管两端的正向电压很小的时候，正向电流微弱，二极管呈现很大的电阻，这个区域是二极管正向特性的"死区"，如图 1-10 中的 0A（0A'）段。只有当外加正向电压达到一定数值（这个数值称为导通电压，硅管为 0.6～0.7 V，锗管为 0.2～0.3 V）以后，二极管才真正导通。此时，二极管两端的正向管压降几乎不变（硅管为 0.7 V 左右，锗管为 0.3 V 左右），可以近似地认为它是恒定的，不随电流的变化而变化，如图 1-10 中 B（B'）点以后的线段所示。但是从伏安特性曲线可以看出，此时正向电流是随着正向电压的增加而急速增大的，如不采取限流措施，过大的电流会使 PN 结发热，超过最高允许温度（锗管为 $90 \sim 100\ ℃$，硅管为 $125 \sim 200\ ℃$）时，二极管就会被烧坏。

2. 反向特性

二极管反向连接时处于截止状态，仍然会有微弱的反向电流（锗二极管不超过几微安，硅二极管不超过几十纳安），如图 1-10 中的 $0C$（$0C'$）段。反向电压 $-1 \sim 0$ V 范围内，反向电流随反向电压增大而增大，当反向电压小于 -1 V 时，反向电流趋于饱和，如图 1-10 中的 CD（CD'）段。反向电流和温度有极为密切的关系，温度每升高 $10\ ℃$，反向电流约增大一倍。反向电流是衡量二极管质量好坏的重要参数之一，反向电流太大，二极管的单向导电性能和温度稳定性就差，选择和使用二极管时必须特别注意。

3. 击穿特性

当加在二极管两端的反向电压增加到某一数值时，反向电流会急剧增大，如图 1-10 中的 DE（DE'）段所示，这种状态称为击穿。发生击穿时的电压 U_{BR} 为反向击穿电压，对于点接触型二极管，其 U_{BR} 为数十伏，面接触型二极管 U_{BR} 为数百伏，最高可达几千伏。

（三）主要参数

器件的参数是用以说明器件特性的数据，它是根据使用要求提出的。二极管的主要参数及其意义如下：

微课 二极管的参数及测试

（1）最大整流电流 I_F：指长期运行时晶体二极管允许通过的最大正向平均电流。

（2）最大反向工作电压 U_{RM}：指正常工作时，二极管所能承受的反向电压的最大值。

（3）反向击穿电压 U_{BR}：当外加反向电压低于 U_{BR} 时，二极管处于反向截止区，反向电流几乎为零。当外加反向电压超过 U_{BR} 后，反向电流突然增大，二极管失去单向导电性。

（4）最高工作频率 f_M：指二极管工作的上限频率，由 PN 结的结电容大小决定的参数。当工作频率 f 超过 f_M 时，结电容的容抗减小至可以和反向交流电阻相比拟时，二极管将逐渐失去它的单向导电性。

二、二极管在整流、滤波电路中的应用

微课 二极管在整流电路中的应用　　动画 单相桥式整流电路（1）（2）（3）（4）（5）

各种电子电路和设备都需要由直流电源提供能量，而日常所用的电源一般都是工频交流电源，这就需要应用电子电路将其转换为直流电源。这个过程由四部分电路完成，其组成框图及各部分对应的输出波形如图 1-11 所示。

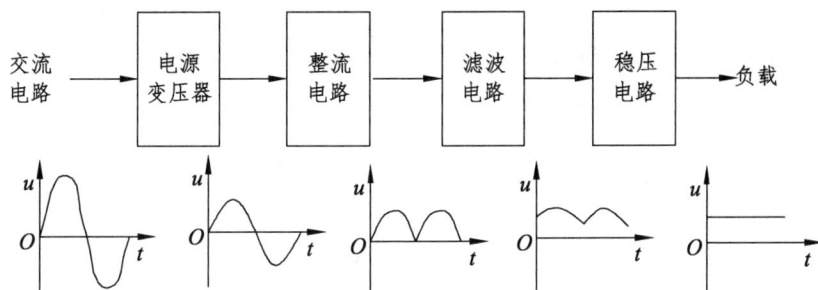

图 1-11　直流电源的组成框图

图中，电源变压器的任务是将交流电源的幅度变换为直流电源所需要的幅度；整流电路的任务是将双向变化的交流电变成单向的脉动直流电；滤波电路的任务是滤除脉动直流电中的交流成分，保留直流成分；稳压电路的任务是使输出电压的幅度保持稳定。由于变压器的结构和原理已在电工知识中讲过，所以本节从整流电路讲起。

（一）单相半波整流

利用二极管的单向导电性，可以把双向变化的交流电转换为单向脉动交流电，该过程称为整流。

单相半波整流电路图如图 1-12 所示，图中 u_i 为交流电压，其幅度一般较大，为几伏以上。其输入输出波形如图 1-13 所示。在交流 u_i 的正半周，二极管 VD 正向导通，其导通电压可以忽略不计，则 u_o 等于 u_i；在 u_i 的负半周，VD 反向截止，则 u_o 等于 0。从图 1-13 可以看出，交流输入电压只有一半通过整流电路，所以这种整流称为半波整流。整流的过程只是把双向交流电变为单向脉动交流电。

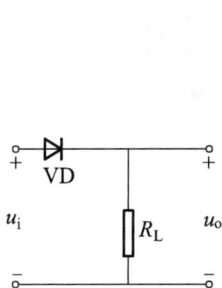

图 1-12　二极管单相半波整流电路

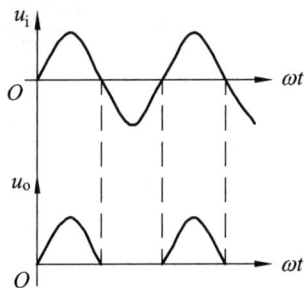

图 1-13　半波整流电路的波形图

1. 输出电压平均值 U_o 的计算

正弦交流电的平均电压值为 0，所以用有效值来描述，经过半波整流后的单向脉动电压则可以用平均值来描述，可利用高等数学中积分的方法来求得 U_o 的平均值，即

$$U_o = \frac{1}{T}\int_0^T u_i \mathrm{d}t = \frac{1}{2\pi}\int_0^\pi \sqrt{2}U_i \sin\omega t \mathrm{d}(\omega t)$$

可得出：
$$U_o = \frac{\sqrt{2}}{\pi}U_i \approx 0.45U_i$$

流过负载 R_L 上的直流电流为

$$I_o = \frac{U_o}{R_L} = \frac{0.45U_i}{R_L}$$

2. 整流二极管的选择

从图 1-13 中可明显看出，二极管反向时承受的最高电压是 u_i 的峰值电压 $\sqrt{2}U_i$，承受的平均电流等于 I_o。实际选用二极管时，还要将这两个值乘以（1.5～2）倍的安全系数，再查阅电子元器件手册来选取合适的二极管。

（二）单相桥式整流电路

单相桥式整流电路如图 1-14（a）所示。由图可见，四个二极管 VD_1、VD_2、VD_3、VD_4 构成电桥的桥臂，在四个顶点中，不同极性点接在一起与变压器次级绕组相连，同极性点接在一起与直流负载相连。

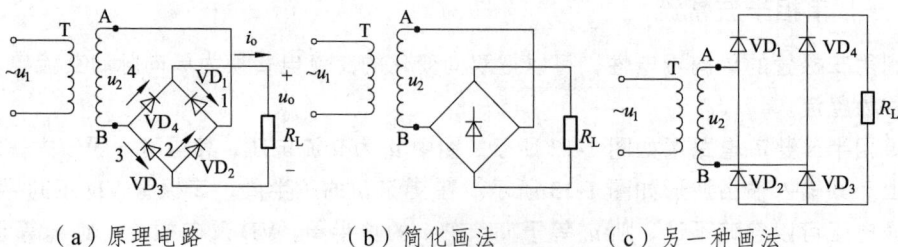

（a）原理电路　　　（b）简化画法　　　（c）另一种画法

（d）硅堆实物图

图 1-14　单相桥式整流电路

注：图 1-14（a）中 1、2、3、4 分别表示电流 i_{VD1}、i_{VD2}、i_{VD3}、i_{VD4}。

1. 工作原理

设电源变压器次级电压 $u_2 = \sqrt{2}U_2 \sin\omega t$，其波形如图 1-15 所示。

图 1-14（a）中，在 u_2 正半周，A 端电压极性为正，B 端为负。二极管 VD_1、VD_3

正偏导通，VD$_2$、VD$_4$反偏截止，电流通路为 A→VD$_1$→R_L→VD$_3$→B，负载 R_L 上电流方向自上而下；在 u_2 负半周，A 端为负，B 端为正，二极管 VD$_2$、VD$_4$ 正偏导通，VD$_1$、VD$_3$ 反偏截止，电流通路是 B→VD$_4$→R_L→VD$_2$→A。同样，负载 R_L 上电流 i_o 方向自上而下，波形图如图 1-15（d）所示。

由此可见，在交流电压的正负半周，都有同一个方向的电流通过负载 R_L 从而达到整流的目的。四个二极管中，两个为一组轮流导通，在负载 R_L 上得全波脉动的直流电压 u_o 和电流 i_o，如图 1-15（d）、（e）所示。所以桥式整流电路称为全波整流电路。

2. 负载上的电压与电流计算

由于单相桥式整流输出波形刚好是两个半波整流的波形，所以有

$$U_o \approx 0.9U_2$$

流过负载 R_L 的电流为

$$I_o = \frac{U_o}{R_L} = \frac{0.9U_2}{R_L}$$

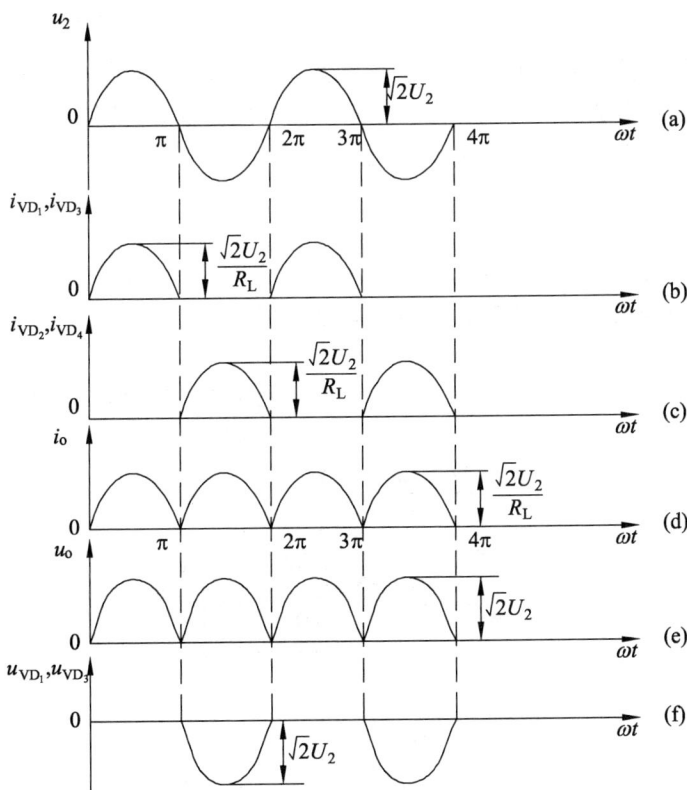

图 1-15　单相桥式整流波形图

3. 整流二极管的选择

桥式整流电路中，每只二极管在一个周期内只有半个周期是导通的，因此流过二极管的电流平均值为负载电流的一半，即

$$I_V = \frac{1}{2}I_o$$

二极管最大反向电压，为其截止时所承受的反向峰压，如图 1-15（f）所示。其反向电压大小为：

$$U_{RM} = \sqrt{2}U_2 \approx 1.57U_o$$

图 1-15 中仅画出了 VD_1、VD_3 管截止时承受的反向电压波形，VD_2、VD_4 管与 VD_1、VD_3 交替截止，读者可试着自己画出 VD_2、VD_4 管截止时承受反向电压的波形图。

为了方便地使用整流电路，利用集成技术，将硅整流器件按某种整流方式封装制成硅整流堆，习惯上称为硅堆，如图 1-14（d）所示。

（三）滤波电路

微课　滤波电路　　　　　　动画　电容滤波电路（1）（2）（3）（4）

经过整流得到的单向脉动直流电中还包含多种频率的交流成分。为了滤除或抑制交流分量以获得平滑的直流电压，必须设置滤波电路。滤波电路直接接在整流电路后面，一般由电容、电感以及电阻等元件组成。

1. 电容滤波电路

单向桥式整流电容滤波电路如图 1-16 所示，负载两端并联的电容 C 为滤波电容，利用 C 的充放电作用，使负载电压、电流趋于平滑。

1）工作原理

单相桥式整流电路，在不接电容 C 时，其输出电压波形如图 1-17（a）所示。

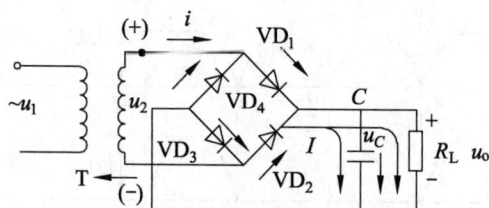

（a）

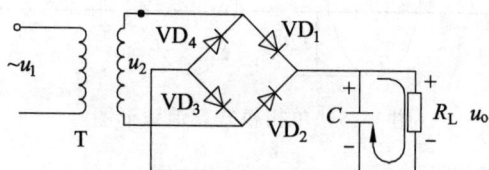

（b）

图 1-16　单相桥式整流电容滤波电路

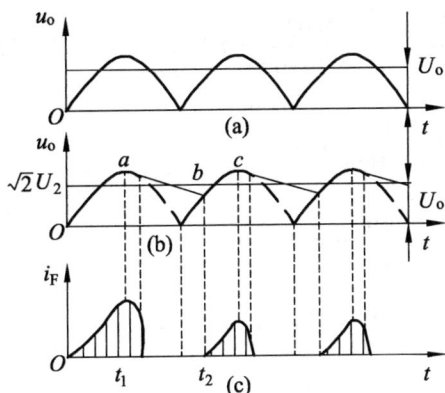

图 1-17　单相桥式整流电容滤波波形

接上电容器 C 后，在输入电压 u_2 的正半周，二极管 VD_1、VD_3 在正向电压作用下导通，VD_2、VD_4 反偏截止，如图 1-16（a）。整流电流 i 分为两路，一路向负载 R_L 供电，另一路向 C 充电，因充电回路电阻很小，充电时间常数很小，C 被迅速充电，如图 1-17（b）中的 OA 段。到 t_1 时刻，电容器上电压 $u_C \approx \sqrt{2}\,U_2$，极性上正下负。$t_1 \sim t_2$（a 点对应 t_1 时刻；b 点对应 t_2 时刻）期间，$u_2 < u_C$，二极管 VD_1、VD_3 受反向电压作用截止。电容 C 经 R_L 放电，放电回路如图 1-16（b）所示。因放电时间常数 $\tau_{放}$（$\tau_{放} = R_L C$）较大，故 u_C 只能缓慢下降，如图 1-17（b）中 ab 段所示。期间，u_2 负半周到来，也迫使 VD_1、VD_3 反偏截止，直到 t_2 时刻 u_2 上升到大于 u_C 时，VD_1、VD_3 才导通，C 再度充电至 $u_C \approx \sqrt{2}\,U_2$，如图 1-17（b）中 bc 段。之后，$u_2$ 又按正弦规律下降，当 $u_2 < u_C$ 时，VD_1、VD_3 反偏截止，电容器又经 R_L 放电。电容器 C 如此反复地充放电，负载上便得到近似于锯齿波的输出电压。

接入滤波电容后，二极管的导通时间变短，如图 1-17（c）所示。负载平均电压升高，交流成分减小。电路的放电时间常数 $\tau_{放}$（$\tau_{放} = R_L C$）越大，C 放电过程就越慢，负载上得到的 u_o 就越平滑。

2）滤波电容的选择

根据前面分析可知，电容 C 越大，电容放电时间常数 $\tau_{放} = R_L C$ 越大，负载波形越平滑。一般情况下，桥式整流可按下式来选择 C 的大小，式中 T 为交流电周期。

$$R_L C \geqslant （3 \sim 5）\frac{T}{2}$$

滤波电容一般都采用电解电容，使用时极性不能接反。电容器耐压应大于 $\sqrt{2}\,U_2$，通常取（$1.5 \sim 2$）U_2。

此时负载两端电压依经验公式得：

$$U_o = 1.2 U_2$$

【例 1-1】桥式整流电容滤波电路，要求输出直流电压 30 V，电流 0.5 A，试选择滤波电容的规格，并确定最大耐压值（交流电源 220 V、50 Hz）。

解：由于 $R_L C \geqslant （3 \cdot 5）\dfrac{T}{2}$

$$C \geqslant \frac{5T}{2R_L} = 5 \times \frac{0.02}{2 \times 30 / 0.5} = 830 \times 10^{-6}\ \text{F} = 830 \times 10^{-6}\ \text{F} = 830(\mu\text{F})$$

其中：
$$T = \frac{1}{f} = \frac{1}{50\ \text{Hz}} = 0.02\ \text{s}$$

$$R_L = \frac{U_o}{I_o} = \frac{30\ \text{V}}{0.5\ \text{A}} = 60(\Omega)$$

取电容标称值 1 000 μF，由经验公式 $U_o = 1.2U_2$ 得

$$U_2 = \frac{U_o}{1.2} = \frac{30}{1.2} = 25(\text{V})$$

电容耐压为（1.5~2）U_2 =（1.5~2）× 25 = 37.5~50（V）

最后确定选 1 000 μF /50 V 的电解电容器一只。

2. 电感滤波电路

电容滤波在大电流工作时滤波效果较差，当一些电气设备需要脉动小、输出电流大的直流电时，往往采用电感滤波电路，如图 1-18（a）所示。

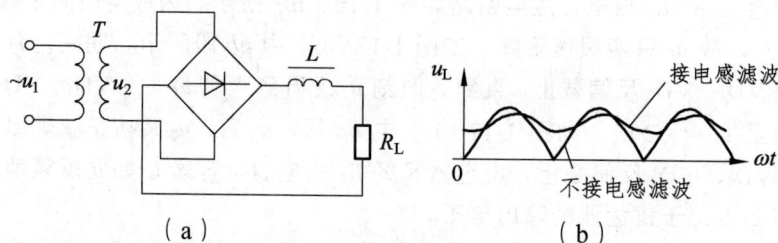

图 1-18 电感滤波电路

电感元件具有通直流阻交流的作用，整流输出的电压中直流分量几乎全部加在负载上，交流分量几乎全部降落在电感元件上，负载上的交流分量很小。这样，经过电感元件滤波，负载两端的输出电压脉动程度大大减小，如图 1-18（b）所示。

不仅如此，当负载变化引起输出电流变化时，电感线圈也能抑制负载电流的变化，这是因为电感线圈的自感电动势总是阻碍电流的变化。

所以，电感滤波适用于大功率整流设备和负载电流变化大的场合。

一般来说，电感越大滤波效果越好，滤波电感常取几亨利到几十亨利。有的整流电路的负载是电机线圈、继电器线圈等电感性负载，就如同串入了一个电感滤波器一样，负载本身能起到平滑脉动电流的作用，这样可以不另加滤波器。

3. 复式滤波电路

为了进一步提高滤波效果，减少输出电压的脉动成分，常将电容滤波和电感滤波组合成复式滤波电路。将滤波电容与负载并联，电感与负载串联构成常用的 *LC* 滤波器、*RC* 滤波器等。其电路原理与前面所述基本相同。

三、特殊二极管

（一）稳压二极管

1. 稳压二极管伏安特性

稳压二极管是用特殊工艺制造的面结合型硅半导体二极管，符号如图 1-19（a）所示。它主要工作在反向击穿区，而它的击穿具有非破坏性，只是破坏了 PN 结的电结构，当外加电压撤除后，PN 结的特性便可以恢复。稳压管在直流稳压电源中获得广泛的应用，它的伏安特性曲线如图 1-19（b）所示。它常应用在小功率直流稳压电源中。

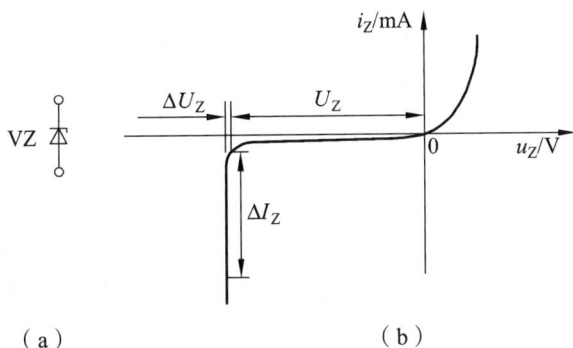

（a）　　　　　　　　　　　（b）

图 1-19　稳压管的电路符号与伏安特性

2. 稳压二极管的应用

交流电压经过整流滤波后，所得到的直流电压虽然脉动程度已经很小，但当电网波动或负载变化时，其直流电压的大小也随之发生变化。为了使输出的直流电压基本保持恒定，需要在滤波电路和负载之间加上稳压电路。这里介绍用稳压二极管构成的一种简单的并联型稳压电路，如图 1-20 中的虚线框所示，由限流电阻 R 和硅稳压二极管 VZ 组成。

微课　二极管在稳压电路中的应用

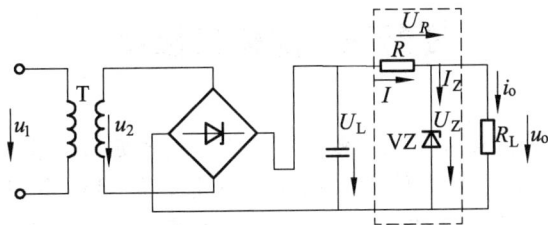

图 1-20　硅稳压管稳压电路

引起输出电压不稳定的原因主要有两个：一是电源电压的波动；二是负载电流的变化。稳压管对这两种影响都有抑制作用。

当交流电源电压变化引起 U_I 升高时，起初 U_O 随着升高。由稳压管的特性曲线可知，随着 U_O 的上升（即 U_Z 上升），稳压管电流 I_Z 将显著增加，R 上电流 I 增大导致 R 上电压 U_R 也增大。根据 $U_O = U_I - U_R$ 的关系，只要参数选择适当，U_R 的增大可以基本

抵消 U_I 的升高，使输出电压基本保持不变，上述过程可以表示为：

$$U_I{\uparrow}{\rightarrow}U_O（U_Z）{\uparrow}{\rightarrow}I_Z{\uparrow}{\rightarrow}I{\uparrow}{\rightarrow}U_R{\uparrow} \longrightarrow$$

$$U_O{\downarrow} \longleftarrow$$

反之，当 U_I 下降引起 U_O 降低时，调节过程与上相反。

当负载变化时电流 I_O 在一定范围内变化而引起输出电压变化时，同样会由于稳压管电流 I_Z 的补偿作用，使 U_O 基本保持不变。其过程描述如下：

$$I_O{\uparrow}{\rightarrow}I{\uparrow}{\rightarrow}U_R{\uparrow}{\rightarrow}U_O{\downarrow}{\rightarrow}I_Z{\downarrow}$$

$$U_O{\leftarrow}U_R{\downarrow}{\leftarrow}I{\downarrow}{\longleftarrow}$$

综上所述，由于稳压管和负载并联，稳压管总要限制 U_O 的变化，所以能稳定输出直流电压 U_O，这种稳压电路也称为并联型稳压电路。

（二）变容二极管

变容二极管是利用半导体 PN 结的结电容随反向电压变化这一特点而制成的一种二极管，是一种电压控制的可变电抗元件，主要用在电视机、录像机、收音机的调谐电路和自动微调电路中。变容二极管符号及特性曲线如图 1-21 所示。

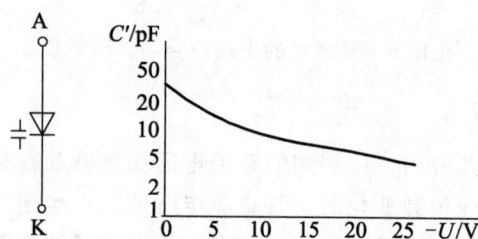

（a）符号　　　（b）特性曲线

图 1-21　变容二极管符号及特性曲线

任务三　晶体三极管

半导体三极管可分为晶体管和场效应管两类，前者通常用 BJT（Bipolar Junction Transistor）表示，即双极型晶体管，简称三极管，后者通常用 FET（Field-Effect Transistor）表示，即单极型晶体管。三极管可以用来放大微弱的信号和作为无触点开关。本书中凡未加说明的"三极管"，均指双极型三极管。

一、三极管的结构与符号

三极管按其结构分为两类：NPN 型三极管和 PNP 型三极管。图 1-22 所示为三极管的结构示意图和符号。

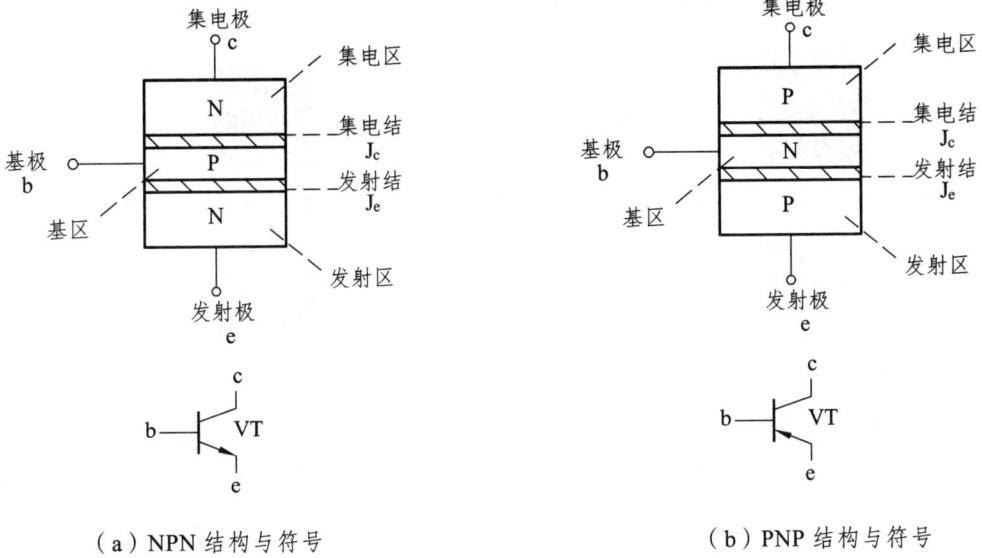

（a）NPN 结构与符号   （b）PNP 结构与符号

图 1-22　三极管的结构示意图和符号

从图中可见，三极管具有三个电极：基极 b（B）、集电极 c（C）和发射极 e（E）；对应有三个区：基区、集电区和发射区；有两个 PN 结：基区和发射区之间的 PN 结称为发射结 J_e，基区和集电区之间的 PN 结称为集电结 J_c。

符号中发射极上的箭头方向，表示发射结正偏时发射极电流的实际方向。PNP 型三极管电流方向与 NPN 型相反，这两个极性相反的晶体管在应用上形成互补。

三极管制作时，通常将它们的基区做得很薄（几微米到几十微米），且掺杂浓度低；发射区的杂质浓度则比较高；集电区的面积则比发射区做得大。这是三极管实现电流放大的内部条件。

三极管可以由半导体硅材料制成，称为硅三极管；也可以由锗材料制成，称为锗三极管。三极管按应用角度不同可分为很多种类。根据工作频率分为高频管、低频管和开关管；根据工作功率分为大功率管、中功率管和小功率管。常见的三极管外形如图 1-23 所示。

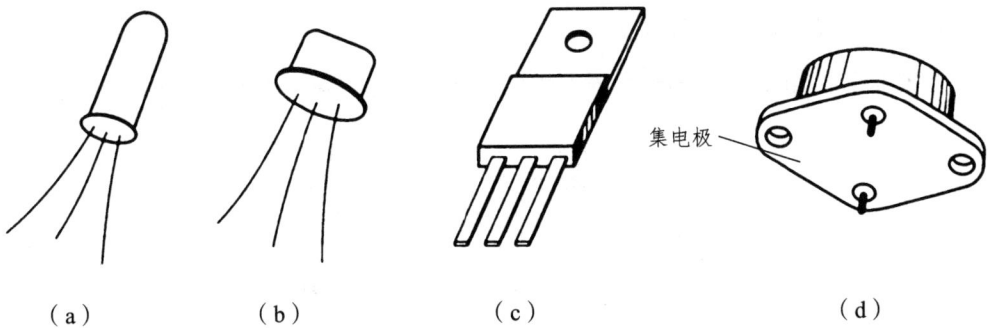

（a）　　　　　（b）　　　　　（c）　　　　　（d）

图 1-23　常见的三极管外形

二、三极管的电流放大作用

微课 三极管的结构与电流放大原理

动画 三极管内部载流子的运动（1）发射极电流的形成

动画 三极管内部载流子的运动（2）基极电流的形成

动画 三极管内部载流子的运动（3）集电极电流的形成

三极管的主要特点是具有电流放大功能。所谓电流放大，就是当基极有一个较小的电流变化（电信号）时，集电极就随之出现一个较大的电流变化。在电路中要求三极管的发射结正偏，集电结反偏。对于 NPN 型三极管，必须 $U_C > U_B > U_E$；对于 PNP 型三极管，必须 $U_C < U_B < U_E$。因此，两种类型三极管的直流供电电路如图 1-24（a）、（b）所示。

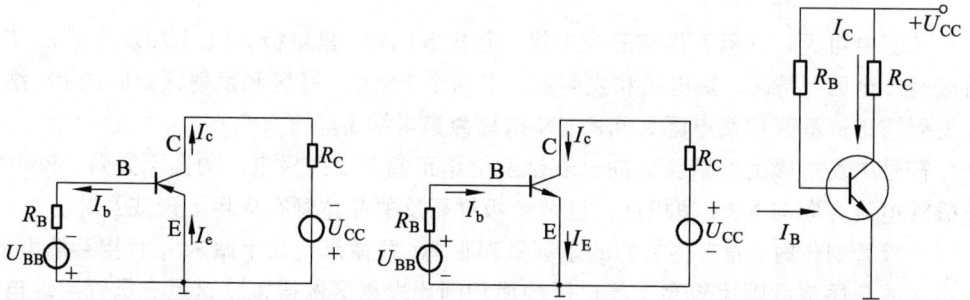

（a）PNP 型管的直流供电电路（b）NPN 型管的直流供电电路（c）NPN 型管的单直流供电电路

图 1-24　三极管的直流供电路

从经济实用角度，实际三极管放大电路改为单电源供电，如图 1-24（c）所示。同一个电源 U_{cc} 既提供 I_C 又提供 I_B，只要改变 R_B 就可以方便地调整放大器的直流量。其中 $R_B > R_C$ 以满足 NPN 型三极管放大条件。

（一）三极管电流分配关系

当三极管按图 1-25 所示连接时，由实验及测量结果可以得出表 1-1 的结论。

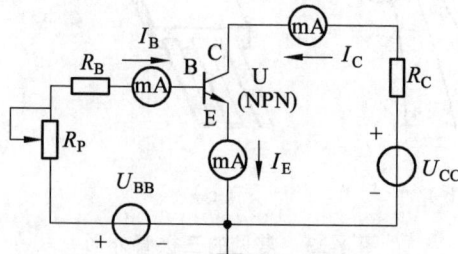

图 1-25　三极管特性曲线的测试电路

表 1-1 三极管各电极电流的实验测量数据

基极电流 I_B/mA	0	0.010	0.020	0.040	0.060	0.080	0.100
集电极电流 I_C/mA	< 0.001	0.495	0.995	1.990	2.990	3.995	4.965
发射极电流 I_E/mA	< 0.001	0.505	1.015	2.030	3.050	4.075	5.065

（1）实验数据中的每一列数据均满足关系：$I_E = I_C + I_B$；

（2）每一列数据都有 $I_C \gg I_B$，而且 I_C 与 I_B 的比值近似相等，大约为 50。定义 $\dfrac{I_C}{I_B} = \bar{\beta}$，$\bar{\beta}$ 称为三极管的直流电流放大系数。

（3）对表 1-1 中任两列数据求 I_C 和 I_B 变化量的比值，结果仍然近似相等，约等于 50。也就是说三极管可以实现电流的放大及控制作用，因此通常称三极管为电流控制器件。定义 $\dfrac{\Delta I_C}{\Delta I_B} = \beta$，$\beta$ 称为三极管的交流电流放大系数。一般有三极管的电流放大系数：$\beta \approx \bar{\beta}$。

（4）从表 1-1 中可知，当 $I_B = 0$（基极开路）时，集电极电流的值很小，称此电流为三极管的穿透电流 I_{CEO}。穿透电流 I_{CEO} 越小越好。

（二）三极管电流放大原理

三极管特性曲线测试实验结论可以用载流子在三极管内部的运动规律来解释。图 1-26 所示为三极管内部载流子的传输与电流分配示意图。

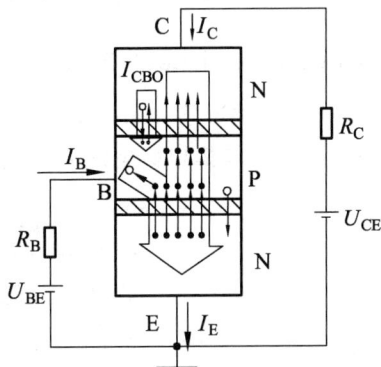

图 1-26 三极管内部载流子的运动规律

由于发射结正向偏置，发射区的多数载流子（自由电子）不断扩散到基区，并不断从电源补充电子形成发射极电流 I_E。同时基区的多数载流子（空穴）也要扩散到发射区，但基区空穴的浓度远远低于发射区自由电子的浓度，空穴电流很小，可以忽略不计。一般基区很薄，且杂质浓度低，自由电子在基区与空穴复合得比较少，大部分自由电子到达集电结附近。一小部分自由电子与基区的空穴相遇而复合，基区电源不断补充被复合掉的空穴，形成基极电流 I_B。由于集电结反向偏置，这会阻止集电区和基区的多数载流子向对方区域扩散，但可将从发射区扩散到基区并到达集电区边缘的自由电子拉入集电区，从而形成集电极电流 I_C。

从发射区扩散到基区的自由电子，只有一小部分在基区与空穴复合掉，绝大部分被集电区收集。另外，由于集电结反偏，有利于少数载流子的漂移运动。集电区的少数载流子空穴漂移到基区（基区的少数载流子自由电子向集电区的漂移对三极管的工作特性影响很小，常常忽略不计），形成反向电流 I_{CBO}。I_{CBO} 很小，受温度影响很大。

若不计反向电流 I_{CBO}，则有 $I_E = I_C + I_B$，即集电极电流与基极电流之和等于发射极电流。

三、三极管的伏安特性曲线

微课 三极管的伏安特性曲线

三极管的伏安特性曲线是指三极管各电极电压与电流之间的关系曲线。工程上最常用的是输入特性和输出特性曲线。

下面以共发射极放大电路为例进行描述。

（一）输入特性（Input Characteristics）曲线族

它是指集电极和发射极电压 u_{CE} 一定的情况下，三极管的基极电流 i_B 与发射结电压 u_{BE} 之间的关系曲线。实验测得三极管的输入特性如图 1-27（a）所示。从图中可见：

（1）这是 $u_{CE} \geqslant 1$ V 时的输入特性，这时三极管处于放大状态。当 $u_{CE} > 1$ V 后，三极管的输入特性基本上是重合的。

（2）三极管输入特性的形状与二极管的伏安特性相似，也具有一段死区。只有发射结电压 u_{BE} 大于死区电压时，三极管才会出现基极电流 i_B，这时三极管才完全进入放大状态。此时 u_{BE} 略有变化，i_B 变化很大，特性曲线很陡。

（二）输出特性（Output Characteristics）曲线族

输出特性是在基极电流 i_B 一定的情况下，三极管的输出回路中（此处指集电极回路），集电极与发射极之间的电压 u_{CE+} 与集电极电流 i_C 间的关系曲线。

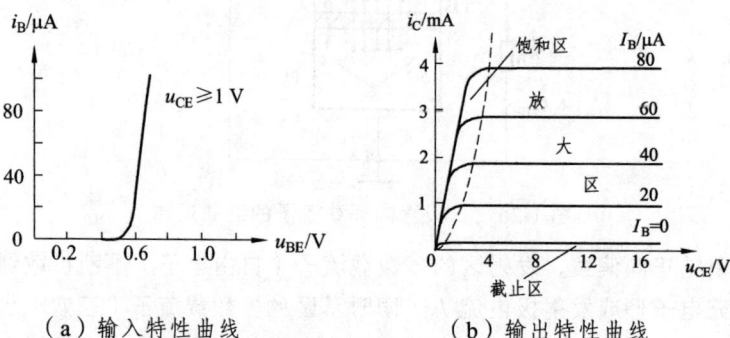

（a）输入特性曲线 （b）输出特性曲线

图 1-27 NPN 型硅管的共发射极接法特性曲线

图 1-27（b）所示是 NPN 型硅管的输出特性曲线。由图可见，各条特性曲线的形状基本相同，现取一条（40 μA）加以说明。

当 I_B 一定（如 $I_B = 40$ μA）时，在其所对应曲线的起始部分，随 u_{CE} 的增大，i_C 上升；当 u_{CE} 达到一定的值后，i_C 几乎不再随 u_{CE} 的增大而增大，i_C 基本恒定（约 1.8 mA）。这时，曲线几乎与横坐标平行。这表示三极管具有恒流的特性。

一般把三极管的输出特性分为三个工作区域:

1. 截止区

发射结和集电结均反向偏置,三极管工作在截止区。这时,$i_B = 0$ 而 $i_C \leqslant I_{CEO}$(穿透电流)。若忽略不计穿透电流 I_{CEO},i_C 近似为 0,三极管的集电极和发射极之间电阻很大,此时三极管可近似地看作一个断开的开关。

2. 放大区

三极管工作在放大区需要将三极管的发射结正向偏置,集电结反向偏置。基极电流 i_B 微小的变化会引起集电极电流 i_C 较大的变化,有电流关系式:$i_C = \beta i_B$;表现为恒流特性。对 NPN 型硅三极管发射结电压 $U_{BE} \approx 0.7\ \text{V}$,锗三极管 $U_{BE} \approx 0.2\ \text{V}$。

3. 饱和区

工作在饱和区时三极管的发射结和集电结均正向偏置。三极管的电流放大能力下降,通常有 $i_C < \beta i_B$。u_{CE} 的值很小,称此时的电压 u_{CE} 为三极管的饱和压降,用 U_{CES} 表示。一般硅三极管的 U_{CES} 约为 0.3 V,锗三极管的 U_{CES} 约为 0.1 V。三极管的集电极和发射极近似短接,三极管可近似地看作一个闭合的开关。

三极管作为开关元件使用时,通常工作在截止和饱和状态;作为放大元件使用时,一般工作在放大状态。

NPN 型三极管三种工作状态的特点如表 1-2 所示。

表 1-2 NPN 型三极管三种工作状态的特点

工作状态		放 大	饱 和	截 止
条件		发射结正偏,集电结反偏($0<I_B<3I_{BS}$)	发射结正偏,集电结正偏($I_B\approx 0$)	发射结反偏,集电结反偏($I_B>I_{BS}$)
工作特点	集电极电流	$I_C = \beta I_B$	$I_C = I_{CS} \approx U_{CC}/R_C$	$I_C \approx 0$
	管压降	$U_{CE} = U_{CC} - I_C R_C$	$U_{CE} = U_{CES} \approx 0.3\ \text{V}$(硅)	$U_{CE} \approx U_{CC}$
	近似的等效电路			
	c、e 间等效内阻	可变	很小,约为数百欧,相当于开关闭合	很大,约为数百千欧,相当于开关断开

四、三极管的主要参数

三极管的参数是选择三极管、设计和调试电子电路的主要依据。

微课 三极管的主要参数及测试

（一）电流放大系数 β（或 h_{fe}）

电流放大系数可分为直流电流放大系数 $\overline{\beta}$ 和交流电流放大系数 β，由于两者十分接近，在实际工作中往往不做区分，手册中也只给出直流电流放大系数值。它们的定义是：

$$\overline{\beta} = I_C/I_B \qquad \beta = \Delta I_C/\Delta I_B$$

对于小功率三极管，β 值一般在 $20 \sim 200$。严格地说，β 值并不是一个不变的常数，测试时所取的工作电流 i_C 不同，测出的 β 值也会略有差异。β 值还与工作温度有密切关系，温度每升高 1℃，β 值约增加 0.5% ~ 1。

（二）穿透电流 I_{CEO}

当三极管接成图 1-28 所示电路时，即断开基极电路，$i_B = 0$，但 i_C 往往不等于零，这种不受基极电流控制的寄生电流称为穿透电流 I_{CEO}（即集电极—发射极反向饱和电流）。

对于小功率的锗三极管，I_{CEO} 一般小于 $500\,\mu A$（0.5 mA），

对于小功率的硅三极管则只有几微安。

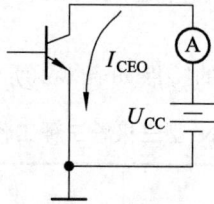

图 1-28　三极管的穿透电流

I_{CEO} 虽然不算很大，但它与温度却有密切的关系，温度每升高 10 ℃，I_{CEO} 会增大一倍。I_{CEO} 还与 β 值有关，β 值越大的三极管，穿透电流也越大。为此，选用高 β 值的三极管，温度稳定性将会很差。所以在选择二极管时，I_{CEO} 越小越好。

（三）集电极最大允许电流 I_{CM}

I_{CM} 是指三极管集电极允许的最大电流。当电流超过 I_{CM} 时，管子性能将显著下降，甚至有烧坏管子的可能。

（四）集电极最大允许耗散功率 P_{CM}

三极管工作时在集电结产生耗散，并使集电结升温，温度过高会使三极管烧坏。参数 P_{CM} 由管子所允许的最高集电结的温度决定。

（五）基极开路时，集电极、发射极间的反向击穿电压 $U_{(BR)\,CEO}$

这是三极管基极开路时集电结不被反向击穿所允许施加的最高反向电压，超过这个极限，集电结将会反向击穿。

五、常用晶体管手册

（一）半导体器件型号命名方法

半导体器件的型号由五部分组成，如图 1-29 所示。第一部分用数字表示半导体管的电极数目；第二部分用字母表示半导体器件的材料和极性；第三部分用字母表示半导体管的类型；第四部分用数字表示半导体器件的序号；第五部分用字母表示规格号。一些特殊器件的型号只有第三、四、五部分而没有第一、二部分，2AP9 表示 N 型锗材料普通二极管，2CK84 表示 N 型硅材料开关二极管。各部分的字符名称和代表意义如表 1-3 所示。

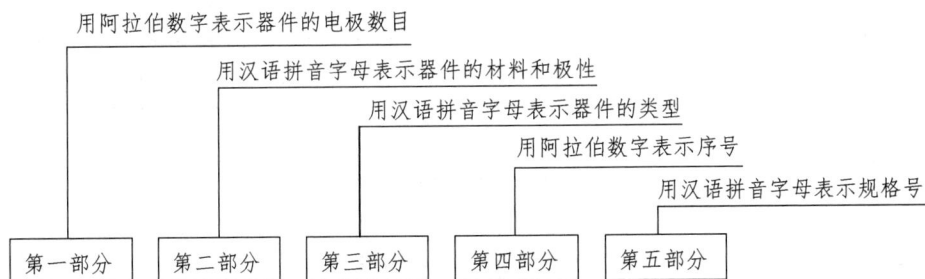

用阿拉伯数字表示器件的电极数目
用汉语拼音字母表示器件的材料和极性
用汉语拼音字母表示器件的类型
用阿拉伯数字表示序号
用汉语拼音字母表示规格号

| 第一部分 | 第二部分 | 第三部分 | 第四部分 | 第五部分 |

图 1-29 半导体器件的命名方法

表 1-3 半导体器件型号命名方法

第二部分		第三部分			
字母	意义	字母	意义	字母	意义
A	N 型 锗材料	P	普通管	D	低频大功率管（$f<3\text{ MHz}$，$P_c\geqslant1\text{ W}$）
B	P 型 锗材料	V	微波管		
C	N 型 硅材料	W	稳压管	A	高频大功率管（$f\geqslant3\text{ MHz}$，$P_c\geqslant1\text{ W}$）
D	P 型 硅材料	C	参量管		
A	PNP 型 锗材料	Z	整流器	T	半导体闸流管（可控整流器）
B	NPN 型 锗材料	L	整流堆	Y	体效应器件
C	PNP 型 硅材料	S	隧道管	B	雪崩管
D	NPN 型 硅材料	N	阻尼管	J	阶跃恢复管
E	化合物材料	U	光电器件	CS	场效应器件
		K	开关管	BT	半导体特殊器件
		X	低频小功率管（$f<3\text{ MHz}$，$P_c<1\text{ W}$）	PIN	PIN 型管
				FH	复合管
		G	高频小功率管（$f\geqslant3\text{ MHz}$，$P_c<1\text{ W}$）	JG	激光器件

（二）常用晶体管参数

部分二极管的型号意义和参数如表 1-4 至表 1-9 所示。

表 1-4　2AP1-7 系列检波二极管（点接触型锗管，在电子设备中作检波和小电流整流用）

型号	最大整流电流	最高反向工作电压（峰值）	反向击穿电压（反向电流为 400 μA）	正向电流（正向电压为 1 V）	反向电流（反向电压分别为 10，100 V）	最高工作频率	极间电容
	mA	V	V	mA	μA	MHz	pF
2AP1	16	20	≥40	≥2.5	≤250	150	≤1
2AP7	12	100	≥150	≥5.0	≤250	150	≤1

表 1-5　2CZ52-57 系列整流二极管（用于电子设备的整流电路中）

型号	最大整流电流	最高反向工作电压（峰值）	最高反向工作电压下的反向电流（125 ℃）	正向压降（平均值）（25 ℃）	最高工作频率
	A	V	μA	V	kHz
2CZ52	0.1	25，50，100，200，300，400，500，600，700，800，900，	1 000	≤0.8	3
2CZ54	0.5		1 000	≤0.8	3
2CZ57	5	1 000，1 200，1 400，1 600，1 800，2 000，2 200，2 400，2 600，2 800，3 000	1 000	≤0.8	3
1N4001	1	50	5	1.0	
1N4007	1	1 000	5	1.0	
1N5401	3	100	5	0.95	

表 1-6　硅稳压二极管

型号		最大耗散功率 P_{ZM}/W	最大工作电流 I_{ZM}/mA	稳定电压 V_Z/V	反向漏电流 I_R/μA	正向压降 V_F/V
（1N4370）	2CW50	0.25	83	1～2.8	≤10（V_R＝0.5 V）	≤1
1N746（1N4371）	2CW51	0.25	71	2.5～3.5	≤5（V_R＝0.5 V）	≤1
1N747-9	2CW52	0.25	55	3.2～4.5	≤2（V_R＝0.5 V）	≤1
1N750-1	2CW53	0.25	41	4～5.8	≤1	≤1
1N752-3	2CW54	0.25	38	5.5～6.5	≤0.5	≤1
1N754	2CW55	0.25	33	6.2～7.5	≤0.5	≤1
1N755-6	2CW56	0.25	27	7～8.8	≤0.5	≤1

续表

型号		最大耗散功率 P_{ZM}/W	最大工作电流 I_{ZM}/mA	稳定电压 V_Z/V	反向漏电流 I_R/μA	正向压降 V_F/V
1N757	2CW57	0.25	26	8.5～9.5	≤0.5	≤1
1N758	2CW58	0.25	23	9.2～10.5	≤0.5	≤1
1N962	2CW59	0.25	20	10～11.8	≤0.5	≤1
（2DW7A）	2DW230	0.2	30	5.8～6.0	≤1	≤1
（2DW7B）	2DW231	0.2	30	5.8～6.0	≤1	≤1
（2DW7C）	2DW232	0.2	30	6.0～6.5	≤1	≤1
2DW8A		0.2	30	5～6	≤1	≤1

表 1-7　NPN 型硅高频小功率管（3DG100 原型号为 3DG6）

	型号	3DG100A	3DG100B	3DG100C	3DG100D	3DG201	测试条件
极限参数	P_{CM}/mW	100	100	100	100	100	
	I_{CM}/mA	20	20	20	20	20	
	$U_{(BR)CEO}$/V	≥20	≥30	≥20	≥30	≥30	$I_C=100$ mA
	$U_{(BR)CBO}$/V	≥30	≥40	≥30	≥40	≥30	$I_C=100$ mA
直流参数	I_{CBO}/μA	≤0.01	≤0.01	≤0.01	≤0.01		$U_{CB}=10$ V
	I_{CEO}/μA	≤0.01	≤0.01	≤0.01	≤0.01		$U_{CE}=10$ V
	I_{EBO}/μA	≤0.01	≤0.01	≤0.01	≤0.01		$U_{EB}=1.5$ V
	h_{FE}	≥30	≥30	≥30	≥30	≥55	$U_{CE}=10$ V,$I_C=50$ mA
交流参数	f_T/MHz	≥150	≥150	≥300	≥300	≥100	$U_{CB}=10$ V,$I_C=50$ mA $f=100$ MHz,$R_L=5$ Ω
h_{FE} 色标分挡		（红）30～60，（绿）350～110，（蓝）90～160，（白）>150					

表 1-8　NPN 型硅高频小功率管（3DG130 原型号为 3DG12）

	型号	3DG130A	3DG130B	9011	9013	9014	9018	测试条件
极限参数	P_{CM}/mW	700	700	300	625	450	450	
	I_{CM}/mA	300	300	100	500	100	100	

续表

型号	3DG130A	3DG130B	9011	9013	9014	9018	测试条件
$U_{(BR)CEO}/V$	≥30	≥45	≥30	≥25	≥25	≥15	$I_C = 100$ mA
$U_{(BR)CBO}/V$	≥40	≥60	≥50	≥40	≥40	≥30	$I_C = 100$ mA
直流参数 $I_{CBO}/\mu A$	≤0.1	≤0.1	≤0.1	≤0.1	≤0.1	≤0.1	$U_{CB} = 10$ V
直流参数 $I_{CEO}/\mu A$	≤0.5	≤0.5	≤0.1	≤0.5	≤0.1	≤0.1	$U_{CE} = 10$ V
直流参数 $I_{EBO}/\mu A$	≤0.5	≤0.5					$U_{EB} = 1.5$ V
直流参数 h_{FE}	≥40	≥40	≥29	≥64	≥60	≥28	$U_{CE} = 10$ V, $I_C = 50$ mA
交流参数 f_T/MHz	≥150	≥150	≥100		≥150	≥600	$U_{CB} = 10$ V, $I_C = 50$ mA, $f = 100$ MHz, $R_L = 5$ Ω
h_{FE} 色标分挡	（红）30~60,（绿）350~110,（蓝）90~160,（白）>150						

表 1-9　PNP 型硅高频小功率管

型号	3GC7A	3GC7B	3GC7C	9012	9015	测试条件
极限参数 P_{CM}/mW	700	700	700	625	400	
极限参数 I_{CM}/mA	150	150	150	500	100	
极限参数 $U_{(BR)CEO}/V$	≥15	≥20	≥35	≥20	≥45	$I_C = 100$ μA
极限参数 $U_{(BR)CBO}/V$	≥20	≥30	≥40	≥30	≥50	$I_C = 50$ μA
直流参数 $I_{CEO}/\mu A$	≤1	≤1	≤1	≤0.5	≤0.1	$U_{CE} = -10$ V
直流参数 h_{FE}	≥20	≥30	≥50	≥64	≥60	$U_{CE} = -6$ V, $I_C = 20$ mA
交流参数 f_T/MHz	≥80	≥80	≥80		≥100	$U_{CB} = -10$ V, $I_C = 40$ mA

任务四　场效应管

　　场效应管同三极管一样，也是一种放大器件，但不同的是：晶体三极管是一种电流控制器件，它利用基极电流对集电极电流的控制作用来实现放大，而场效应管则是一种电压控制器件，它是利用输入回路的电场效应来控制输出回路电流的大小，从而实现放大。场效应管工作时，内部参与导电的只有多子一种载流子，因此又称为单极型器件。

　　场效应管的最大优点是输入端的电流几乎为零，具有极高的输入电阻，能满足高内阻的微弱信号源对放大器输入阻抗的要求，所以它是理想的前置输入级器件。同时，它还具有体积小、质量轻、噪声低、耗电省、热稳定性好和制造工艺简单等特点，更容易实现集成化。目前由其构成的大规模集成电路在实际中得到广泛应用。

根据结构不同，场效应管分为两大类：结型场效应管和绝缘栅场效应管。

一、结型场效应管（JFET）

结型场效应管分为 N 沟道结型管和 P 沟道结型管。它们都具有三个电极：栅极 G、源极 S 和漏极 D，可分别与三极管的基极、发射极和集电极相对应。

微课 结型场效应管

（一）结型场效应管的结构与符号

结型管的结构与符号如图 1-30 所示。以 N 沟道结型管为例：

在一片 N 型半导体的两侧，用半导体工艺技术分别制作两个高浓度的 P 型区。两 P 型区相连引出一个电极，称为场效应管的栅极 G（g）。N 型半导体的两端各引出一个电极，分别作为管子的漏极 D（d）和源极 S（s）。两个 PN 结中间的 N 型区域称为导电沟道。如图 1-30（a）所示为 N 沟道结型场效应管的结构与符号。结型场效应管符号中的箭头，表示由 P 区指向 N 区。图 1-30（b）所示为 P 沟道结型场效应管的结构与符号。

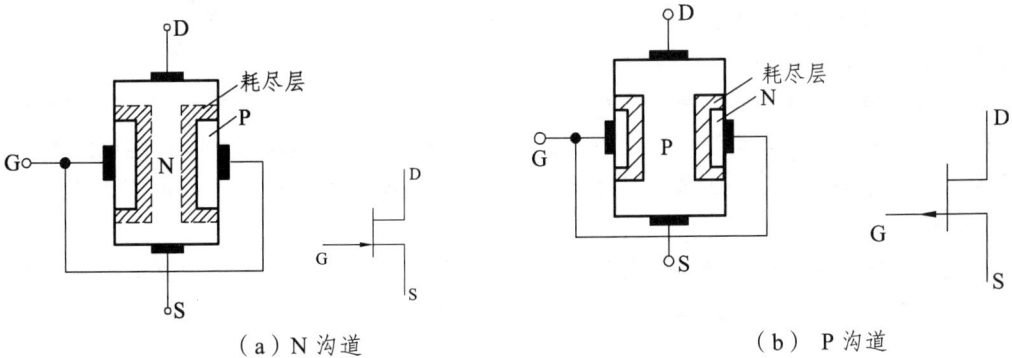

（a）N 沟道 　　　　　　　　（b）P 沟道

图 1-30　结型管的结构与符号

（二）结型场效应管的工作原理

（1）当栅源电压 $u_{GS} = 0$ 时，两个 PN 结的耗尽层比较窄，中间的 N 型导电沟道比较宽，沟道电阻小。

（2）当 $u_{GS} < 0$ 时，两个 PN 结反向偏置，PN 结的耗尽层变宽，中间的 N 型导电沟道相应变窄，沟道导通电阻增大。随 u_{GS} 越来越小，当 u_{GS} 小到某一值时，两个 PN 结的耗尽层完全合拢，N 型导电沟道被完全夹断，沟道导通电阻为无穷大。此时的电压称为场效应管的夹断电压 U_P（或 $U_{GS(off)}$）。不同电压情况下对耗尽层及漏极电流 i_D 的控制情况如图 1-31 所示。

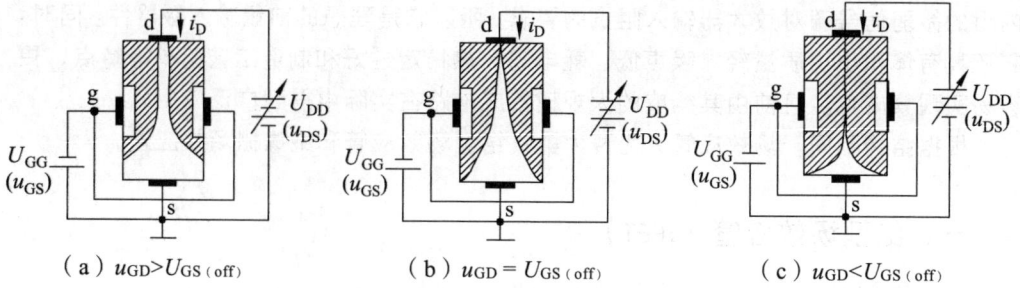

（a）$u_{GD}>U_{GS(off)}$　　　　（b）$u_{GD}=U_{GS(off)}$　　　　（c）$u_{GD}<U_{GS(off)}$

图 1-31　$U_{GS}<u_{GS}$ 且 $u_{DS}>0$ 的情况

可见，调整栅源电压 u_{GS} 的值，可以改变导电沟道的宽度，从而调整沟道的导通电阻。

而当 $U_P<u_{GS}\leqslant0$ 且 $u_{DS}>0$ 时，可产生漏极电流 i_D。i_D 的大小将随栅源电压 u_{GS} 的变化而变化，从而实现电压对漏极电流的控制作用。

综上所述，结型场效应管是利用耗尽区内电场的大小来影响导电沟道，从而控制漏极电流的。为实现 u_{GS} 对 i_D 的控制作用，结型场效应管在工作时，栅极和源极之间的 PN 结必须反向偏置。

二、绝缘栅场效应管（MOSFET）

绝缘栅场效应管是由金属（Metal）、氧化物（Oxide）和半导体（Semiconductor）材料构成的，因此又叫作 MOS

微课　绝缘栅型场效应管

管。与结型场效应管不同，绝缘栅型场效应管是利用半导体表面电场效应产生的感应电荷的多少来改变导电沟道，以达到控制漏极电流的目的。其栅极输入电阻比结型还要大，一般在 $10^{12}\Omega$ 以上，集成化也更容易，所以是目前发展很快且应用非常广泛的一种器件。

绝缘栅场效应管分为增强型和耗尽型两种，每一种又包括 N 沟道和 P 沟道两种类型。P 沟道和 N 沟道工作原理类似，这里重点介绍 N 沟道场效应管。

（一）N 沟道增强型绝缘栅场效应管

1. 结构与符号

N 沟道增强型 MOS 管的结构与符号如图 1-32 示。以 P 型半导体作为衬底，用半导体工艺技术制作两个高浓度的 N 型区，两个 N 型区分别引出一个金属电极，作为 MOS 管的源极 S 和漏极 D；在 P 形衬底的表面生成一层很薄的 SiO_2 绝缘层，绝缘层上引出一个金属电极，称为 MOS 管的栅极 G。B 为从衬底引出的金属电极，一般工作时衬底与源极相连。

可见，管子构成后栅极 G 与漏极 D、源极 S 之间无电接触，有一层绝缘层，因此称管子为绝缘栅型效应管。

符号中的箭头表示从 P 区（衬底）指向 N 区（N 沟道），虚线表示增强型。

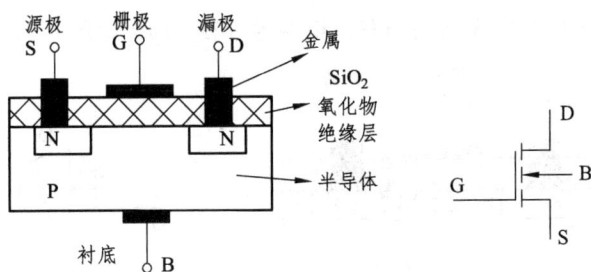

图 1-32　N 沟道增强型 MOS 管的结构与符号

2. 工作原理

如图 1-33 示，当 $u_{GS} = 0$ 时，漏极和源极之间为两个背靠背的 PN 结，其中有一个 PN 结反向偏置，电阻很大，D 和 S 之间无电流流过。

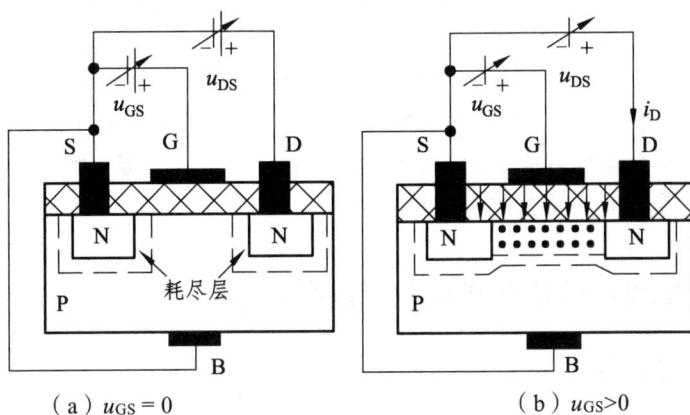

（a）$u_{GS} = 0$　　　　　　　　　（b）$u_{GS} > 0$

图 1-33　沟道增强型 MOS 管加栅源电压 u_{GS}

当 $u_{GS} > 0$ 时，在 u_{GS} 的作用下，D 和 S 间绝缘层中会产生一个垂直于 P 衬底表面的电场，此电场的方向，排斥 P 型衬底的空穴，但会吸引 P 型衬底的自由电子，使自由电子汇集到衬底表面上来，随 u_{GS} 增大，衬底表面汇集的自由电子增多。当 u_{GS} 达到一定值后，这些电子在 P 型衬底表面形成一个自由电子层（又叫反型层或 N 型层），把漏极 D 和源极 S 连接起来，此 N 型层即为 D、S 间的导电沟道。此时若在 D、S 间加电压 u_{DS}，就会有漏极电流 i_D 产生。

形成导电沟道所需的最小栅源电压 u_{GS}，称为开启电压 U_T。（或 $U_{GS\,(th)}$）。改变栅源电压 u_{GS} 的值，就可调整导电沟道的宽度，从而改变导电沟道的导通电阻，达到控制漏极电流的目的。

可见，此类管子在栅源电压 $u_{GS} = 0$ 时，D、S 间没有导电沟道；在 $u_{GS} \geq U_T$ 时，才有沟道形成，因此称此类管子为增强型管。

（二）N 沟道耗尽型绝缘栅场效应管

N 沟道耗尽型绝缘栅场效应管的结构与增强型基本相同，如图 1-34 所示。不同之处在于，制作时 SiO_2 绝缘层里面加入了大量的正离子，正离子可以把 P 型衬底的自由电子吸引到表面上来，形成一个 N 型层。所以，此类管子由于正离子的作用，即使栅源

电压 $u_{GS} = 0$，漏极 D 和源极 S 之间仍有导电沟道存在，加上电压 u_{DS}，即可产生电流 i_D。

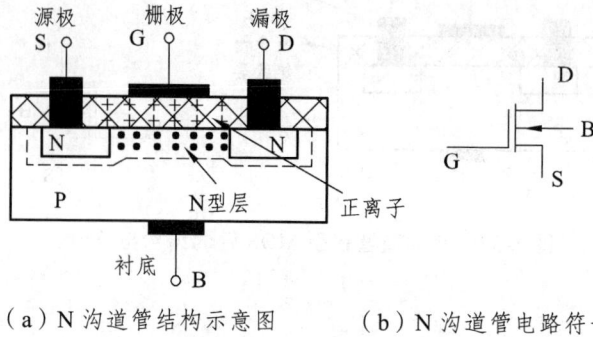

（a）N 沟道管结构示意图　　　（b）N 沟道管电路符号

图 1-34　沟道耗尽型绝缘栅场效应管的结构

当 $u_{GS} > 0$ 时，会吸引更多的电子到表面上来，导电沟道加宽，沟道电阻变小，导电能力增大；当 $u_{GS} < 0$ 时，吸引到衬底表面的电子减少，导电沟道变窄，沟道电阻变大，当 u_{GS} 电压达到一定负值后，沟道会夹断，电阻为无穷大。这时，即使加上电压 u_{DS}，亦不会有电流 i_D 产生，此时对应的栅源电压 u_{GS} 称为夹断电压 U_P。

由此可见，耗尽型场效应管的 u_{GS} 无论是正值、负值还是零，均能控制漏极电流。在组成电路时比晶体管有更大的灵活性。

三、场效应管的特性曲线及主要参数

（一）输出特性曲线

指栅源电压 u_{GS} 一定时，漏极电流 i_D 与漏源电压 u_{DS} 之间的关系曲线，如表 1-10 所示。

（二）转移特性

在场效应管的 u_{DS} 一定时，i_D 与 u_{GS} 之间的关系曲线称为转移特性，如表 1-10 所示。它反映了场效应管栅源电压对漏极电流的控制作用。

（三）主要参数

（1）夹断电压 U_P：指 u_{DS} 为某一定值时，使结型场效应管或耗尽型 MOS 管漏极电流 i_D 近似为零的栅源电压值。

（2）开启电压 U_T：指 u_{DS} 为一定值时，形成导电沟道，使增强型 MOS 管导通所需要的栅源电压值。

（3）饱和漏极电流 I_{DSS}：$u_{GS} = 0$ 时结型或耗尽型场效应管所对应的漏极电流。

（4）低频跨导 g_m：u_{DS} 一定时，漏极电流的变化量与栅源电压变化量的比值。

$$g_m = \frac{\Delta i_D}{\Delta u_{GS}}\bigg|_{u_{DS}}$$

g_m 反映了场效应管栅源电压对漏极电流的控制及放大作用，单位是毫西门子（mS）。

四、场效应管的使用及注意事项

（1）在使用场效应管时，要注意漏源电压、漏源电流、栅源电压、耗散功率等数值不能超过最大允许值。

（2）场效应管在使用中，要特别注意对栅极的保护。尤其是绝缘栅型效应管，这种管子输入电阻非常高，虽然这是一个重要的优点，但却会带来新的问题。因为如果栅极存在感应电荷，就很难泄放掉，电荷的积累就会使电压升高，特别是极间电容比较小的管子，少量的电荷足以产生击穿的高压。为了避免这种情况，在使用中决不允许栅极悬空，要绝对保持在栅、源之间有直流通路，即使不用时，也要用金属导线将三个电极短接起来。在焊接时，应先将电烙铁预热，然后断开电烙铁电源，再去焊接栅极，以避免交流感应将栅极击穿。近年来，出现了内附保护二极管的 MOS 场效应管，使用时可与结型场效应管一样方便。

（3）对于结型场效应管，其栅极保护的关键在于不能对 PN 结加正向电压，以免损坏。

（4）注意各极电压的极性不能弄错。

各种类型场效应管的特性曲线、符号以及相关电压的极性如表 1-10 所示。

表 1-10　各种类型场效应管的特性曲线、符号以及相关电压的极性

结构类型	符号及 电压极性	转移特性 $i_D = f(u_{GS})$	输出特性 $i_D = f(u_{DS})$
N 沟道 结型管	$U_{GS} \leq 0$ $U_{DS} > 0$		
P 沟道 结型管	$U_{GS} \geq 0$ $U_{DS} < 0$		

续表

结构类型	符号及 电压极性	转移特性 $i_D = f(u_{GS})$	输出特性 $i_D = f(u_{DS})$
N 沟道 增强型 MOS 管	D G —— B S $U_{GS} \geq U_T$ $U_{DS} > 0$	（$U_T > 0$）	$u_{GS} = 5\ V$ $4\ V$ $3\ V$
P 沟道 增强型 MOS 管	D G —— B S $U_{GS} \leq U_T$ $U_{DS} < 0$	（$U_T < 0$）	$u_{GS} = -5\ V$ $-4\ V$ $-3\ V$
N 沟道 耗尽型 MOS 管	D G —— B S $U_{GS} \geq U_P$ $U_{DS} > 0$	I_{DSS} （$U_P < 0$）	$u_{GS} = 2\ V$ $1\ V$ $0\ V$ $-1\ V$
P 沟道 耗尽型 MOS 管	D G —— B S $U_{GS} \leq U_P$ $U_{DS} < 0$	I_{DSS} （$U_P > 0$）	$u_{GS} = -1\ V$ $0\ V$ $1\ V$ $2\ V$

任务五　光电子器件

　　模拟和数字电子技术广泛地使用半导体二极管和三极管电路来进行信号处理。当前一种新的趋势是，在信号传播和处理中，有效地应用了光信号。例如，在电话、计算机网络、声像演唱机中用的 CD 或 VCD、计算机光盘 CD-ROM、甚至在船舶和飞机的导航

微课 光电子器件

装置中均采用现代化的光电子系统。光电子系统的突出优点是抗干扰能力较强，可大量地传送信息，而且传输损耗小，工作可靠；它的主要缺点是光路比较复杂，光信号的操作与调制需要精心地设计。

光信号和电信号的接口需要一些特殊的光电子器件，下面分别予以介绍。

一、光电二极管

光电二极管是将光信号转换为电信号的半导体器件。它的核心部分也是一个 PN 结，在其 PN 结处，通过管壳上的一个玻璃窗口能接收外部的光照。和普通二极管相比，为了便于接收入射光照，其 PN 结面积尽量做得大一些，电极面积尽量小些，而且 PN 结的结深很浅，一般小于 1 μm。光电二极管的外形图、等效电路如图 1-35 所示。

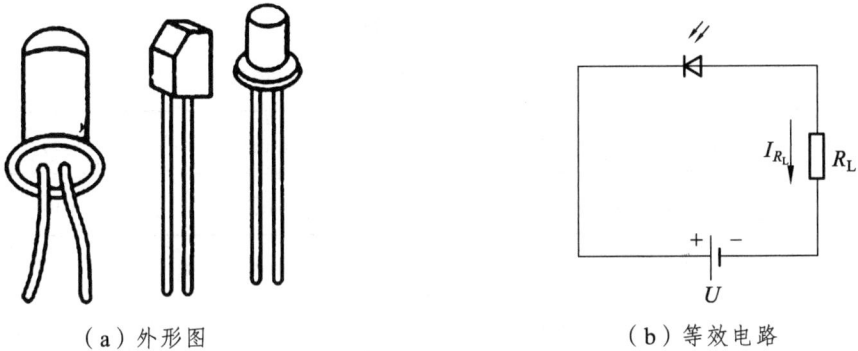

（a）外形图　　　　　　　　　　　　（b）等效电路

图 1-35　光电二极管

光电二极管是在反向电压作用下工作的，它的反向电流随光照强度的增加而上升。其主要特点是，它的反向电流与照度成正比，灵敏度的典型值为 1 μA/lx 数量级（lx 即勒克斯，为照度的单位）。

载流子在反向电压作用下参加漂移运动，使反向电流明显变大。光的强度越大，反向电流越大，这种特性称为"光电导"。光电二极管在一般照度的光线照射下，所产生的电流叫作光电流。如果在外电路接上负载，负载上就获得了电信号，而且这个电信号随着光的变化而相应变化。

光电二极管可用于光的测量，是将光信号转换为电信号的常用器件。

二、发光二极管

发光二极管（LED），是由Ⅲ、Ⅴ族化合物，如 GaAs（砷化镓）、GaP（磷化镓）、GaAsP（磷砷化镓）等半导体制成的，其核心是 PN 结，如图 1-36 所示。当电子与空穴复合时能辐射出可见光。发光二极管的光谱范围比较窄，其波长由所使用的基本材料而定。几种常见发光材料的主要参数如表 1-11 所示。发光二极管工作电流一般为几毫安至十几毫安。正偏电压比普通二极管要高，约为 1.5 ~ 3 V，具有功耗小、体积小，可直接与集成电路连接使用的特点，并且稳定、可靠、长寿（10^5 ~ 10^6 h）、光输出响应速度快（1~100 MHz），应用十分方便和广泛，如应用于信号灯指示（仪器仪表、家电等）、数字和字符指示（接成七段显示数码管）等发光显示方式。

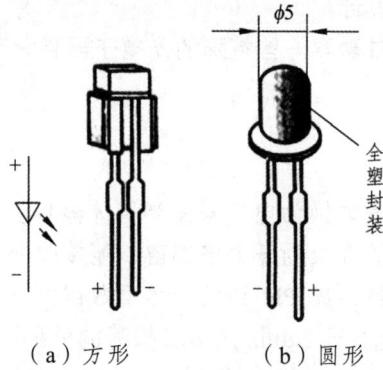

（a）方形　　　（b）圆形

图 1-36　发光二极管符号和外形

表 1-11　发光二极管的主要特性

颜色	波长/nm	基本材料	正向电压（10 mA 时）/V	光功率/μW
红外	900	砷化镓	1.3~1.5	100~500
红	655	磷砷化镓	1.6~1.8	1~2
鲜红	635	磷砷化镓	2.0~2.2	5~10
黄	583	磷砷化镓	2.0~2.2	3~8
绿	565	磷化镓	2.2~2.4	1.5~8

发光二极管的另一重要用途是将电信号转换为光信号，通过光缆传输，然后再用光电二极管接收，再现电信号。图 1-37 表示发光二极管发射电路通过光缆驱动光电二极管电路。在发射端，一个 0~5 V 的脉冲信号通过 500 Ω 的电阻作用于发光二极管（LED），这个驱动电路可使 LED 产生数字光信号，并作用于光缆。在发送端，由 LED 发出的光约有 20%耦合到光缆；在接收端，传送的光，约有 80%耦合到光电二极管，以致在接收电路的输出端复原为 0~5 V 电平的数字信号。

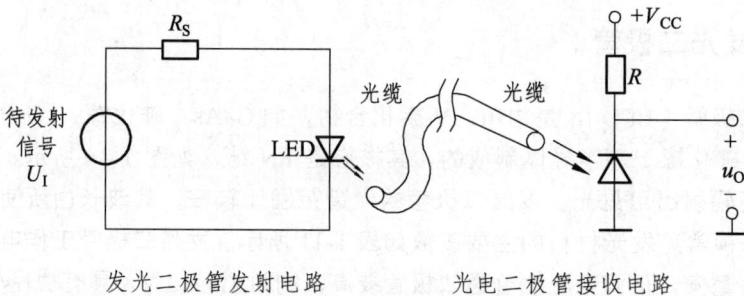

发光二极管发射电路　　　光电二极管接收电路

图 1-37　远距离光电传输的原理

三、激光二极管

激光二极管是可以产生激光的一种半导体二极管，基本结构如图 1-38 所示。激光二极管的物理结构是在发光二极管的结间安置一层具有光活性的半导体，其端面经过抛光后具有部分反射功能，因而形成光谐振腔。在正向偏置的情况下，LED 结发射出光来，并与光谐振腔相互作用，从而进一步激励从结上发射出单波长的光，这种光的物理性质与材料有关。

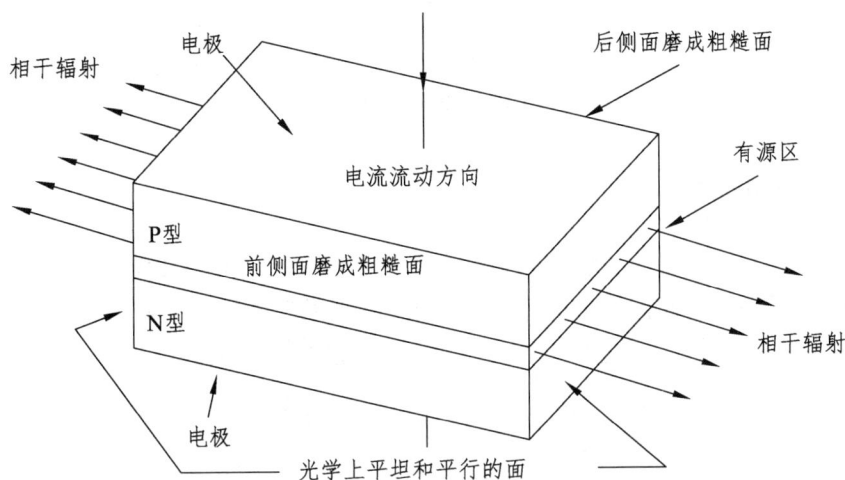

图中标注：相干辐射、电极、后侧面磨成粗糙面、电流流动方向、有源区、P型、前侧面磨成粗糙面、N型、相干辐射、电极、光学上平坦和平行的面

图 1-38　半导体激光二极管的基本结构

半导体激光二极管的工作原理在理论上与气体激光器相同。但气体激光器所发射的是可见光，而激光二极管发射的主要是红外线，这与所用的半导体材料等物理性质有关。激光二极管在小功率光电设备中得到广泛应用，如计算机上的光盘驱动器，激光打印机中的打印头。

四、光电三极管

光电三极管工作原理分为两个部分，一是光电转换，二是光电流放大。光电转换过程与一般光电二极管相同，在集-基 PN 结区内进行。光激发产生的电子-空穴对在反向偏置的 PN 结内电场的作用下，电子流向集电区被集电极所收集，而空穴流向基区与正向偏置的发射结发射的电子复合，形成基极电流，基极电流将被集电结放大，这与一般半导体三极管的放大原理相同。不同的是一般三极管是由基极向发射结注入空穴载流子，控制发射极的扩散电流，而光电三极管是由注入发射结的光生电流控制的。

光电三极管也称为光敏三极管，其等效电路和电路符号如图 1-39 所示。

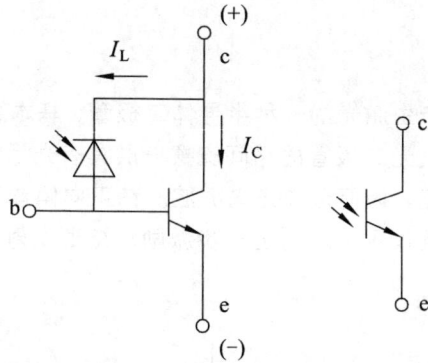

（a）等效电路　　　　　（b）电路符号

图 1-39　光电三极管的等效电路与电路符号

五、光电耦合器

光电耦合器是将发光二极管和光敏元件（光敏电阻、光电二极管、光电三极管、光电池等）组装在一起而形成的二端口器件，其电路符号如图 1-40 所示。

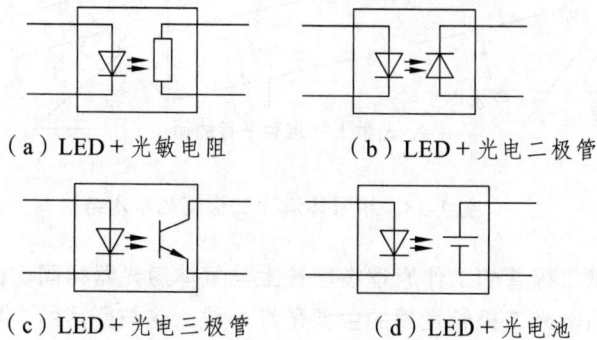

（a）LED + 光敏电阻　　　　　（b）LED + 光电二极管

（c）LED + 光电三极管　　　　　（d）LED + 光电池

图 1-40　光电耦合器电路符号

它的工作原理是以光信号作为媒体将输入的电信号传送给外加负载，实现了电-光-电的传递与转换。光电耦合器主要用于高压开关、信号隔离器、电平匹配等电路中，起信号的传输和隔离作用。

任务六　实用电路读图训练

一、彩色电视机红外遥控系统

彩色电视机红外遥控系统电路原理如图 1-41 所示，其分析如下。

当按下遥控发射器键盘上的某个按键时，会在遥控器微处理器中产生一组有规律的编码数字脉冲指令信号，该信号调制在 38 kHz 的载波上，由遥控器微处理器输出，经激励放大管 VT 放大后，使红外发光二极管发出调制的红外线脉冲信号，通过空间传送到彩色电视机的遥控机接收器的红外线光敏二极管。

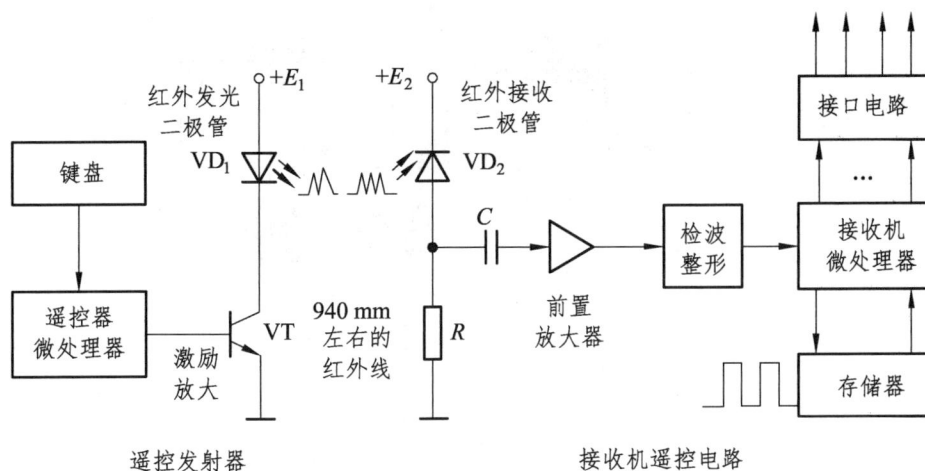

图 1-41　彩色电视机红外遥控系统电路原理图

　　红外线光敏二极管能将红外线遥控信号转换为相应的 38 kHz 调制电信号。该信号经过放大、检波、整形等处理后，得到相应的数字脉冲指令信号，送至电视机遥控电路控制中心（微处理器）。微处理器对输入信号进行解码，识别出控制的种类，并发出相应的控制信号，经接口电路转换输出，控制电视机的相应电路，实现各种功能操作，达到遥控的目的。开机或变换接收频道时，微处理器会从存储器中读取相应的数字信息，并通过接口电路改变高频头等的工作状态。

二、收音机的检波电路

　　收音机能把广播电台发射的无线电波中的音频信号取出来，加以放大，然后通过扬声器还原出声音。具体讲，从天线（磁棒具有聚集电磁波磁场的能力，而天线线圈是绕在磁棒上的）接收到的许多广播电台的高频信号，通过输入回路（为串联谐振回路，具有选频作用）选出其中所需要的电台信号送入变频器的基极，同时，由本机振荡器产生高频等幅波信号，它的频率高于被选电台载波 465 kHz，送到变频器的发射极，二者通过晶体管发射结的非线性变换，将高频调幅波变换成载波为 465 kHz 的中频调幅波信号。在这个变换过程中，被改变的只是调幅波载波的频率，而调幅波的振幅的变化规律（调制信号即声音）并未改变。变换后的中频信号通过变频级集电极接的 LC 并联回路选出载波为 465 kHz 的中频调幅信号，送到中频放大器，放大后，再送入检波器进行幅度检波，从而还原出音频信号，然后通过低频电压放大和功率放大，去推动扬声器，还原出声音。

　　超外差式收音机是较为普及的收音机，其方框图如图 1-42 所示。它是由天线、输入回路、本机振荡器、变频器、中频放大器、检波器、低频电压放大器、低频功率放大器等部分组成。下面分析检波的原理。

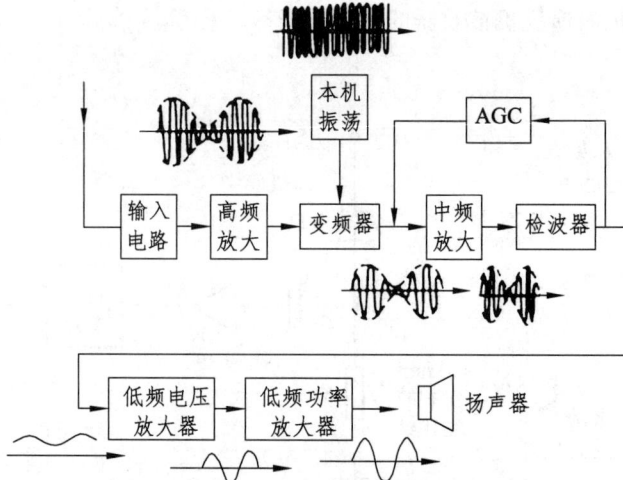

图 1-42　超外差式收音机方框图

　　从已调幅波中恢复调制信息的电路称为解调器或检波器。检波器通常采用二极管检波器。检波器的任务是把所需要的低频信号从调幅中频信号中取出来。典型的二极管检波电路如图 1-43 所示。2AP9 为检波二极管，C_{13} 为 465 kHz 滤波电容，C_8 为音频滤波电容，R_8、R_9 为检波电阻。A 点为中频放大器输出的 465 kHz 中频信号。由于二极管具有单向导电性，此种接法是把信号的负半周检去，N 点为正半周的中频脉动信号。实验证明，中频脉动信号包含三种成分：465 kHz 中频信号、音频成分、直流成分。利用二极管的单向导电性，信号正半周时二极管导通，负半周时二极管截止，波形对称的已调波中频信号经过二极管之后，把负半周截去，载波成分为中频信号（465 kHz）由电容 C_{13} 滤除，直流信号由音频前置放大级的耦合电容 C_{16} 隔离，送到音频前置放大级只有有用的音频信号。

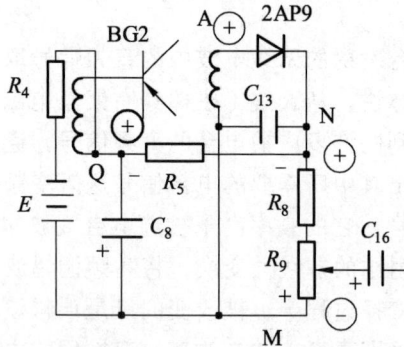

图 1-43　超外差收音机检波电路

三、动态继电器

　　在铁道信号自动控制设备中常采用动态继电器来保证设备安全可靠地工作。动态继电器用于双机热备计算机连锁（两台计算机同时工作的逻辑电路系统）的接口电路，由于该继电器是由计算机输出的动态脉冲信号控制的，故称为动态继电器。动态继电器符合故障—安全原则，有很高的可靠性。

（一）JAC-1000 型动态继电器

JAC-1000 型是单门驱动的动态继电器，由动态驱动电路和偏极继电器组成，动态驱动电路 H_1 安装在接点组上方，其电路原理如图 1-44 所示。

电路在静态（无序列脉冲输入）时，固态继电器 H_1 处于截止状态，电容器 C_1 充电，C_1 两端电压充至电源电压时充电结束，继电器 J 中无电流通过，继电器处于落下状态。

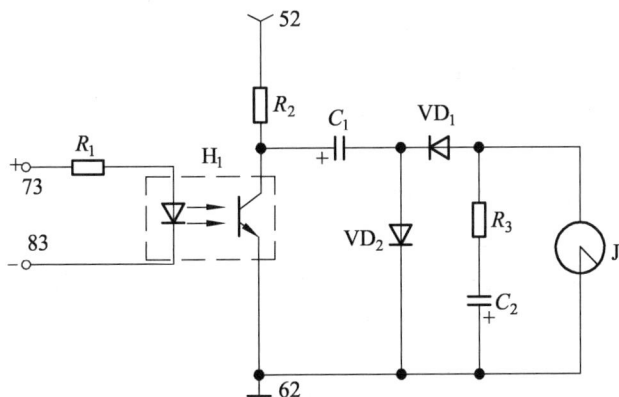

图 1-44　单门驱动动态继电器的电路原理图

控制端 73、83 有控制信号（序列脉冲）输入的情况下，当为高电平时，H_1 导通，C_1 通过 H_1 向 C_2 放电，同时也向继电器放电；当为低电平时，H_1 截止，C_1 恢复充电。这样，H_1 随着控制信号的高电平、低电平变化不断地导通与截止，C_1、C_2 不断地充、放电。但电容器一次放电不能使继电器吸起，只有两个以上脉冲输入并有一定的脉冲宽度使 C_2 两端电压达到继电器工作值且保持一定时间，继电器才能可靠吸起。直到控制端无控制信号输入，H_1 截止，C_2 得不到能量补充，其两端电压下降到继电器落下值，继电器才落下。

当控制端输入固定高电平时，H_1 虽能导通，但 C_1、C_2 没有反复充放电过程，继电器不能吸起。当控制端输入固定低电平时，H_1 截止，继电器更没有吸起的可能。

动态驱动电路又称泵电源，只有在控制端序列脉冲的控制下，H_1 不断导通与截止，C_1、C_2 不断充电与放电，能量不断积累的情况下，继电器才能可靠吸起。这样，就保证在任一元件故障情况下，继电器都不会吸起，实现了"故障—安全"机制。序列脉冲的输出，说明计算机连锁运行正常，且输出口完好。动态继电器还使计算机连锁主机与控制对象之间做到安全隔离。

之所以采用偏极继电器是为了鉴别电流极性。

JAC-1000 型额定电压为 27 V，最高不超过 30 V。其动态测试特性是，当 52、62 端接局部电源 24V，73、83 端接驱动电压 12 V，方波驱动频率 5 Hz 时，应可靠吸起；当 52、62 端局部电压调至 30 V，73、83 端驱动电压调至 12 V，方波驱动频率 1 Hz 时，应不吸起。

（二）JDXC-1700 型动态继电器

JDXC-1700 型是单门控制动态继电器，它采用两个固态继电器，其电路如图 1-45 所示。

在输入序列脉冲控制信号的情况下，H_1 反复导通截止，C_1、C_2 反复充放电，使 H_2 导通。H_2 导通后，使无极继电器 J 吸起。若无控制信号输入或输入固定电平的控制信号，H_1 不会反复导通截止，C_1、C_2 不会反复充放电，H_2 不导通，继电器不吸起。

JDXC-1700 型和 JSDXC2 -1700 型动态继电器是双门控制继电器，前者用于车站计算机连锁接口电路，后者用于驼峰调车场计算机连锁接口电路，它们的电路原理同 JDXC-1700 型，不同的是双门控制。

如图 1-45 所示，JDXC-1700 型动态继电器中 52、62 接 24 V 直流电源 KZ、KF，4、63 端接 24 V 交流电源，51、61 端接 5 V、1 Hz 方波。51、61 来负脉冲时，G_1 截止，直流电源 KZ、KF 通过 R_1、VD_1 向 C_1 充电，充电回路为 $KZ \rightarrow R_1 \rightarrow VD_1 \rightarrow C_1 \rightarrow VD_2 \rightarrow KF$，此时 C_2 放电回路为 $C_2+ \rightarrow G_2 \rightarrow R_3 \rightarrow R_2 \rightarrow C_2$，$G_2$ 导通，继电器可靠吸起；当来正脉冲时，G_1 导通，C_1 向 G_2 放电，放电回路为 $C_1+ \rightarrow G_1 \rightarrow G_2 \rightarrow R_3 \rightarrow VD_3 \rightarrow C_1-$，$G_2$ 导通，继电器可靠吸起。C_1 向 G_2 放电的同时，C_1 向 C_2 充电，充电回路为 $C_1- \rightarrow G_1 \rightarrow C_2+ \rightarrow R_2 \rightarrow VD_3 \rightarrow C_1-$。

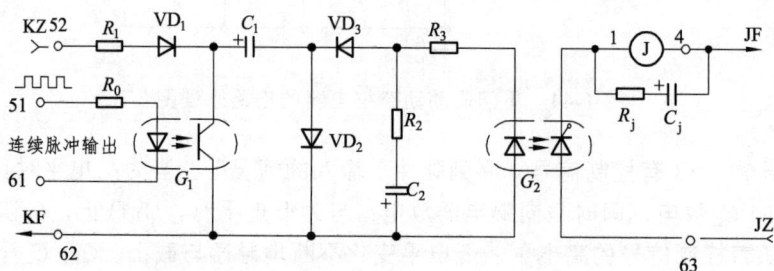

图 1-45　JDXC-1700 型动态继电器电路原理图

目前，双机热备型计算机连锁更多地采用动态组合或动态驱动板。它们的设计思路是把驱动电路与继电器分离开来。这样，可使动态继电器带动更多组接点，减少复式继电器数量。

项目小结

半导体是导电能力介于导体和绝缘体之间的一种材料，其结构和导电机理与金属有很大不同，具有光敏、热敏和杂敏特性。

PN 结是经特殊工艺将 P 型半导体和 N 型半导体相接在一起而形成的交界面。PN 结具有单向导电性，是构成各种半导体器件的基本结构。

一个 PN 结构成一个二极管，所以二极管具有单向导电性，即具有正向导通，反向截止的特性。

一些特殊器件应用越来越广泛。如稳压二极管、光电二极管、发光二极管、激光二极管等。

直流稳压电源是由交流电网供电，经过变压、整流、滤波和稳压四个主要环节得到稳定的直流输出电压。利用二极管的单向导电性，可以做成整流电路。滤波是通过电容限制电压变化或用电感限制电流变化的作用来实现的。最常用的形式是将电容和负载并联。经过滤波后的直流电压较为平滑，但仍不稳定，还要加稳压环节。最简单的是稳压管稳压电路。

三极管具有电流放大的作用，它是一种三端有源器件，分为 NPN 和 PNP 两种类型。三极管有放大、饱和、截止三个工作状态，给三极管的发射结加上正偏电压，集电结加上偏电压，其就处于放大状态。可用万用表判别三极管极性和管型。

场效应管是电压控制器件，也是一种三端有源器件，它的三个子分别称为栅极 G、源极 S、漏极 D。

思考与练习

1-1　选择题

1. P 型半导体是在本征半导体中加入微量的（　　）元素构成的。

　　A. 三价　　　　　　B. 四价　　　　　　　C. 五价　　　　　　　D. 六价

2. PN 结两端加正向电压时，其正向电流是（　　）而成。

　　A. 多子扩散　　　　B. 少子扩散　　　　C. 少子漂移　　　　D. 多子漂移

3. 单极型半导体器件是（　　）。

　　A. 二极管　　　　B. 双极型三极管　　　C. 场效应管　　　　D. 稳压管

4. 用万用表检测某二极管时，发现其正、反电阻均约等于 1 kΩ，说明该二极管（　　）。

　　A. 已经击穿　　　B. 完好状态　　　　C. 内部老化不通　　　D. 无法判断

5. 二极管有一个 PN 结，三极管有两个 PN 结，下列说法正确的是（　　）。

　　A. 将两只二极管连接在一起可当一只三极管使用

　　B. 一只三极管可同时当两只二极管使用

　　C. 一只断了基极的三极管可当一只二极管使用

　　D. 上述说法均不正确

6. 稳压二极管的正常工作状态是（　　）。

　　A. 导通状态　　　B. 截止状态　　　C. 反向击穿状态　　　D. 任意状态

7. 一个稳压值为 12 V 的稳压二极管接入电路中，用伏特表测得其两端只有 0.7 V，这种情况是（　　）

　　A. 正常工作状态　　B. 稳压管内短路　　C. 稳压管反接　　D. 以上答案均不正确

8. 正弦电流经过二极管整流后的波形为（　　）。

　　A. 矩形方波　　　B. 等腰三角波　　　C. 正弦半波　　　　D. 仍为正弦波

9. 测得 NPN 型三极管上各电极对地电位分别为 $V_E = 2.1$ V，$V_B = 2.8$ V，$V_C = 4.4$ V，说明此三极管处在（　　）。

　　A. 放大区　　　　B. 饱和区　　　　　C. 截止区　　　　D. 反向击穿区

10. 三极管超过（　　　）所示极限参数时，必定被损坏。

    A. 集电极最大允许电流 I_{CM}　　　　　　　B. 管子的电流放大倍数 β

    C. 集电极最大允许耗散功率 P_{CM}　　　　D. 集—射极间反向击穿电压 $U_{(BR)CEO}$

1-2　判断题

1. P 型半导体的多子是空穴，所以 P 型半导体带正电。　　　　　　　　　　（　　）

2. N 型半导体多子是自由电子，所以 N 型半导体带负电。　　　　　　　　（　　）

3. 用万用表测试晶体管时，选择欧姆挡 $R \times 10\,k\Omega$ 挡位。　　　　　　　　（　　）

4. 双极型晶体管是电流控件，单极型晶体管是电压控件。　　　　　　　　（　　）

5. 硅稳压管稳压电路适用于负载电流较小，对电压稳定度要求不高的场合。

    　　　　　　　　　　　　　　　　　　　　　　　　　　　　　　（　　）

6. I_{CBO} 的大小反映了集电结的好坏，I_{CBO} 越小越好。　　　　　　　　　（　　）

7. 当三极管的集电极电流大于它的最大允许电流 I_{CM} 时，该管必被击穿。（　　）

8. 用万用表识别二极管的极性时，若测的是晶体管的正向电阻，那么，与标有"＋"号的表棒相连的是二极管正极，另一端是负极。　　　　　　　　　　　　（　　）

9. 双极型三极管的集电极和发射极类型相同，因此可以互换使用。　　　　（　　）

10. 在图 1-46 所示电路中断开或接上晶体二极管 D 对电流表读数没有影响。

    　　　　　　　　　　　　　　　　　　　　　　　　　　　　　　（　　）

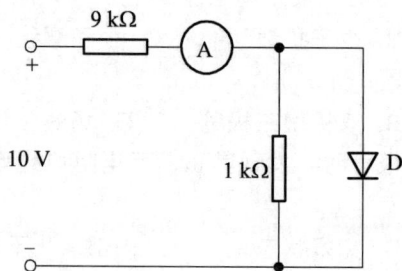

图 1-46　习题 1-2（10）用图

1-3　简答题

1. 本征半导体中有哪几种导电载流子？

2. P 型和 N 型半导体有什么区别？

3. PN 结有什么特性？

4. 硅二极管和锗二极管的导通电压各约为多少？

5. 如何用万用表判别三极管管型、基极、发射极和集电极？

6. 为什么称三极管为双极型而称场效应管为单极型晶体管？

7. 解释 MOS 的含义。

8. 简述场效应管的使用注意事项。

9. 光电器件为什么在电子技术中得到越来越广泛应用？试列举一二例说明。

1-4 设简单二极管基本电路如图 1-47（a）所示，$R = 10\,k\Omega$，图（b）是它的习惯画法。设二极管的正向管压降为 $0.7\,V$，对于下列两种情况，求电路的 I_D 和 U_D 的值：（1）$U_{DD} = 10\,V$；（2）$U_{DD} = 1\,V$。

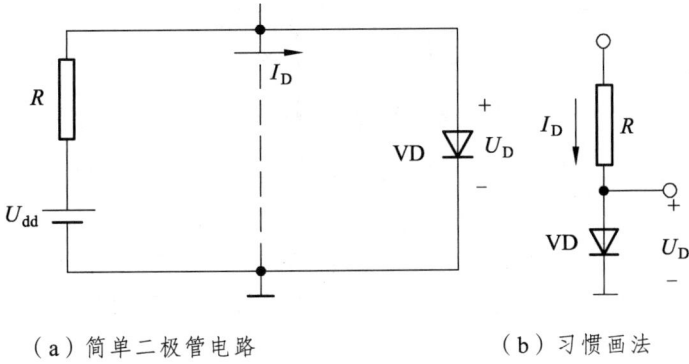

（a）简单二极管电路　　　　　　（b）习惯画法

图 1-47　习题 1-4 用图

1-5 单相半波整流电路如图 1-48（b）所示，输入电压波形如图 1-48（a）所示，试画出输出电压 u_o 波形。

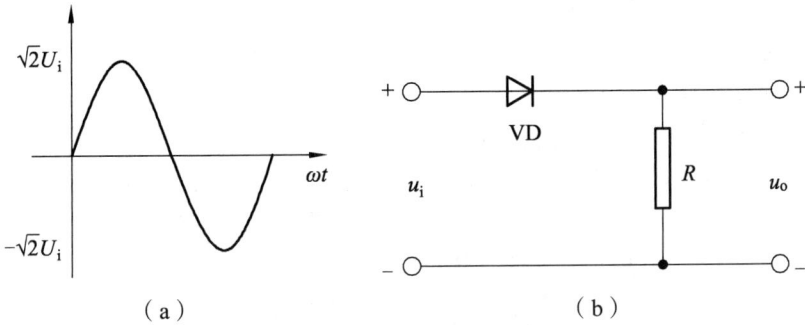

（a）　　　　　　　　　　（b）

图 1-48　习题 1-5 用图

1-6 二极管开关电路如图 1-49 所示，当 U_{I1} 和 U_{I2} 为 0 V 或 5 V 时，求 U_{I1} 和 U_{I2} 的值在不同组合情况下，输出电压 U_O 的值。设二极管是理想的。

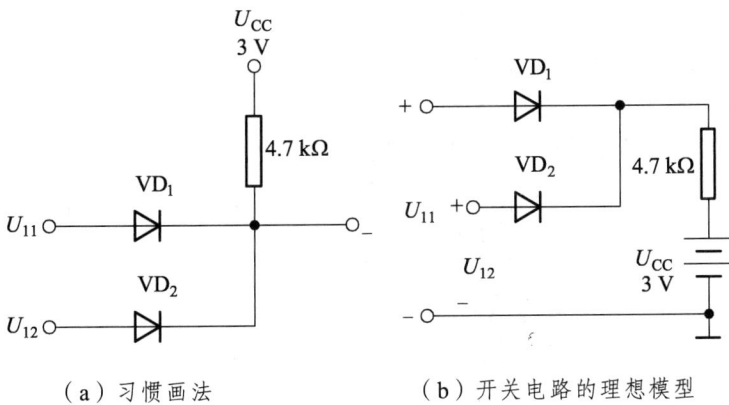

（a）习惯画法　　　　　　　（b）开关电路的理想模型

图 1-49　习题 1-6 用图

1-7 如图 1-50 所示电路，不计二极管正向管压降，分析外加电压后，灯 A、B、C 两端电压 $U_A = \underline{\hspace{2cm}}$　　$U_B = \underline{\hspace{2cm}}$　　$U_C = \underline{\hspace{2cm}}$

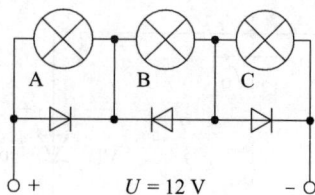

图 1-50 习题 1-7 用图

1-8 一单相桥式整流电路，变压器副边电压有效值为 75 V，负载电阻为 100 Ω，试计算该电路的直流输出电压和直流输出电流，并选择整流二极管。

1-9 桥式整流电容滤波电路中，已知 $R_L = 100\ \Omega$，$C = 10\ \mu F$，用交流电压表测得变压器次级电压有效值为 20 V，用直流电压表测得 R_L 两端电压 U_o。如出现下列情况，试分析哪些是合理的，哪些表明出了故障，并分析原因：（1）$U_o = 28$ V；（2）$U_o = 24$ V；（3）$U_o = 18$ V；（4）$U_o = 9$ V。

1-10 图 1-51 所示电路中，若变压器副边电压有效值 $U_2 = 20$ V 且稳定，滤波电容 C 足够大，问下列四种情况下负载两端电压 U_o 各为多少？

（1）负载电阻开路时 $U_o = \underline{\hspace{2cm}}$ V；

（2）正常工作情况时 $U_o = \underline{\hspace{2cm}}$ V；

（3）电容 C 断路时 $U_o = \underline{\hspace{2cm}}$ V；

（4）一个二极管断路且电容 C 也断路时 $U_o = \underline{\hspace{3cm}}$ V。

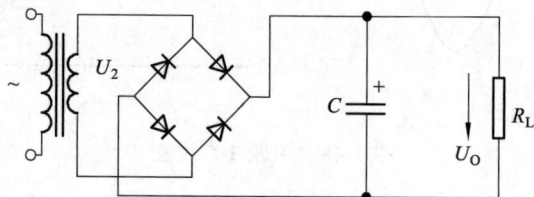

图 1-51 习题 1-10 用图

1-11 如图 1-52 所示三极管的输出特性曲线，试指出 A、B、C 区域名称并根据所给出的参数进行分析计算。

（1）$U_{CE} = 3$ V，$I_B = 60\ \mu A$，求 $I_C = ?$

（2）$I_C = 4$ mA，$U_{CE} = 4$ V，求 $I_{CB} = ?$

（3）$U_{CE} = 3$ V，I_B 由 40~60 μA 时，求 $\beta = ?$

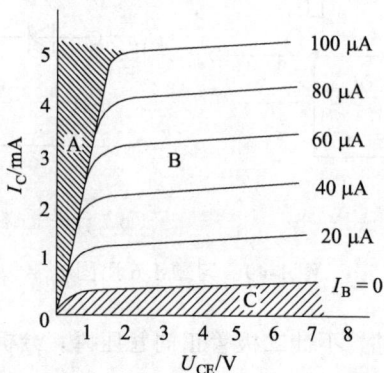

图 1-52 习题 1-11 用图

1-12 测得某放大电路中三极管的三个电极 A、B、C 的对地电位分别为 $U_A = -9\ V$，$U_B = -6\ V$，$U_C = -6.2\ V$，试分析 A、B、C 中哪个是基极 b、发射极 e、集电极 c，并说明此三极管是 NPN 管还是 PNP 管。

1-13 有两个三极管，其中一个管子的 $\beta = 150$、$I_{CEO} = 200\ \mu A$，另一个管子的 $\beta = 50$、$I_{CEO} = 10\ \mu A$，其他参数一样，你选择哪个管子？为什么？

EWB 仿真软件使用介绍

EWB（Electronics Workbench）是由加拿大 Interactive Image Technologies 公司推出的电路仿真分析、设计软件，它的界面友好、操作简单，适合于电子技术课程的辅助教学，运用于实验教学可以大大提高实验的效率，便于学生在加深理解理论知识的同时，充分

发挥主观能动性和创造性，逐步获得对电路的分析、设计及开发能力。

限于篇幅，下面简单介绍 EWB5.0C 的操作方法。

一、EWB 5.0C 介绍

（一）EWB 5.0C 主窗口

双击桌面上的 EWB 5.0C 图标，即可打开 EWB 5.0C 的操作界面，如图 1 所示。EWB 仿真了一个实际的电子实验工作平台，在这个平台的电路工作区内，可以绘制电路原理图、连接虚拟仪表、测试相关电路参数及相应波形。电路工作区上方有标题栏、菜单栏、工具栏、元器件库栏；下方是电路描述框、状态栏。从菜单栏可以选择所需要的各种命令；从元器件库栏选择所需要的元件或仪表，通过鼠标拖拽操作，在电路工作区内安放元件或仪器仪表；双击电路工作区内的仪表图标可以打开虚拟面板，设置仪器仪表参数，观察测试结果；按下启动/停止开关可以控制电路运行和停止；按下暂停/恢复开关可以控制电路运行暂停（Pause）或恢复（Resume）；在电路描述框内根据需要输入相关电路的介绍或说明。

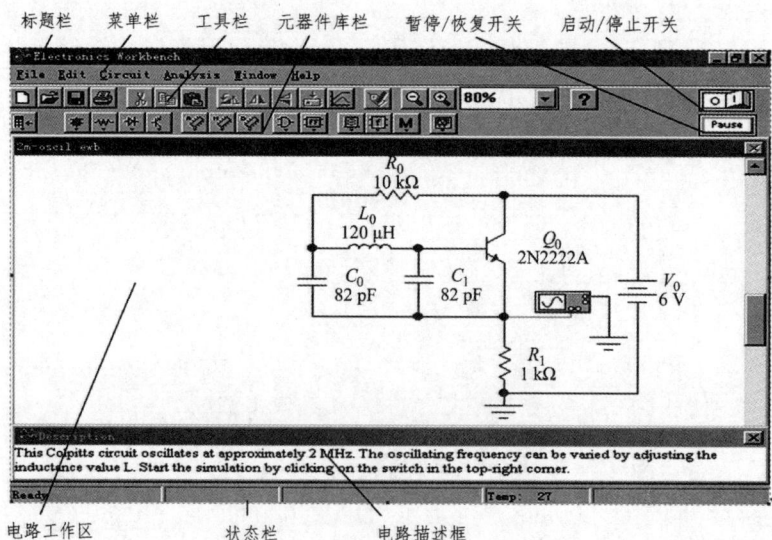

图 1　EWB5.0C 的操作界面

（二）EWB 5.0C 的工具栏

EWB 的工具栏说明如图 2（a）所示。

| 刷新 | 打开 | 存盘 | 打印 | 剪切 | 复制 | 粘贴 | 旋转 | 水平翻转 | 垂直翻转 | 子电路 | 分析图 | 元器件特性 | 缩小 | 放大 | 缩放比例 | 在线帮助 |

（a）EWB 的工具栏

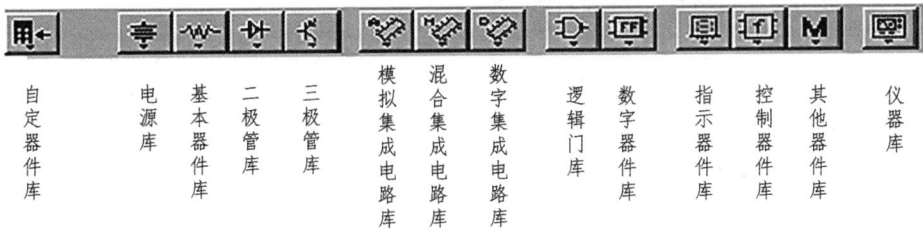

| 自定器件库 | 电源库 | 基本器件库 | 二极管库 | 三极管库 | 模拟集成电路库 | 混合集成电路库 | 数字集成电路库 | 逻辑门库 | 数字器件库 | 指示器件库 | 控制器件库 | 其他器件库 | 仪器库 |

（b）EWB 的元器件库栏

图 2　EWB 工具栏和元器件库栏

（三）EWB 的元器件库栏

EWB 元器件库栏说明如图 2（b）所示。

（1）电源库（Sources）：包括各种交、直流电源及信号源共 23 种。

（2）基本器件库（Basic）：包括电阻、电容、电感、变压器、继电器、开关等 20 种基本器件。

（3）二极管库（Diodes）：包括各种二极管及双向可控硅等 8 种。

（4）三极管库（Transistors）：包括各种三极管和场效应管。

（5）模拟集成电路库（Analog ICs）：包括各种模拟集成运放、锁相环等模拟集成电路。

（6）混合集成电路库（Mixed ICs）：包括集成 A/D、D/A 转换器，单稳态触发器及 555 电路等混合器件。

（7）数字集成电路库（Digital ICs）：包括 74××、741××、742××、743××、744××及 4×××系列数字集成电路。

（8）逻辑门库（Digital Gates）：包括各种逻辑门共 18 种。

（9）数字器件库（Digital）：包括全加器、触发器、寄存器、编码器等各种数字器件共 14 种。

（10）指示器件库（Indicators）：包括数字电压表、数字电流表、灯泡、彩色指示灯、七段数码管、七段译码数码管、蜂鸣器、条形显示器、译码条形显示器共 9 种指示器件，如图 3（a）所示。

需要指出的是，指示器件库提供的数字电压表（Voltmeter）和数字电流表（Ammeter），如图 3（b）所示。在使用时没有台数限制，如需要参数调整，可双击电路工作区的图标，打开设置选项对话框进行修改。

（11）控制器件库（Controls）：包括乘法器、除法器、微分器、积分器、加法器、限幅器等 12 种控制器件。

（12）其他器件库（Miscellaneous）：包括熔断器、传输线、直流电机等其他器件共 11 种。

（13）仪器库（Instruments）：包括万用表、信号发生器、示波器、波特图仪、数字信号发生器、逻辑分析仪及逻辑转换仪等共 7 种。

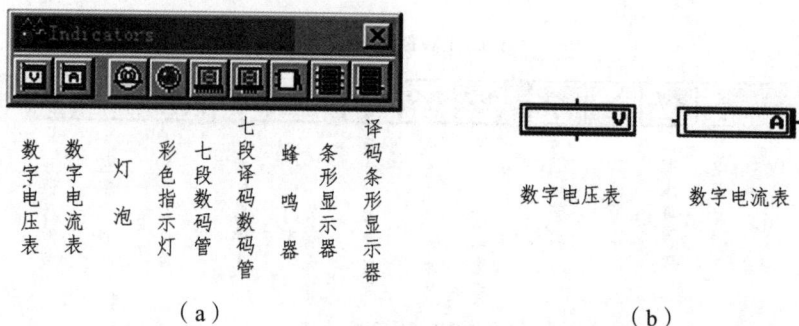

（a）　　　　　　　　　　　　　　　　（b）

图 3　指示器件库

（14）自定义器件库（Favorites）：对于有些复杂器件的电路中没有的元件，可以自建元器件库和相应的元器件。

二、EWB 5.0C 的使用

为了便于叙述，对于鼠标操作做如下约定：

单击：在鼠标的左键上按一下，然后迅速放开；

双击：在鼠标的左键上连续、快速地按两下；

拖拽：将鼠标指针放在某一对象上，然后按下鼠标左键不放，移动鼠标指针到一个新的位置，然后放开鼠标左键。

（一）在电路工作区绘制电路

1. 绘制电路

用鼠标左键选中元器件库栏所需器件并把它拖拽到电路工作区，即可初步完成元器件的绘制。若还需对电路工作区的某器件进行旋转等操作，需要鼠标左键单击激活该器件（器件激活后以红色显示），然后使用工具栏的"旋转""垂直翻转""水平翻转"等按钮即可。若要调整元器件的位置，同样先单击激活该器件，然后将它拖拽至合适的位置。需要删除电路中某元器件时，方法之一是先选中该元器件再单击"delete"键即可。

2. 给器件赋值

当元器件绘制好后，其默认的参数可能不符合电路要求，需要重新设置。方法是双击电路工作区的器件，出现元器件特性对话框，选择赋值对话框（Value），如图 4

（a）所示。图中以电容为例，改变电容的容量，单击"确定"按钮便可完成电容的赋值。

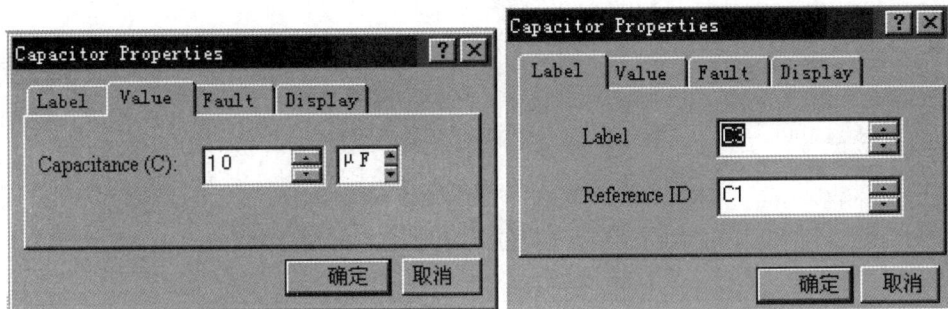

（a）赋值对话框　　　　　　　　　　（b）标号对话框

图 4　赋值与标号对话框

3. 给器件标号

EWB 自动为电路工作区的元器件分配参考编号（Reference ID），而其标号（Lable）可以随意设置。选择元器件特性对话框的标号选项（Lable），如图 4（b）所示，在标号对话框中填写器件标号如"C3"，单击"确定"按钮即可完成对器件的标号。

另外，当器件是某些特殊器件如二极管、三极管等，还需要选择器件模型（Models），如图 5 所示。

为了仿真实际电路，可以通过故障设置（Fault）对话框人为地设置元器件的故障，如图 6 所示。其中，Leakage 为漏电故障，Short 为短路故障，Open 为开路故障，None 为无故障状态。通过显示（Display）对话框设置显示内容，如图 7 所示。通过分析设置（Analysis Setup）对话框设置电路工作温度等有关参数。

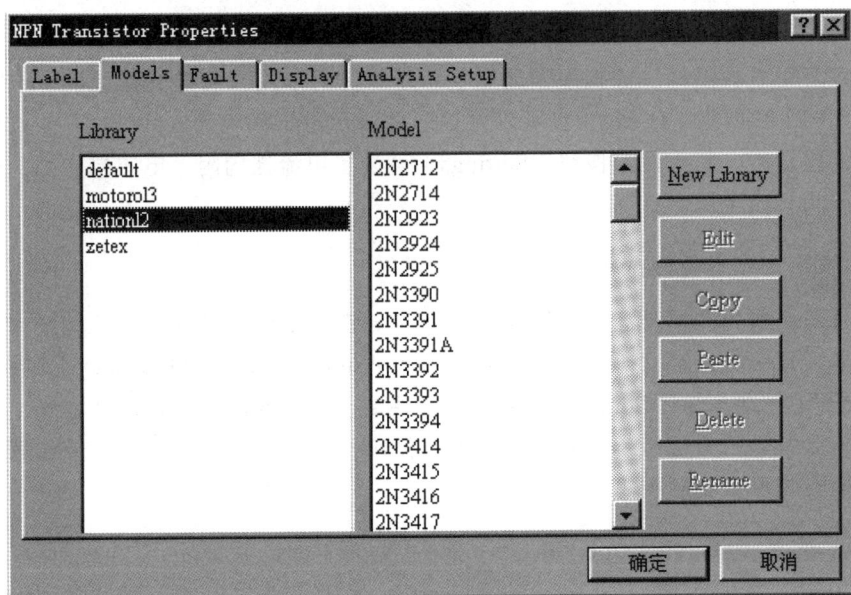

图 5　模型对话框

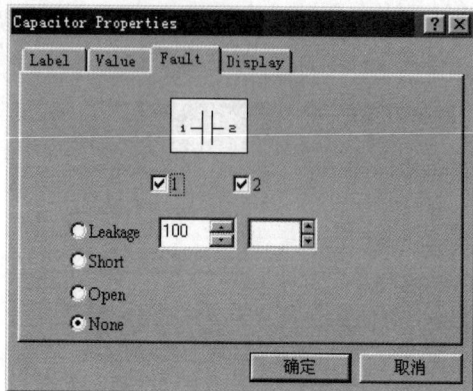

图 6　故障对话框

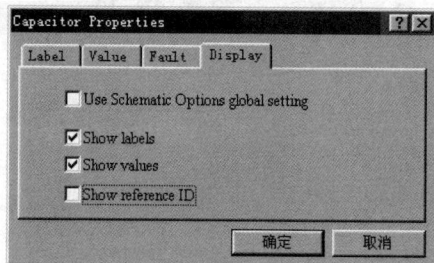

图 7　显示对话框

4. 连接电路

将鼠标指向元器件端点时，出现一个小圆点，按下鼠标左键拖拽鼠标，在工作区拖出一条导线，当鼠标移到另一器件的端点时，又出现一个小圆点，这时放开鼠标，两个器件端点间就用导线连接起来了。

（二）仪器的使用

EWB5.0C 有 7 台虚拟仪表可供使用。电路中需要仪器时可以从仪器库中将相应的仪器图标拖拽至电路工作区。在连接电路时，仪器仅以图标的形式出现，需要观察测试数据及波形或者设置仪器参数时，双击该图标即可打开仪器虚拟面板。仪器图标上的连接端用于将仪器接入电路，拖拽仪器图标可以移动仪器的位置。需要指出的是，这 7 台虚拟仪器每种只有 1 台，不用时可从电路工作区拖拽回仪器栏存放，以备它用。

1. 数字万用表（Multimeter）

数字万用表的图标及虚拟面板如图 8 所示。它可以用来测量交直流电压（V 挡）、电流（A 挡）和电阻（Ω 挡），也可以分贝形式显示电压和电流（dB 挡）。该万用表可以自动调整量程，利用设置按钮（Settings）可设置电流挡内阻、电压挡内阻、电阻挡电流及分贝标准电压。

2. 信号发生器（Function Generator）

信号发生器的图标及虚拟面板如图 9 所示。它可以产生正弦波、三角波或方波信号，可以设置参数占空比（Duty）、幅度（Amplitude）、频率（Frequency）。该仪器的"+"端子（正端）与"Common"端子（公共端）输出的信号为正极性信号（必须把公共端与公共地符号连接），而"-"端子（负端）与公共端之间输出负极性信号。两个信号极性相反，幅度相等。

3. 示波器（Oscilloscope）

示波器的图标及虚拟面板如图 10 所示。这是一种双通道仿真示波器，使用方法与实际的仪器一样，只要双击操作界面右上角的启动/停止开关（见图 1），示波器就可马上动态显示波形；若要将所显示的波形定格，则单击操作界面右上角的暂停/恢复开关即可（见图 1）。在菜单栏中设置 Analysis/Analysis Option/Instruments 对话框，选择 "Pause after each screen" 选项，可以在示波器上得到稳定的满屏幕波形。为了细致地观察测量波形，可以单击虚拟面板上的 Expand 按钮，得到放大的波形。示波器屏幕上 X 轴为时间轴时基，可在 0.01 ns/div ~ 1 ns/div 的范围内调整，Y 轴的调整范围为 0.01 mV/div ~ 5 kV/div。

4. 波特图仪（Bode Plotter）

波特图仪的图标及虚拟面板如图 11 所示。它类似于实验室的扫频仪，可以用来测量和显示电路的幅频特性与相频特性。需要注意的是，由于波特图仪本身没有信号源，所以在使用波特图仪时，必须在电路的输入端口接入交流信号源（或函数信号发生器），而对信号源的频率设置无特殊要求。只要按动操作界面右上角的启动/停止开关，软件就开始仿真。

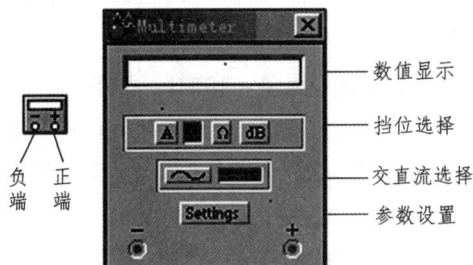

图 8　数字万用表

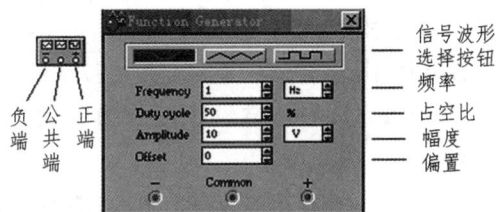

图 9　信号发生器

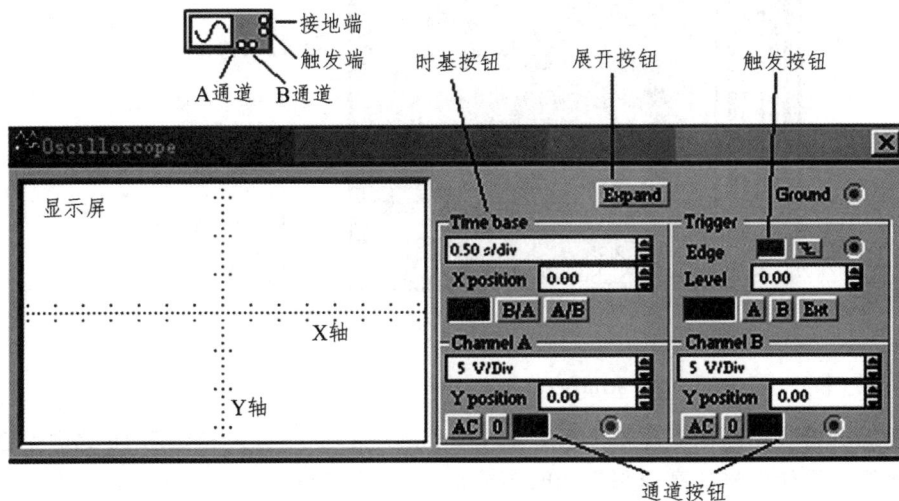

图 10　示波器

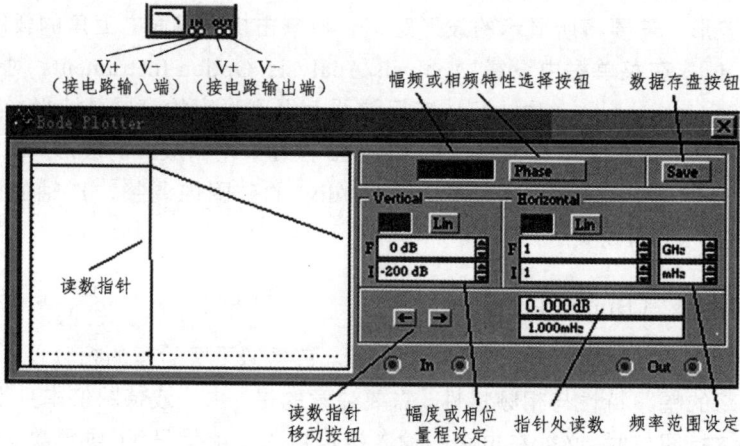

图 11 波特图仪

5. 数字信号发生器（Word Generator）

数字信号发生器的图标及虚拟面板如图 12 所示。它是一个多路逻辑信号源，能够产生 16 路同步逻辑信号，用于数学逻辑电路测试。

在数字信号编辑区可以存放 1 024 条字信号，地址编号为 0 ~ 3FEH，每条数字信号以 4 位 16 进制数编辑和存放。数字信号输出方式为单步（Step）、单帧（Burst）、循环（Cycle）三种方式。而触发方式分为内部触发方式（Internal）和外部触发方式（External）两种。

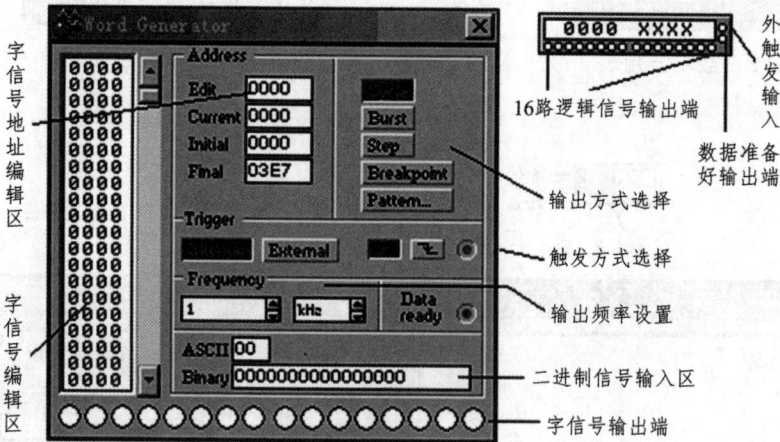

图 12 数字信号发生器

6. 逻辑分析仪（Logic Analyzer）

逻辑分析仪的图标及虚拟面板如图 13 所示。它以同步记录和显示 16 路数字信号。用于对数字逻辑信号的高速采集和时序分析，是分析与设计复杂数字系统的有力工具。虚拟面板左边的 16 个小圆圈对应 16 个输入端，小圆圈内实时显示各路输入逻辑信号的当前值。数字信号发生器按从上到下排列，依次为最低位至最高位。逻辑信号波形显示区以方波显示 16 路逻辑信号波形。波形显示时间轴刻度可通过面板下边 "Clocks per division"予以设置。拖拽读数指针可读取波形数据。在面板下部的两个方框内显示指针所处位置的时间读数和逻辑读数（4 位 16 进制数）。

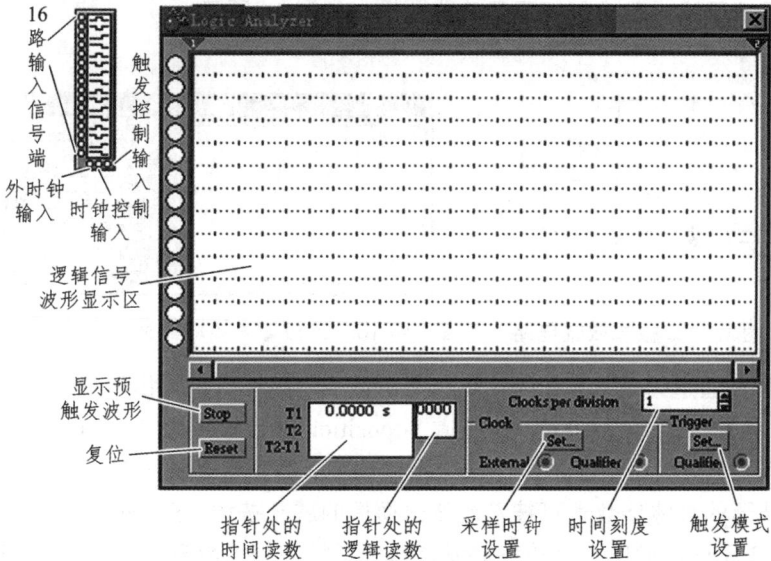

图 13　逻辑分析仪

7. 逻辑转换仪（Logic Converter）

逻辑转换仪的图标及虚拟面板如图 14 所示。逻辑转换仪是 EWB 特有的仪器，并不存在对应的实际设备。逻辑转换仪能够完成真值表、逻辑表达式和逻辑电路三者之间的转换，这一功能给数字逻辑电路的设计与仿真带来了极大的方便。

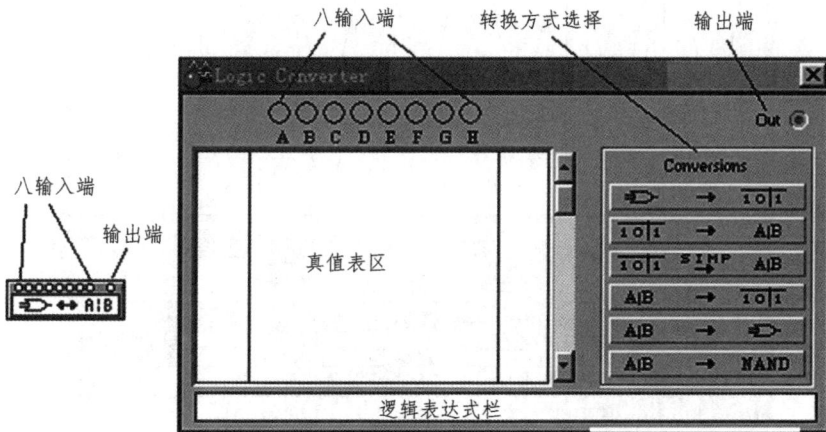

图 14　逻辑转换仪

（三）EWB 使用举例

下面以二极管限幅电路为例，来说明 EWB 的使用。

（1）在 EWB 电路工作区按图 15 连接电路并以"二极管限幅电路.ewb"为名存盘，其中取 $V_{ref} = 3\ V$。

（2）双击信号发生器图标，选择输入信号为正弦波 $u_i = 8\sin\omega t$，频率为 1 Hz。

（3）按下操作界面右上角的启动/停止开关，接通电源。

（4）双击示波器图标，打开示波器面板，如图 16 所示。

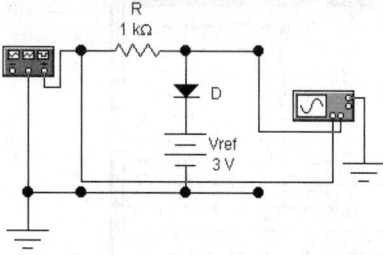

图 15 二极管限幅电路

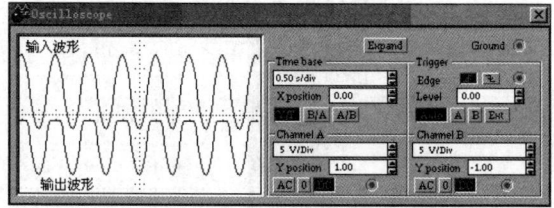

图 16 二极管限幅电路输入输出波形

示波器 A 通道为输入，B 为输出，为了便于观察输入、输出波形，这里将 A 通道 Y position 参数设置为"1.00"，B 通道 Y position 参数设置为"−1.00"。电路输入电压波形为正弦波，输出电压的负半周波形未改变，而正半周被限幅。如果想读取输入、输出电压波形的具体参数，可按下示波器面板的展开按钮"Expand"，得到图 17，拖拽指针 1、2 读取波形任两点的参数以及两个指针间的读数差。从图 17 中得出电路输入电压正半周幅度为 $V_A = 7.951\ 7\ \text{V}$，输出电压正半周幅度被限为 $V_{B1} = V_{B2} = 3.694\ 6\ \text{V}$，信号周期 $T = T_2 - T_1 = 1\ \text{s}$，此时，按缩小按钮（Reduce）可以恢复至原来大小。

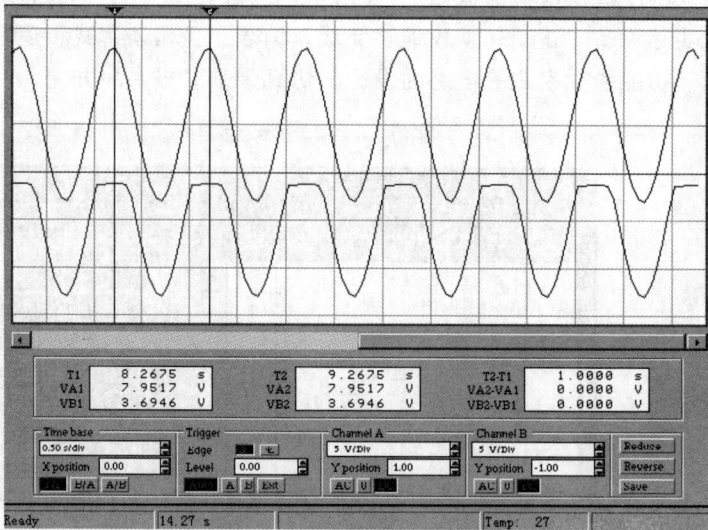

图 17 示波器面板展开示意

半导体元器件识别与检测

一、实验目的

（1）进一步熟悉半导体元器件型号的含义，掌握通过查阅电子手册了解半导体器件参数的方法。

（2）掌握用万用表判断二极管极性及质量好坏的方法。

（3）掌握用万用表判断三极管管型及质量好坏的方法。

二、实验仪器与设备

（1）万用表 1 块。

（2）二极管和三极管若干。

三、实验原理

（一）二极管的检测

二极管的单向导电性。二极管正向偏置时，万用表中显示出较大的电流，此时二极管的电阻很小；二极管反向偏置时，万用表中显示出很小的电流，此时二极管电阻很大，如图 1 所示。

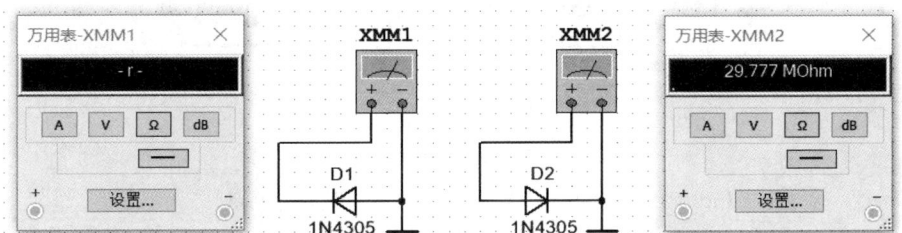

图 1　万用表检测二极管单向导电性

（二）三极管的检测

晶体三极管内部有两个 PN 结，两个 PN 结把三极管分成 3 个区域，按不同的排列方式，就构成 NPN 型和 PNP 型。所以，可以将三极管看成两个二极管，如图 2 所示。可以使用万用表的欧姆挡测量，通过测量 PN 结的正、反向电阻来确定晶体三极管的管脚、管型及质量的好坏。

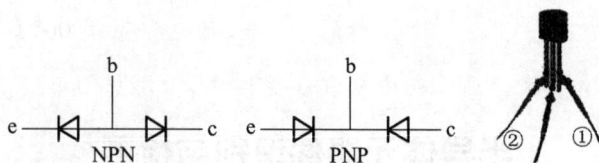

图 2　将三极管看成两个二极管

四、实验内容及步骤

（一）二极管

1. 二极管的识别

二极管正负极、规格、功能和制造材料一般可以通过管壳上的标识和查阅手册来判断，如 IN4001 通过壳上的标识可判断正负极，通过查阅手册可知它是整流管，参数是 1 A/50 V；对于 2CW15，通过查阅手册可知它是 N 型硅材料稳压管。另外，也可以通过万用表来检测。

2. 二极管的检测

二极管的检测主要是判断其正负极和质量好坏。基本方法如下：

首先，将万用表量程调至 $R \times 100 \ \Omega$ 或 $R \times 1 \ k\Omega$ 挡（一般不用 $R \times 1 \ \Omega$ 挡，因其电流较大，而 $R \times 10 \ k\Omega$ 挡电压过高管子易被击穿），然后，将两表笔分别接触二极管两个电极（见图 3），测得一个电阻值，交换一次电极再测一次，得到两个电阻值。一般来说正向电阻小于 $5 \ k\Omega$，说明黑表笔连接的为阳极，红表笔连接的是阴极，反向电阻大于 $500 \ k\Omega$，如图 3 所示。

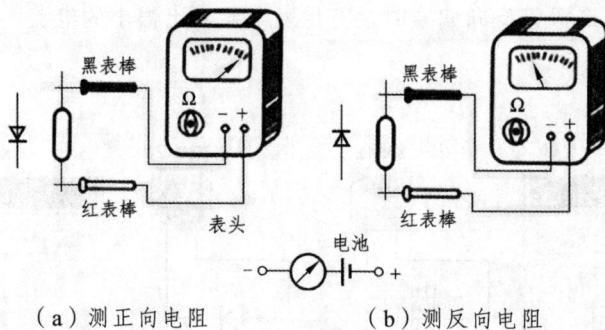

（a）测正向电阻　　　　　（b）测反向电阻

图 3　二极管极性的判断

一般性能好的二极管，其反向电阻比正向电阻大几百倍。如果两次测得的正、反向电阻很小或等于零，则说明管子内部已击穿或短路；如果正、反向电阻均很大或接近无穷大，说明管子内部已开路；如果电阻值相差不大，说明管子性能变差，出现上述三种情况的二极管均不能使用。将测试结果填入实验报告中的表 1。

（二）三极管

1. 三极管管脚极性和管型判别

将万用表量程调到 $R \times 100 \ \Omega$ 或 $R \times 1 \ k\Omega$ 挡，假定一个电极是 B 极，并用黑表笔

与假定的 B 极相接，用红表笔分别与另外两个电极相接，测到两个值作为一组数据，如图 4（a）所示。如果两次测得电阻均很小，即为 PN 结正向电阻，则黑表笔所接的就是 B 极，且管子为 NPN；如果两次测得的电阻一大一小，则表明假设的电极不是真正的 B 极，则需要将黑表笔所接的管脚调换一下，再按上述方法测试。若三次测得的结果中均未出现一组两值同小的情况，则可初步判断为 PNP 管，则应换用红表笔与假定的 B 极相接，用黑表笔接另外两个电极。两次测得电阻均很小时，红表笔所接的为 B 极，且可确定为 PNP 管。

当 B 极确定后，可接着判别发射极 E 和集电极 C。以 NPN 管为例，先假设一个电极为集电极 C，将黑表笔接在假定的集电极上，红表笔接在假定的发射极 E 上，并用手指捏着基极 B 和假设的集电极上（B、C 不能接触，即相当于在两者间接入一个约 100 kΩ 的电阻），观察表的指针摆动幅度，如图 4（b）所示。然后将黑、红表笔对调，按上述方法重测一次。比较两次表针摆动幅度。摆动幅度较大的一次，黑表笔所接的端子为 C 极，红表笔所接的为 E 极。若为 PNP 管，上述方法中将黑、红表笔调换即可。

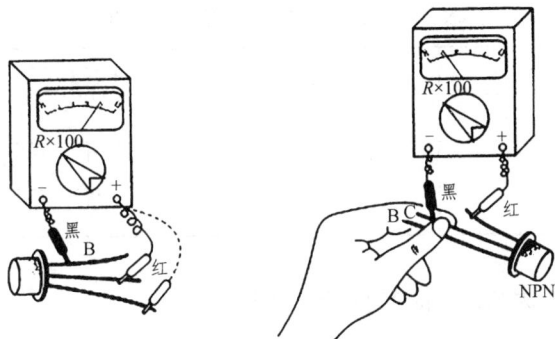

（a）判断 B 极和管型　　　（b）判断 C 极和 E 极

图 4　三极管极性和管型的判断

2. 三极管质量好坏判断（以 NPN 型管为例）

用万用表的 $R \times 1 \text{ k}\Omega$ 挡，将黑表笔接在三极管的基极，红表笔分别接在三极管的发射极和集电极，测得两次的电阻值应在 10 kΩ 左右，然后将红表笔接在基极，黑表笔分别接三极管的 E 极和 C 极，测得的电阻应该为无穷大，再将红表笔接三极管的 E 极，黑表笔接在 C 极，其测量电阻值应该为无穷大，接着用万用表测量三极管 E 极和 C 极之间的电阻，其阻值也是无穷大。若测量结果符合上述结论，则判断三极管良好。并将测试结果填入实验报告中的表 2 中。

五、实验注意事项

（1）检测时注意万用表挡位的选择，特别注意根据管型选择合适的万用表挡位。

（2）注意二极管通正向电流时，如不采取限流措施，过大的电流会使 PN 结发热，超过最高允许温度时，二极管就会被烧坏。

《半导体元器件识别与检测》实验报告

班级_____ 姓名_____ 学号_____成绩 _____

一、根据实验内容填写下列表格

表 1 二极管识别与判断实验结果

序号	二极管型号	正向电阻/V	反向电阻/V	质量（好/坏）
1				
2				
3				

表 2 三极管识别与判断实验结果

序号	三极管型号	正向电阻/V	反向电阻/V	质量（好/坏）
1				
2				
3				

二、根据实验内容完成下列简答题

1. 为什么要用二极管的单向导电性来判断二极管的极性和质量好坏？阐述原因。

2. 在判断三极管管脚时，用手指捏着基极 B 和假设的集电极 C，但是 B、C 又不能接触，这是为什么？结合实验谈谈你的看法。

项目二　基本放大电路

思维导图

项目二英文版本

基本放大电路

晶体管知识
- 放大的性质：不失真地放大变化小信号　频率不变
- 静态工作点（Q点）I_{BQ}、I_{CQ}、U_{CEQ}、U_{BEQ}　为什么要设置静态工作点
- 放大电路分析方法
  - 图解法
    - Q点图解分析法
    - 动态图解分析法
    - Q点对波形的影响
      - 截止失真
      - 饱和失真
      - 双向失真
  - 微变等效电路法（H参数）H参数的引出、微变等效的模型　r_{be}计算公式

共射极放大电路
- 电路结构→输入、输出
- 电路分析
  - 静态分析
    - 直流通路
    - 求静态工作点
    - 画微变等效电路
  - 动态分析
    - 交流通路
    - 求出回路共用发射极
- 应用→多级放大电路的中间级，实现电流、电压放大
  - 图解法
  - 计算法
  - 求A_u、r_i、输入、输出信号反相
  - A_u较大、r_i、r_o较小

共集电极放大电路
- 电路结构→输入、输出
- 电路分析
  - 静态分析
    - 直流通路
    - 求静态工作点
    - 画微变等效电路
  - 动态分析
    - 交流通路
    - 求出回路共用集电极
- 应用→多级放大电路的输入、输出信号同相
  - 图解法
  - 计算法
  - 求A_u、r_i、r_o
  - A_u约等于1，输入、输出信号同相、r_i较大、r_o较小，中间级电平冲级

共基极放大电路
- 电路结构→输入、输出
- 电路分析
  - 静态分析
    - 直流通路
    - 求静态工作点
    - 画微变等效电路
  - 动态分析
    - 交流通路
    - 画微变等效电路
- 应用→高频放大电路、恒流源电路
  - 图解法
  - 计算法
  - 求A_u、r_i、r_o
  - A_u较大、r_i、r_o较大、输入、输出信号同相

场效应管放大电路
- 类型
  - 共源极放大电路
  - 共漏极放大电路
  - 共栅极放大电路
- 静态分析
  - 直流通路
  - 求静态工作点
  - 交流通路
  - 画微变等效电路
- 动态分析
  - 求动态参数

电子电路的稳定端／电子电路中的负反馈
- 温度对Q点的影响
- 共射极分压式偏置电路
  - 结构
  - 内反馈→稳定Q点的原理
  - 计算Q点（同其他放大电路）
  - 动态分析（同其他放大电路）电路分析
- 概念
- 交、直流反馈
- 电压、电流反馈（类型及判断方法）
- 串、并联负反馈
- 提高电压增益的稳定性
- 改善输入、输出电阻
- 故障非线性失真　扩展通频带　应用
- 通频带
- 电压增益随频率变化的原因
- 放大电路的幅频特性
- 信号频率与通频带的关系

多级放大电路
- 耦合方式
  - 直接耦合
  - 阻容耦合
  - 变压器耦合
  - 光电耦合
- 多产生零漂→直接耦合
- 电压增益等于各级电压增益的乘积
- 输入电阻等于第一级放大电路的输入电阻
- 输出电阻等于最后一级放大电路的输出电阻　分析

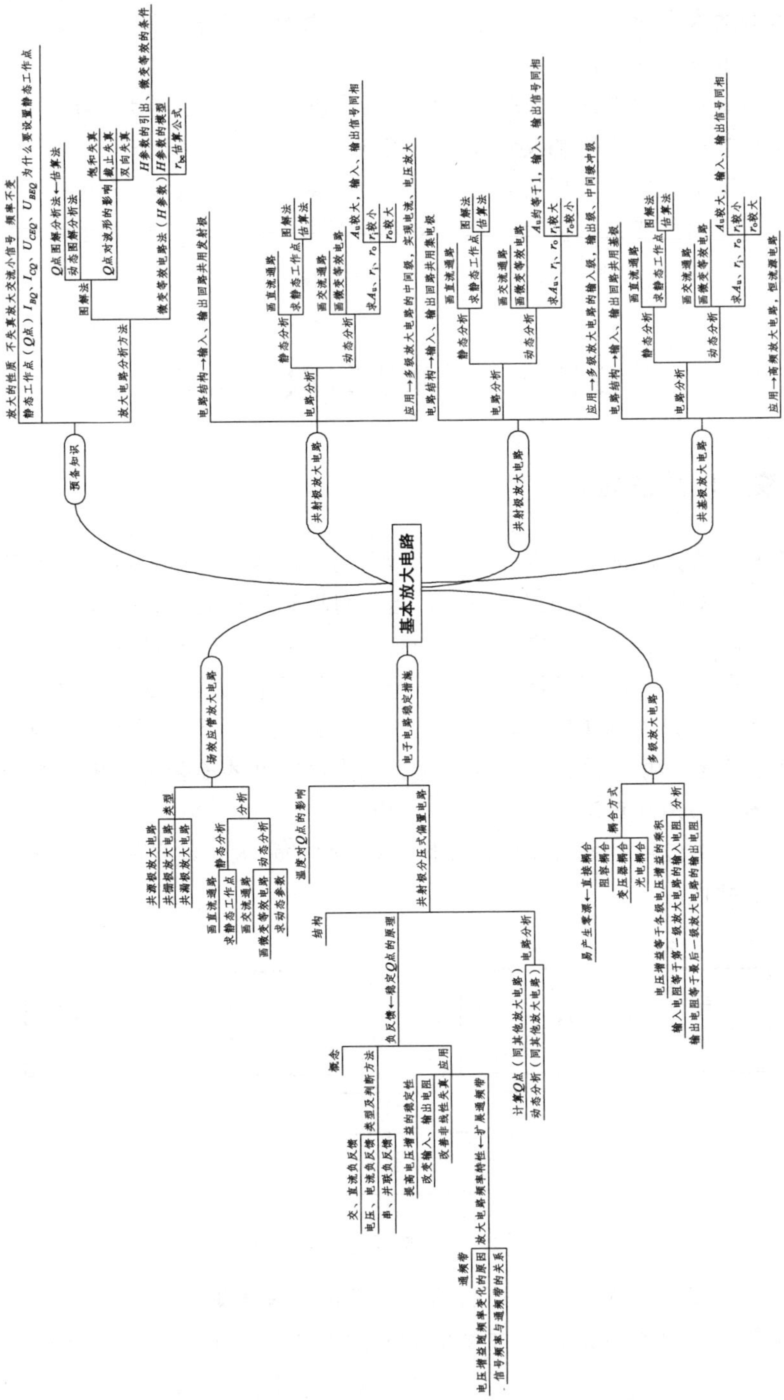

图 2-1　项目二思维导图

熟练掌握典型的单元电路如工作点稳定电路、共射极放大电路、共集电极放大电路等放大电路的基本构成及特点；

熟练掌握放大电路的直流、交流分析方法并求解其性能指标；

掌握非线性失真的概念；

能组成简单的放大电路，掌握检测放大电路功能的方法，并学会排除简单的故障；

了解负反馈电路的作用和反馈类型的判别；

通过实际案例为导向的项目化教学，培养学生提出、解决实际问题的方法以及对工作结果进行评估的能力；使学生具有良好的思想品德，以及爱岗敬业、热情主动的工作态度。

任务一　共发射极放大电路

一、放大电路的性质

放大电路也称为放大器，其作用是将微弱的电信号放大成幅度足够大且与原来信号变化规律一致的信号。例如扩音系统，当人对着话筒讲话时，话筒会把声音的声波变化，转换成以同样规律变化的电信号（弱小的），经扩音机电路放大后输出给扬声器（主要是放大振幅），扬声器放出更大的声音，这就是放大器的放大作用。这种放大还要求放大后的声音必须真实地反映讲话人的声音和语调，是一种不失真的放大。若把扩音机的电源切断，扬声器则不发声，可见扬声器得到的能量是从电源能量转换而来的，故放大器还必须加直流电源。

虽然放大电路应用的场合及作用不同，但信号的放大过程是相同的，可以用图 2-2 来表示它们的共性。

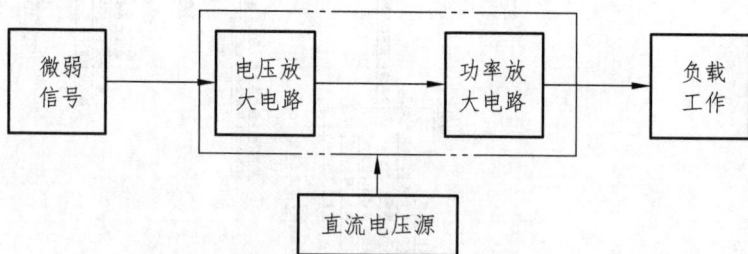

图 2-2　放大电路结构示意图

信号放大是指只放大微弱信号的幅度，而保持其周期和频率不变，即不失真放大。放大电路有三种基本形式：共发射极放大电路、共集电极放大电路、共基极放大电路。

二、共发射极放大电路组成及工作原理

（一）电路的组成原则

1. 用晶体管组成放大电路的基本原则

（1）必须满足三极管放大条件，即发射结正向偏置，集电结反向偏置。

（2）在传递的过程中，要求输入信号损耗小，在理想情况下，损耗为零。

（3）放大电路的工作点稳定，失真（即放大后的输出信号波形与输入信号波形不一致的程度）应不超过允许范围。

图 2-3 所示为根据上述要求由 NPN 型晶体管组成的共发射放大电路。因输入信号 u_i 是通过 C_1 与三极管的 B-E 端构成输入回路，输出信号 u_o 是通过 C_2 经三极管的 C-E 端构成输出回路，而输入回路与输出回路是以发射极为公共端的，故称为共发射极放大电路。

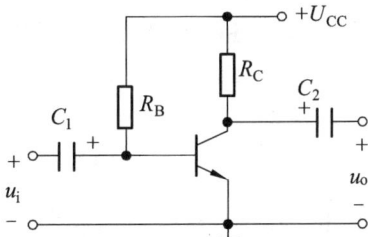

图 2-3 共发射极放大电路

2. 元件的作用

（1）三极管：起电流放大作用，是放大电路的核心元件。

（2）直流电源 U_{CC}：通过 R_B 给发射结提供正向偏置电压，通过 R_C 给集电结提供反向偏置电压，以满足三极管放大条件。

（3）基极偏置电阻 R_B：为三极管提供基极偏置电压。改变 R_B 将使基极电流变化，这对放大器影响很大，因此它是调整放大器工作状态的主要元件。

（4）集电极负载电阻 R_C：一方面通过 R_C 给集电结加反向偏压；另一方面将电流放大转换成电压放大。因为三极管的集电极是输出端，图 2-3 中 $U_{CE} = U_{CC} - I_C R_C$，若 $R_C = 0$，则 $U_{CE} = U_{CC}$，即输出电压恒定不变，失去电压放大作用。

（5）耦合电容 C_1、C_2：电容的容抗 $X_C = \dfrac{1}{2\pi f C}$，与频率 f 有关，对于直流，$f = 0$，则 $X_C = \infty$，对于交流，频率 f 较高，且 C 较大时，$X_C \to 0$，故耦合电容具有隔直流通交流作用，它阻隔了直流电流向信号源和负载的流动，使信号源和负载不受直流电流的影

响。一般耦合电容选得较大，为几十微法，故用电解电容，使用中电解电容的正极必须接高电位端，负极接低电位端，正、负极性不可接反。

（6）接地"⊥"：表示电路的参考零电位，它是输入信号电压、输出信号电压及直流电源的公共零电位点，并不是真正与大地相接，这与电工技术中接地含义不同。电子设备通常选机壳为参考零电位点。

3. 电压、电流等符号的规定

如图 2-3 所示，放大电路中即有直流电源 U_{CC}，又有交流电压 u_i，电路中三极管各电极的电压和电流包含直流量和交流量两部分。为了方便分析，各量的符号规定如下：

（1）直流分量：用大写字母和大写下标表示。如 I_B 表示三极管基极的直流电流。

（2）交流分量：用小写字母和小写下标表示。如 i_b 表示三极管基极的交流电流。

（3）瞬时值：用小写字母和大写下标表示，它为直流分量和交流分量之和。如 i_B 表示三极管基极的瞬时电流值，$i_B = I_B + i_b$。

（4）交流有效值：用大写字母和小写下标表示。如 I_b 表示三极管基极正弦交流电流有效值。

（二）静态工作点的分析计算

放大电路只有直流信号作用，未加交流输入信号（$u_i = 0$）时的电路状态为静态。静态下三极管各极的电流值和各极之间的电压值，称为静态工作点。表示为 I_{BQ}、I_{CQ}、U_{CEQ}、U_{BEQ}，因它们在输入特性和输出特性曲线上对应于一点 Q，故得此名，如图 2-4 所示。

微课 共射极放大电路
静态工作点分析计算

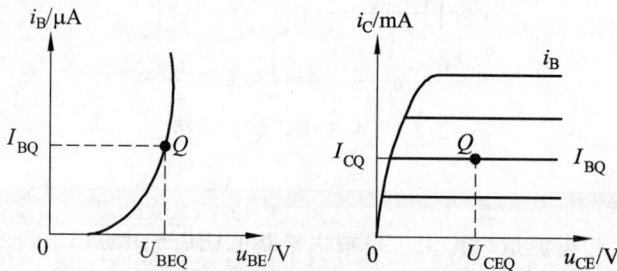

图 2-4　输入、输出特性曲线上对应的静态工作点

设置静态工作点的目的是保证三极管处于线性放大区，为放大微小的交流信号做准备。否则，若三极管处在截止区，微小的交流信号或交流信号负半周输入时三极管不能导通；若三极管处在饱和区，交流信号正半周进入时，i_b 失去对 i_C 的控制。这都使放大电路无法完成不失真放大。

1. 放大电路的直流通路

计算静态工作点应先画出放大电路的直流通路。只考虑直流信号作用，而不考虑交流信号作用的电路称为直流通路。画直流通路有两个要点：

（1）电容视为开路。电容具有隔离直流的作用，直流电流无法通过它们。因此对直流信号而言，电容相当于开路。

（2）电感视为短路。电感对直流电流的阻抗为零，可视为短路。图 2-5 中，图（a）是基本放大电路，图（b）是其直流通路。

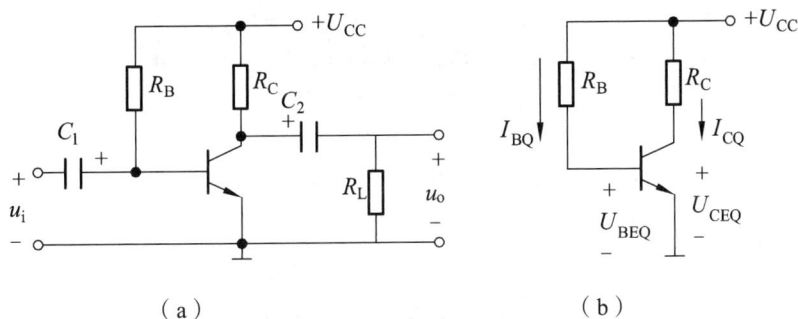

（a）　　　　　　　　　　　（b）

图 2-5　基本放大电路及其直流通路

2. 计算静态工作点

【例 2-1】 在图 2-5（b）所示直流通路中，设 $R_B = 300\text{ k}\Omega$，$R_C = 4\text{ k}\Omega$，$U_{CC} = 12\text{ V}$，$\beta = 40$。三极管为硅管，试求静态工作点。

解：根据基尔霍夫电压定律列出输入回路和输出回路方程为：

$$U_{CC} = I_{BQ}R_B + U_{BEQ} \qquad\qquad U_{CC} = I_{CQ}R_C + U_{CEQ}$$

则

$$I_{BQ} = \frac{U_{CC} - U_{BE}}{R_B} \approx \frac{U_{CC}}{R_B} = \frac{12}{300} = 40(\mu A)$$

$$I_{CQ} = \beta I_{BQ} = 40 \times 40 \times 10^{-3} = 1.6(\text{mA})$$

$$U_{CEQ} = U_{CC} - I_{CQ}R_C = U_{CC} - \beta I_{BQ}R_C$$

$$= 12 - 40 \times 0.04 \times 4 = 5.6(\text{V})$$

因为 $U_{CC} >> U_{BE}$，所以可用估算法简单近似地计算出静态值，即忽略 U_{BE}。实际中一般将基极偏置电阻串接一个可调电阻，以方便调试静态值。

（三）基本电压放大原理

微课 单管共射极放大电路的放大原理　　　动画 基本放大电路的放大原理

如图 2-6 所示，当输入正弦交流信号 u_i 时，放大电路在静态时各点的电压及电流的数值都不变化，图中阴影部分是输入电压 u_i 的变化引起的三极管各电极电流和电压的变化量，即交流分量，相当于在原直流量上叠加的增量。

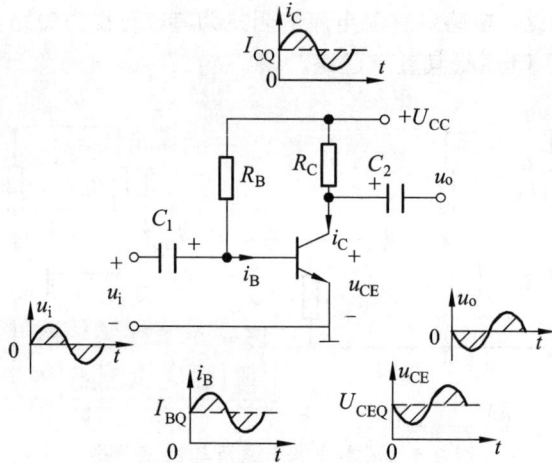

图 2-6 放大电路实现信号放大的工作过程

设 $u_i = U_{im}\sin\omega t$（V），信号经耦合电容无损耗，即容抗 $X_C = \dfrac{1}{2\pi fC} \approx 0$。则电路各处电压、电流的瞬时值均为直流量与交流量瞬时值之和。因为 u_i 电压变化范围小，由图 2-7 看出，u_{BE} 变动范围 $Q_1 \sim Q_2$ 近似为一段直线，因此电流与电压呈线性关系，电压 u_i 为正弦波，由电压产生的电流 i_b 也是正弦波。各极的电压与电流关系为

$$u_{BE} = U_{BEQ} + u_{be} = U_{BEQ} + u_i$$

$$i_B = I_B + i_b$$

$$i_C = I_C + i_c = \beta I_C + \beta i_b$$

$$u_{CE} = U_{CE} + u_{ce} = U_{CC} - i_C R_C = U_{CC} - （I_C + i_c）R_C = U_{CC} - I_C R_C - i_c R_C = U_{CE} + （-i_c R_C）$$

i_B、i_c、u_{CE} 的波形如图 2-6 所示。

由于 u_{CE} 的直流分量 U_{CE} 被耦合电容 C_2 隔断，其交流量 u_{ce} 经 C_2 允许通过，且无损耗，所以

$$u_o = u_{ce} = -i_c R_C$$

式中负号表明 u_o 与 u_i 的相位相反。

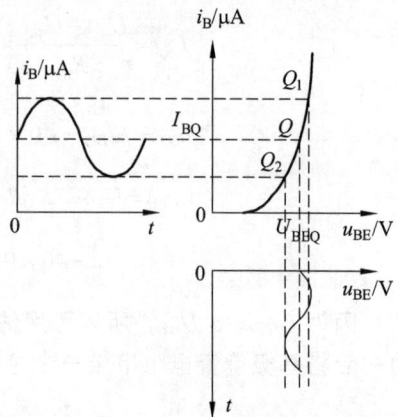

图 2-7 输入特性线性情况

整个放大过程为：弱小的输入信号 u_i 引起三极管基极电流产生增量 i_b，则三极管集电极产生更大的电流增量 $i_c = \beta i_b$，而 i_c 经过 R_C 产生较大的电压增量，即为输出电压 u_o，显然 u_o 是 u_i 被放大的结果。这就是电压放大原理。

综上分析得出单管共射极放大电路的特点为：

（1）既有电流放大，也有电压放大。

（2）输出电压 u_o 与输入电压 u_i 相位相反。

（3）除了 u_i 和 u_o 是纯交流量外，其余各量均为脉动直流电，故只有大小的变化，无方向或极性的变化。

总之，交流信号的放大是利用三极管的电流放大作用将直流电源的能量转换而来的。三极管的放大作用实质上是种能量控制作用。从这个意义上说，放大电路是一种以较小能量控制较大能量的能量控制与转换装置。

任务二　图解分析法

因放大电路中存在着非线性元件三极管，所以它的分析方法与线性电阻电路不同，常用的基本分析方法如下：

（1）图解分析法：利用三极管特性曲线通过作图的方法来确定静态工作点和分析信号的动态变化情况。

（2）微变等效电路法：把三极管等效为线性元件进行分析。

本节先介绍图解分析法。

一、图解法确定静态值

微课　静态工作点
图解分析

【**例 2-2**】电路如图 2-5 所示，电路参数选用例 2-1 中参数。在已知的输入、输出特性曲线上确定静态工作点 Q，并求出 Q 点所对应的静态值——I_{BQ}、I_{CQ}、U_{CEQ}、U_{BEQ}。

解：图 2-8 是三极管的输出特性曲线，曲线描述的 i_C 与 u_{CE} 的关系是代表三极管的内部关系。而三极管接入外电路后还要满足外部输出回路的特性方程：$U_{CE} = U_{CC} - I_C R_C$

这个方程中，I_C 与 U_{CE} 为线性关系，可以在图 2-8 中做出这条直线，具体步骤如下：

（1）令 $I_C = 0$，可得 $U_{CE} = U_{CC} = 12$ V；故在图中得到点 $N(12,0)$。

（2）令 $U_{CE} = 0$，可得 $I_C = \dfrac{U_{CC}}{R_C} = \dfrac{12\text{ V}}{4\,000\ \Omega} = 3$ mA，在图中得到点 $M(0,3)$。

（3）连接 M、N 两点即得到一条直线，直线的斜率为 $k = -\dfrac{1}{R_C}$，因直线与集电极负载 R_C 和直流通路有关，故称为直流负载线。

显然，三极管在电路中工作时既要满足内部特性曲线，还要满足外部的直流负载线，即它的电压和电流的变化必须沿着直流负载线上下运动，因此当基极电流 I_B 确定后，就等于规定了一条内部特性曲线，而这条曲线和直流负载线的交点正是静态工作点 Q。

由直流通路的输入回路计算出 I_{BQ} 的值为 $I_{BQ} = 40$ μA。则直流负载线与 $I_{BQ} = 40$ μA 的那条曲线的交点即为静态工作点 Q，如图 2-8 所示。在图上读出与 Q 点对应的 I_{CQ} 和 U_{CEQ} 的值分别为 $I_{CQ} = 1.5$ mA，$U_{CEQ} = 5.6$ V，与上节的计算内容一样。

显然，Q 点应当在线性放大区才能很好地放大交流信号。一般情况下 Q 在负载线的中点时，则放大电路的动态范围最大，即输出的交流信号幅度最大。

二、图解法的动态分析

当放大电路有输入信号时，直流量和交流量共存一个电路中，即放大电路处于动态工作情况。动态电路的图解分析方法是在静态工作点确定的前提下研究信号的传输及波形的失真情况。静态工作点用前面的方法求出，交流量应该先画交流通路和交流负载线，下面通过例题说明图解法分析动态过程的步骤及反映出的问题。

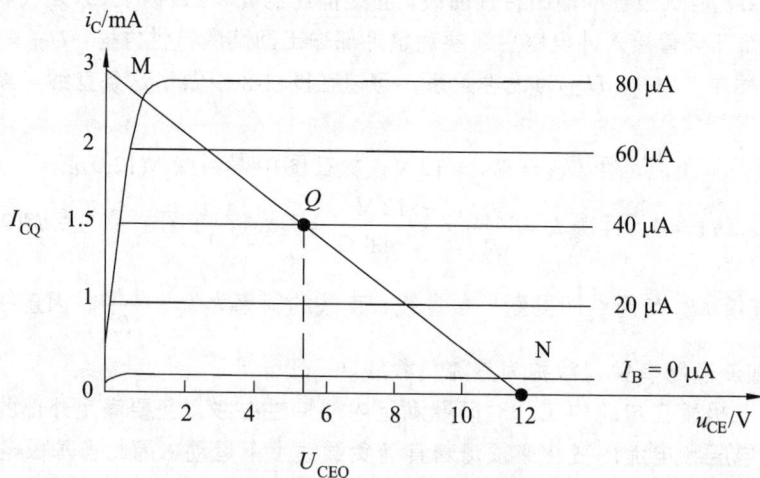

图 2-8 工作点图解分析

【例 2-3】 电路图及参数均与例 2-1 相同，若输入信号 $u_i = 10\sin\omega t$（mV），C_1、C_2 在动态时容抗为零，三极管的输入、输出特性曲线如图 2-9 所示，试用图解法分析各交流电压、电流波形失真情况。

解：① 用图解法在输入特性和输出特性曲线上确定静态工作点，作法同上例 2-2。

② 画出交流通路。信号在传递的过程中，交流电压、电流之间的关系是从交流通路中得到的，放大电路的交流通路画法如下：

将耦合电容看成短路，直流电源 U_{CC} 与接地点短路（因理想电压源的内阻为零），即暂不考虑直流作用于电路，如图 2-10 所示。

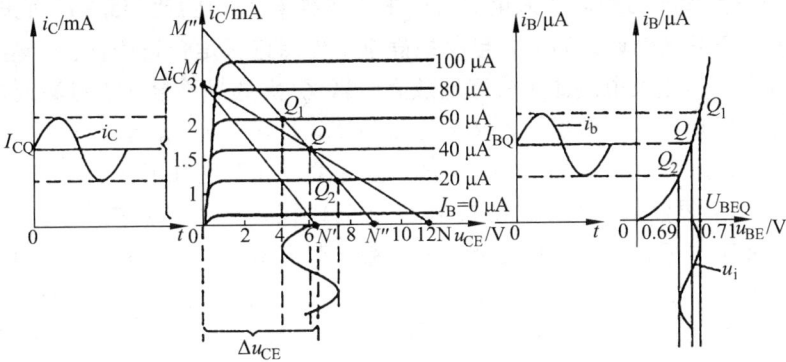

图 2-9　电路动态图解分析

由交流通路得：$u_o = u_{ce} = -i_c R'_L$　（$R'_L = R_C // R_L$）　　　　　　（2-1）

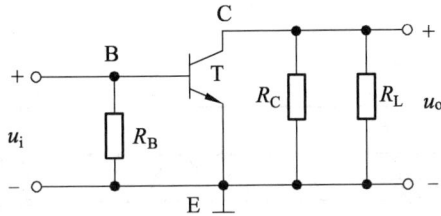

图 2-10　交流通路

③ 在输出特性曲线上做交流负载线。

因为 $u_{ce} = u_{CE} - U_{CE}$

$\quad\quad\quad i_c = i_C - I_C$

代入式（2-1）得

$\quad u_{CE} - U_{CE} = -（i_C - I_C）R'_L$

所以 $u_{CE} = -i_C R'_L + I_C R'_L + U_{CE}$　　　　　　　　　　　　（2-2）

式（2-2）中 u_{CE} 和 i_C 的关系是一条直线，直线的斜率 $k = -\dfrac{1}{R'_L}$，该直线叫作交流负载线。显然该斜率大于直流负载线的斜率。由于交流信号必然有一个零点，而交流信号为零时正是电路的静态，因此交流负载线必然通过 Q（U_{CEQ}，I_{CQ}）点。所以我们在三极管的特性曲线上做一条过 Q 点，且斜率为 $-\dfrac{1}{R'_L}$ 的直线，即为交流负载线。如图 2-9 中线段 $M''N''$ 即为交流负载线。

④ 画出各电压和电流波形。因为 u_i 的幅度仅为 0.01 V，则 u_{BE} 的动态范围很小，所以它对应输入特性曲线上 Q_1 和 Q_2 点之间近似的一条直线，则 i_b 也为一正弦波。从图 2-9 上看出，i_b 的变化范围约在 20 ~ 60 μA，并且与交流负载线有两个交点 Q_1、Q_2，则 i_c 和 u_{ce} 的变化范围就是沿交流负载线在 Q_1 和 Q_2 之间，因此可画出 i_C 和 u_{ce} 的波形，如图 2-9 所示。当 u_i 在负、正最大值之间变化时，相应地 i_b 在 20 μA 到 60 μA 之间变

化，则 i_c 在 1 mA 到 2 mA 之间变化，输出电压 u_o 在 7.2 V 到 4 V 之间变化。这时工作点沿交流负载线上下移动。当负载开路时，$R_L' = R_C$，交流负载线与直流负载线重合。

⑤ 波形失真情况分析。放大电路所产生的各种电流、电压信号并没有失真，均是完整的放大的正弦波，这说明放大电路的静态工作点选择是合适的，i_c 和 u_{ce} 的变动范围在线性放大区，放大电路能不失真地放大。当 Q 点选择不合适（过高或过低），即接近饱和区和截止区时，输出波形将会出现失真，如图 2-11 所示。

Q 点过低，如图 2-11 上的 Q' 点，u_i 产生的 i_b 的变化范围如图 2-11 所示，为交流负载线的 $Q_1' \sim Q_2'$，显然输出电压波形被削去一部分顶部，产生严重失真。失真的原因是电路参数选择不合适，Q' 点选择过低，接近截止区所造成的，故称为截止失真。

Q 点过高，Q'' 点接近饱和区，信号变化范围为交流负载线的 $Q_1'' \sim Q_2''$，信号变化范围一部分进入非线性区（饱和区），输出电压波形被削去底部，造成饱和失真。

静态工作点合适，但输入信号 u_i 的幅值过大时，产生的基极电流 i_b 的幅值过大，使其变动范围进入非线性区——饱和区和截止区，造成输出电压波形的底部和顶部均被削去一部分，这叫双向失真或大信号失真，如图 2-12 所示。

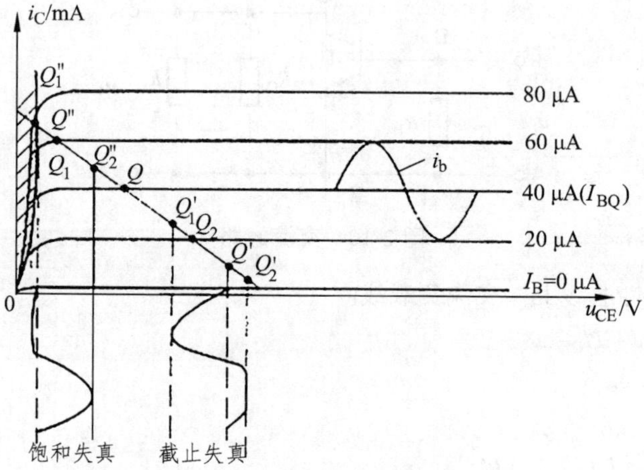

图 2-11　波形失真情况分析

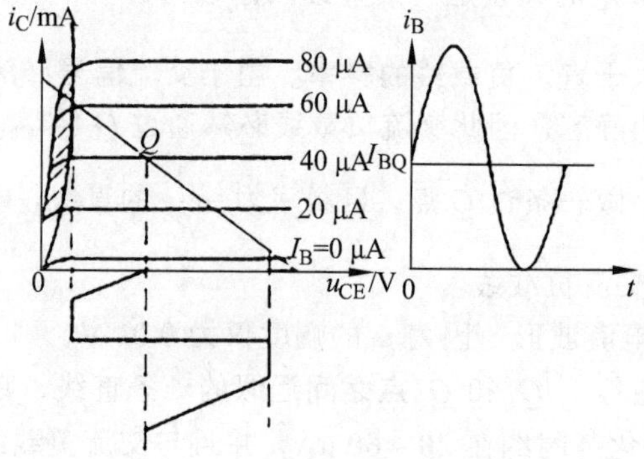

图 2-12　输入信号过大时的波形分析

任务三　微变等效电路分析法

放大电路的分析包含静态和动态工作情况分析。静态分析主要是确定电路的静态工作点 Q 的值，判定 Q 点是否处于合适的位置，这是三极管进行不失真放大的前提条件；动态分析主要是确定微弱信号经过放大电路放大了多少倍（如 A_u），放大器对交流信号所呈现的输入电阻 r_i、输出电阻 r_o 等。

定量分析放大电路的动态性能时，常采用微变等效电路法，微变指微小变化的信号。当小信号输入时，放大器运行于静态工作点的附近，在这一范围内，三极管的特性曲线可以近似为一条直线。这种情况下，可以把非线性元件晶体管组成的放大电路等效为一个线性电路。

一、三极管的微变等效电路

（一）输入回路的等效

微课　三极管的微变等效电路

由图 2-7 可看出，当输入信号 u_i 较小时，动态变化范围小，则 Q_1、Q_2 间的一小段曲线可看成是直线，即 Δi_B 与 Δu_{BE} 近似呈线性关系，即

$$\frac{\Delta u_{BE}}{\Delta i_B} = 常数$$

该常数若用 r_{be} 表示，它是三极管输入端口的动态电阻，即为三极管输入端的等效线性电阻：

$$r_{be} \approx \frac{\Delta u_{BE}}{\Delta i_B} = \left|\frac{u_{be}}{i_b}\right|$$

这个公式只能用来计算动态的三极管基极与发射极的输入电阻，即是交流电阻，绝对不可以用来计算静态的基极和发射极之间的电阻。

由上分析可得出结论：三极管的 B、E 两端可等效为一个线性电阻 r_{be}，实用中 r_{be} 可用下面公式进行估算：

$$r_{be} \approx 300\ \Omega + (1 + \beta)\ \frac{26\ \text{mV}}{I_{EQ}\ \text{mA}}$$

r_{be} 的值一般为数百欧到数千欧，在半导体手册中常用 h_{ie} 表示。

（二）输出回路的等效

由图 2-9 输出特性曲线可看出，三极管工作在线性放大区时，输出特性是一组等距离的平行线，且 β 为一常数。从特性曲线上可以看出 i_B 一定时，因 $i_C = \beta i_B$ 与 u_{CE} 无关，是个常数，则三极管 C、E 两端可等效为一个受控电流源，电流值用 βi_b 表示。

综上所述，一个非线性元件三极管可以用图 2-13 所示简化的线性等效电路来代替，适用条件是交流小信号，三极管必须工作在线性放大区。

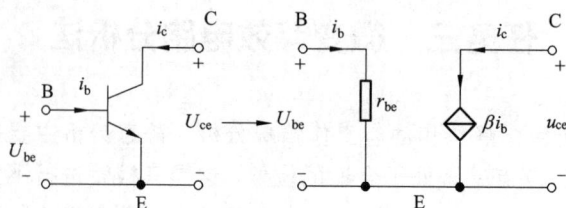

图 2-13　三极管及其微变等效电路

微变等效电路是对交流等效，只能用来分析交流动态，计算交流分量，而不能用来分析直流分量。

二、放大电路的交流通路

在交流信号电压或电流作用下，只考虑交流信号通过的电路称为交流通路，如图 2-10 所示。信号在传递的过程中，交流电压、电流之间的关系是从交流通路得到的。

画交流通路的要点：

（1）耦合电容视为短路。隔直耦合电容的电容量足够大，对于一定频率的交流信号，容抗近似为零，可视为短路。

（2）直流电压源（内阻很小，忽略不计）视为短路。交流电流通过直流电源 U_{CC} 时，两端无交流电压产生，可视为短路。

注意，把 U_{CC} 短路仅仅在理论分析时应用，实际电路不能做短路处理，否则将烧毁电源和电路。三极管必须工作在线性放大状态，才能应用电工学中的叠加原理分别讨论放大电路中的直流电源和交流电源各自单独作用的结果，分析一个电压源作用时，另一个电压源做短路处理。

三、微变等效电路法的动态分析步骤

（1）计算 Q 点值，以计算 Q 点处的交流参数 r_{be} 值。

（2）画出放大电路的交流通路。

动画 微变等效电路
的画法（1）（2）（3）

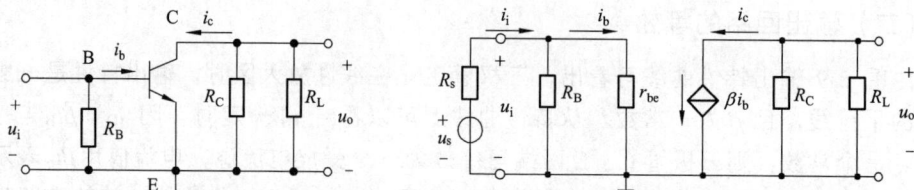

（3）画出放大电路的微变等效电路：用三极管的微变等效电路直接取代交流通路中的三极管。即不管什么组态电路，三极管的 B、E 间用交流电阻 r_{be} 代替，C、E 间用受控电流源 βi_b 代替即可。

（4）根据等效电路直接列方程求解 A_u、r_i、r_{oo}

对于图 2-5（a）所示共射极放大电路，从其交流通路图 2-14（a）可得电路的微变等效电路，如图 2-14（b）所示。u_s 为外接信号源，R_s 为信号源内阻。

（a）交流通路　　　　　　　　　　（b）微变等效电路

图 2-14　用微变等效电路法对放大电路的动态分析

四、放大电路主要动态性能指标的计算

放大电路的动态性能指标有放大倍数、输入电阻、输出电阻等，它们反映放大电路对交流信号所呈现的特性。

仍以图 2-5（a）电路为例，先做出其微变等效电路，如图 2-14（b）所示，再用电工中的线性电路分析方法进行计算。

（一）计算电压放大倍数 A_u

放大倍数是衡量放大电路对信号放大能力的主要技术参数。电压放大倍数是最常用的一项指标，它定义为输出电压 $\dot{U}_o$ 与输入电压 $\dot{U}_i$ 的比值（为书写方便，今后本书中交流信号电压与电流有效值均指有效值向量）。

$$A_u = \frac{U_o}{U_i}$$

由图 2-14（b）的输入回路得：$U_i = U_{be} = I_b r_{be}$

由输出回路得：$U_o = -\beta I_b (R_C // R_L)$

则

$$A_u = \frac{U_o}{U_i} = -\beta \frac{R_C // R_L}{r_{be}}$$

式中，负号表示 u_o 与 u_i 相位相反，I_b 为交流有效值。由上式可知，空载时 $R_L = \infty$，电压放大倍数 A_{ou} 为

$$A_{ou} = \frac{U_o}{U_i} = -\beta \frac{R_C}{r_{be}}$$

由此可见，$|A_u| < |A_{ou}|$，即带载后，电压放大倍数要下降。若带载后，A_u 与 A_{ou} 比较下降越小，说明放大电路带载能力越强，反之，带载能力差。实际的放大电路要解决的问题是提高带载能力。

若考虑信号源内阻时的电压放大倍数 A_{us}：

$$A_{us} = \frac{U_o}{U_s} = \frac{U_o}{U_i} \cdot \frac{U_i}{U_s} = A_u \frac{U_i}{U_s}$$

当信号源内阻 R_s 可忽略时，$A_{us} = A_u$；考虑内阻 R_s 时，$A_{us} < A_u$，说明信号源内阻使电压放大倍数下降。

工程上为了表示方便，常用分贝（dB）来表示电压放大倍数，这时称为增益。

电压增益 = $20\log|A_u|$（dB）

（二）输入电阻 r_i

放大电路对于信号源而言，相当于信号源的一个负载电阻。此电阻即为放大电路的输入电阻。换句话说，输入电阻相当于从放大电路的输入端看进去的等效电阻，如图 2-15 所示。关系式如下：

$$r_i = \frac{u_i}{i_i}$$

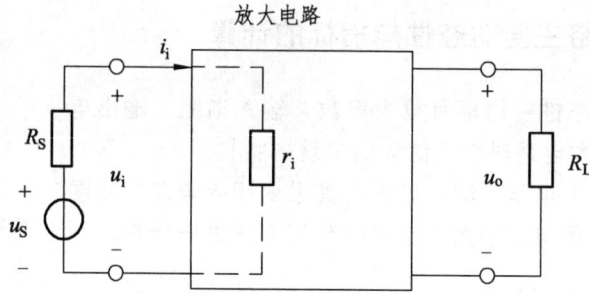

图 2-15　放大电路的输入电阻

u_i 为实际加到放大电路输入端的输入信号电压，i_i 为输入电压产生的输入电流，二者的比值即为放大电路的输入电阻 r_i。

对于一定的信号源电路，输入电阻 r_i 越大，放大电路从信号源得到的输入电压 u_i 就越大，放大电路向信号源索取电流的能力也就越小。

由图 2-14（b）得共射放大电路的输入电阻：

$$r_i = \frac{u_i}{i_i} = \frac{I_i(R_B /\!/ r_{be})}{I_i} = R_B /\!/ r_{be}$$

一般情况下 $r_{be} \!<\!< R_B$，则 $r_i \approx r_{be}$。

（三）输出电阻 r_o

当负载电阻 R_L 变化时，输出电压 u_o 也相应变化。即从放大电路的输出端向左看，放大电路内部相当于存在一个内阻为 r_o、电压大小为 u_o' 的电压源，此内阻即为放大电路的输出电阻 r_o。图 2-16 所示为放大电路输出电阻的示意图。

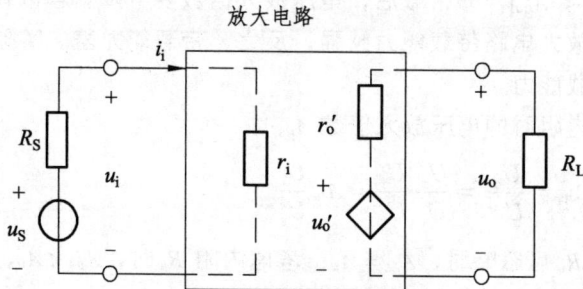

图 2-16　放大电路的输出电阻

r_o 的计算有两种方法：

方法一：$r_o = \left(\dfrac{u_o'}{u_o} - 1 \right) R_L$，其中，$u_o'$ 为负载开路时的输出电压。此方法一般用于实验中定量测量 r_o。

方法二：令负载开路（$R_L \to \infty$），信号源短路（$u_s = 0$），在放大电路的输出端加测试电压 u_o'，则产生相应的电流 i_o'，二者的比值即为放大电路的输出电阻，即

$$r_o = \frac{u_o'}{i_o'} \bigg|_{u_s = 0, R_L \to \infty}。$$

图 2-17 所示为求解放大电路输出电阻的等效电路。

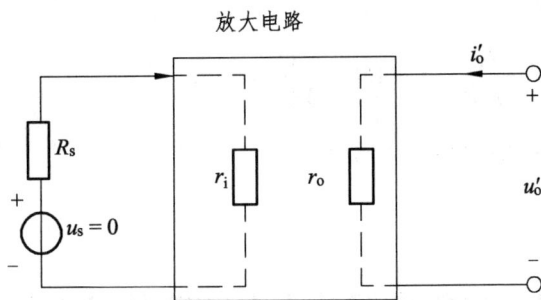

图 2-17　输出电阻的求解电路

当放大电路作为一个电压放大器来使用时，其输出电阻 r_o 的大小决定了放大电路的带负载能力。r_o 越小，放大电路的带负载能力越强，即放大电路的输出电压 u_o 受负载的影响越小。

如图 2-14（b）所示的微变等效电路，断开负载 R_L，将信号源电压短路，即 $u_s = 0$，则 $i_b = 0$，$\beta i_b = 0$，受控电流源相当于开路，此时从输出端看进的电阻就是输出电阻 r_o，即

$$r_o = R_C$$

在放大电路的输入端加正弦波信号，测出负载开路时的输出电压 U_{oc}，接上负载 R_L，再测输出端的电压 U_o 也可计算出：

$$r_o = \left(\frac{U_{oc}}{U_o} - 1 \right) R_L$$

可知，共射放大电路的输入电阻较小，输出电阻较大。

【例 2-4】　如图 2-5（a）所示电路，已知信号源内阻 $R_s = 1 \text{ k}\Omega$，$R_B = 500 \text{ k}\Omega$，$R_C = 6 \text{ k}\Omega$，$R_L = 6 \text{ k}\Omega$，$U_{CC} = 20 \text{ V}$，$\beta = 50$，三极管为硅管。

（1）计算静态工作点。

（2）计算 A_u、A_{us}、r_i、r_o。

解（1）画出直流通路，参看图 2-5（b）。

$$I_{BQ} = \frac{U_{CC} - 0.7}{R_B} = \frac{20 - 0.7}{500} \approx 38.6 \text{ （}\mu\text{A）}$$

$$I_{CQ} = \beta I_{BQ} = 50 \times 38.6 = 1\ 930 \text{ }\mu\text{A} = 1.93 \text{ （mA）}$$

$$U_{CEQ} = U_{CC} - I_{CQ}R_C = 20 - 1.93 \times 6 = 8.4 \text{ （V）}$$

（2）画出微变等效电路，参看图 2-14（b）。

因为 $I_{EQ} \approx I_{CQ}$，所以

$$r_{be} = 300 + （1 + \beta）\frac{26(\text{mV})}{I_{EQ}(\text{mA})} = 300 + （1 + 50）\times \frac{26(\text{mA})}{1.93(\text{mA})} = 1 \text{ （k}\Omega\text{）}$$

$$A_u = -\beta \frac{R_C /\!/ R_L}{r_{be}} = -50 \frac{6 /\!/ 6}{1} = -150$$

$$A_{us} = A_u \frac{r_{be} /\!/ R_B}{R_S + r_{be} /\!/ R_B} \approx -150 \times \frac{1}{1+1} = -75$$

$$r_i = R_B /\!/ r_{be} = 500 /\!/ 1 \approx 1 \ (k\Omega)$$

$$r_o \approx R_C = 6 \ (k\Omega)$$

任务四　共集电极放大电路及共基极放大电路

一、共集电极放大电路

（一）电路结构

从图 2-18（a）中可以看出，信号由三极管基极输入，发射极输出，故此电路称为射极输出器（射极跟随器）；从图 2-18（b）其交流通路中可以看出，集电极和接地点是等电位点，输入回路和输出回路是以集电极为公共端，故称为共集电极放大电路。

微课　共集电极放大电路

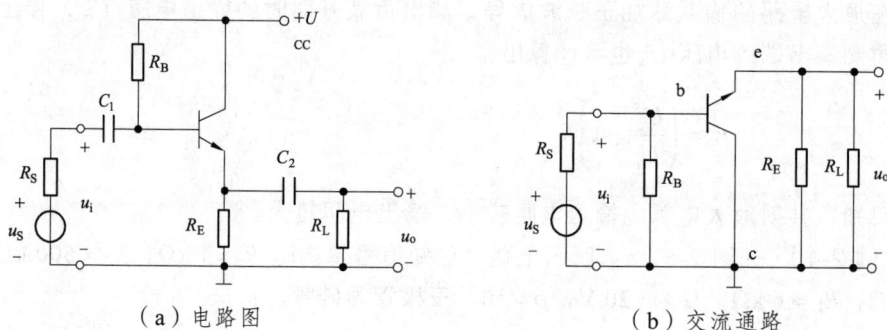

（a）电路图　　　　　　　　　（b）交流通路

图 2-18　共集电极放大电路

（二）静态工作点的计算

如图 2-19（a）所示直流通路，因为

$$U_{CC} = I_{BQ}R_B + U_{BEQ} + I_{EQ}R_E$$

$$= I_{BQ}R_B + U_{BEQ} + (1+\beta)I_{BQ}R_E$$

所以 　　$$I_{BQ} = \frac{U_{CC} - U_{BEQ}}{R_B + (1+\beta)R_E}$$

因为 　　$$U_{CC} = U_{CEQ} + I_{EQ}R_E$$

$$I_{EQ} = (1+\beta)I_{BQ} \approx I_{CQ}$$

所以 　　$$U_{CEQ} = U_{CC} - (1+\beta)I_{BQ}R_E$$

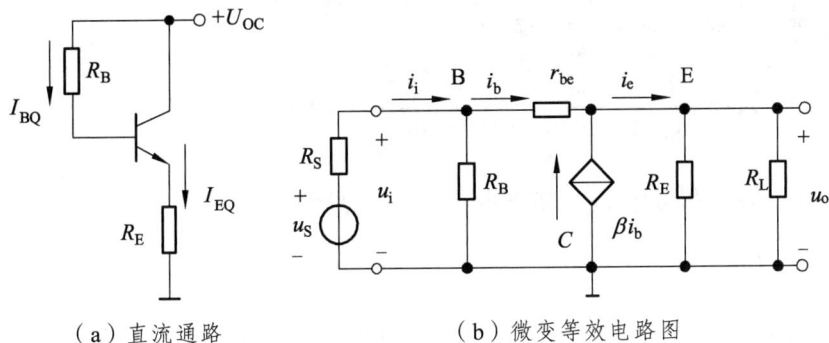

（a）直流通路　　　　　　　（b）微变等效电路图

图 2-19　共集电极放大电路

（三）动态指标的计算与特点

根据图 2-19（b）（为图 2-18 的微变等效电路）可以计算出：

1. 电压放大倍数 A_u

$$A_u = \frac{U_o}{U_i} = \frac{(1+\beta)I_B(R_E \mathbin{/\mkern-5mu/} R_L)}{I_b r_{be} + (1+\beta)I_b(R_E \mathbin{/\mkern-5mu/} R_L)} = \frac{(1+\beta)(R_E \mathbin{/\mkern-5mu/} R_L)}{r_{be} + (1+\beta)(R_E \mathbin{/\mkern-5mu/} R_L)}$$

因为一般有 $r_{be} < < (1+\beta)(R_E \mathbin{/\mkern-5mu/} R_L)$，所以 $A_u \approx 1$（小于且接近 1）。

因为 $A_u = \dfrac{U_o}{U_i} \approx 1$，所以 $u_o \approx u_i$。

输出电压与输入电压的幅值近似相等，且相位相同，故共集电极电路又称为射极跟随器。虽然电压放大倍数 $A_u \approx 1$，但因 $I_e = (1+\beta)I_b$，故共集电极放大电路具有电流和功率放大作用。

2. 输入电阻 r_i

$$r_i{}' = \frac{u_i}{i_i} = \frac{I_b r_{be} + (1+\beta)I_b(R_E \mathbin{/\mkern-5mu/} R_L)}{I_b} = r_{be} + (1+\beta)(R_E \mathbin{/\mkern-5mu/} R_L)$$

$$r_i = R_B \mathbin{/\mkern-5mu/} r_i{}' = R_B \mathbin{/\mkern-5mu/} [r_{be} + (1+\beta)(R_E \mathbin{/\mkern-5mu/} R_L)]$$

3. 输出电阻 r_o

若信号源内阻为 0，即 $R_s = 0$，$R_B \gg R_s$ 时则

$$r_o \approx \frac{r_{be}}{1+\beta}$$

一般 r_o 为几十欧至几百欧，比较小，为了进一步降低输出电阻，可选用 β 较大的管子。

通过下面例题来进行共集电极电路的静态分析与动态指标计算，并分析它的特点。

【例 2-5】 如图 2-18（a）所示共集电极放大电路，$R_B = 500$ kΩ，$R_E = 4.7$ kΩ，$R_L = 4.7$ kΩ，$\beta = 100$，$U_{CC} = 15$ V，$R_s = 10$ kΩ，管子为硅管。试求：

（1）静态工作点。

（2）计算 A_u、r_i、r_o。

（3）若将负载 R_L 断开，再计算 A_{ou}。

解：（1）$I_{BQ} = \dfrac{U_{CC} - U_{BEQ}}{R_B + (1+\beta)R_E} = \dfrac{15 - 0.7}{500 + 101 \times 4.7} = 0.015$（mA）

$I_{CQ} = \beta I_{BQ} \approx I_{EQ} = 100 \times 0.015 = 1.5$（mA）

$U_{CEQ} = U_{CC} - I_{EQ}R_E \approx 15 - 1.5 \times 10^{-3} \times 4\,700 = 7.95$（V）

（2）$r_{be} = 300 + (1+\beta)\dfrac{26\text{ mV}}{I_{EQ}\text{ mA}} = 300 + 101 \times \dfrac{26\text{ mV}}{1.5\text{ mA}} \approx 2.1$（k$\Omega$）

$A_u = \dfrac{(1+\beta)(R_E /\!/ R_L)}{r_{be} + (1+\beta)(R_E /\!/ R_L)} = \dfrac{101 \times (4.7 /\!/ 4.7)}{2.1 + 101 \times (4.7 /\!/ 4.7)} = 0.99$

$r_i = R_B /\!/ [r_{be} + (1+\beta)(R_E /\!/ R_L)] = 500 /\!/ [2.1 + 101 \times (4.7 /\!/ 4.7)] = 162$（k$\Omega$）

$r_o \approx \dfrac{R_s + r_{be}}{1+\beta} = \dfrac{10\,000 + 2\,100}{101} \approx 119$（$\Omega$）

（3）$A_{ou} = \dfrac{(1+\beta)R_E}{r_{be} + (1+\beta)R_E} = \dfrac{101 \times 4.7}{2.1 + 101 \times 4.7} = 0.996$

通过计算，可以看出负载 R_L 由 4.7 kΩ 变到无穷大（开路）时，A_u 基本不变，在输入信号 u_i 一定时，u_o 也基本不变，说明射极输出器带载能力强。

综上所述，射极输出器没有电压放大作用，但是它具有输入电阻很大、输出电阻很小的特点，常用于多级放大电路的输出级，使输出电压不随负载变动，提高多级放大电路的带负载能力。利用其输入电阻大，可以作为放大电路输入级，减小信号源内阻的电压损耗，当 $r_i \gg R_s$ 时，$u_i \approx u_s$，如图 2-20 所示。利用它的输入、输出电阻一高一低的特点，可以作为多级放大电路的缓冲（中间级），如图 2-21 所示，射级输出器很大的输入电阻 r_{i2} 与前一极共射电路的输出电阻 r_{o1} 匹配，射极输出器较小的输出电阻 r_{o2} 与后一级共射电路的输入电阻 r_{i3} 匹配。

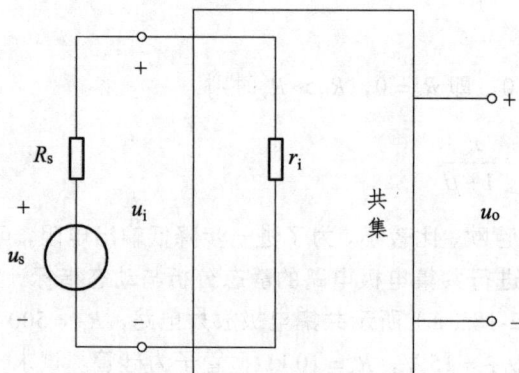

图 2-20　射极输出器作输入级

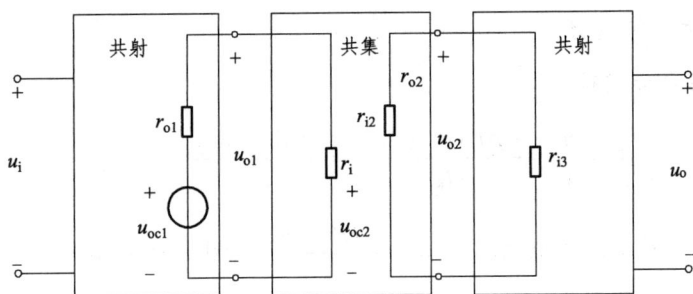

图 2-21 射极输出器作缓冲器（中间级）

二、共基极放大电路

微课 共基极放大电路

（一）电路结构

图 2-22（a）所示为共基极放大电路。由电路图可以看出，输入信号由发射极引入，输出信号由集电极引出。由图 2-22（b）的交流通路可以看出，基极是输入回路和输出回路的公共端，故称为共基极放大电路。

（二）静态工作点的计算

画出直流通路，如图 2-22（c）所示，静态工作点的计算方法同前所学，可自行分析。

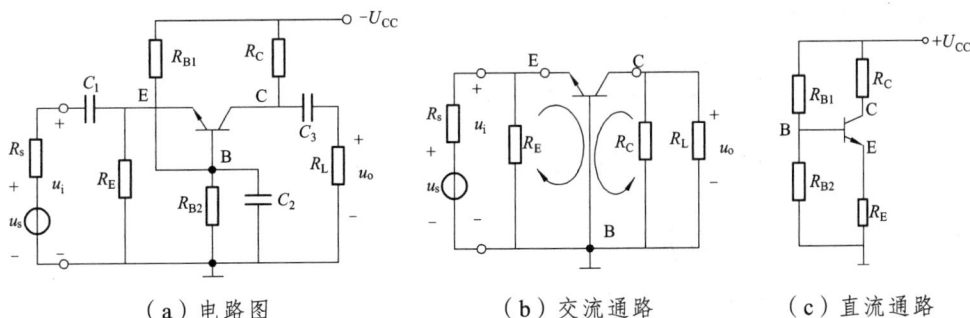

（a）电路图　　　　　　　　（b）交流通路　　　　　　（c）直流通路

图 2-22　共基极放大电路

（三）动态指标的计算与特点

画出微变等效电路图，如图 2-23 所示。

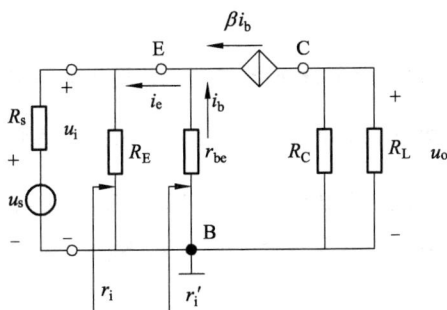

图 2-23　微变等效电路

1. 电压放大倍数 A_u

由图 2-23 所示可得

$$A_u = \frac{u_o}{u_i} = \frac{-\beta I_b(R_C /\!/ R_L)}{-I_b r_{be}} = \frac{\beta(R_C /\!/ R_L)}{r_{be}}$$

上式与共射基本放大电路的 $A_u = -\dfrac{\beta(R_C /\!/ R_L)}{r_{be}}$ 相比，公式相同，只差一个负号。

同时也说明了 u_i 与 u_o 的同相关系，故共基极放大电路是同相放大电路，如图 2-24 所示。

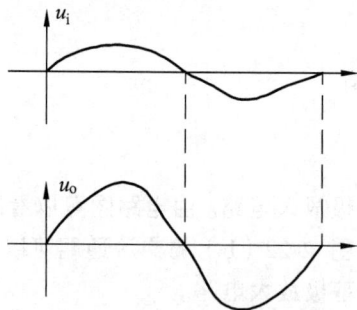

图 2-24　输入、输出同相

2. 输入电阻 r_i

为了方便，先计算 $r_i{}'$ ：

$$r_i{}' = \frac{u_i}{-i_e} = \frac{-I_b r_{be}}{-(1+\beta)I_b} = \frac{r_{be}}{1+\beta} \approx \frac{r_{be}}{\beta}$$

$$r_i = R_E /\!/ r_i{}' = R_E /\!/ \frac{r_{be}}{1+\beta} \approx \frac{r_{be}}{1+\beta} \approx \frac{r_{be}}{\beta}$$

因为　　　　　　　　$R_E \gg \dfrac{r_{be}}{1+\beta}$

所以　　　　　　　　$R_E /\!/ \dfrac{r_{be}}{1+\beta} \approx \dfrac{r_{be}}{1+\beta}$

共基极放大电路具有输入电阻低的特点，一般只有几欧到几十欧。

3. 输出电阻 r_o

输出电阻与共射放大电路相同：

$r_o = R_C$

还应指出，共基极放大电路的输入电流是 i_e，输出电流是 i_c，电流放大系数是 $\beta = \dfrac{i_c}{i_e} \approx 1$，所以没有电流放大作用，但是共基放大电路的频率特性好，多用于高频电路。

【例 2-6】 图 2-22（a）所示电路中，$R_s = 1\,\text{k}\Omega$，$R_{B1} = 100\,\text{k}\Omega$，$R_{B2} = 50\,\text{k}\Omega$，$R_E = 4\,\text{k}\Omega$，$R_C = 4\,\text{k}\Omega$，$R_L = 10\,\text{k}\Omega$，$\beta = 100$，$U_{CC} = 15\,\text{V}$。试求：

（1）静态工作点。

（2）计算 A_u、A_{us}、r_i、r_o。

解：（1）直流通路如图 2-22（c）所示。

$$U_{BQ} = \frac{U_{CC}}{R_{B1} + R_{B2}} R_{B2} = \frac{15}{100\ 000 + 50\ 000} \times 50\ 000 = 5(V)$$

$$I_{EQ} = \frac{U_{EQ}}{R_E} = \frac{U_{BQ} - U_{BEQ}}{R_E} = \frac{5 - 0.7}{4\ 000} = 1.075(mA)$$

$$I_{CQ} \approx 1.075\ （mA）$$

$$U_{CEQ} = U_{CC} - I_{CQ}(R_C + R_E) = 15 - 1.075 \times 8 = 6.5(V)$$

（2）微变等效电路如图 2-23 所示。

$$r_{be} = 300 + (1 + \beta)\frac{26(mV)}{I_{EQ}(mA)} = 300 + 101 \times \frac{26}{1.07} \approx 2.74(k\Omega)$$

$$r_i \approx \frac{r_{be}}{\beta} = \frac{2.74}{100} = 27.4\ （\Omega）$$

$$r_o = R_C = 4\ （k\Omega）$$

$$A_u = \frac{\beta(R_C \ /\!/ \ R_L)}{r_{be}} = \frac{100 \times (4 \ /\!/ \ 10)}{2.74} = 104$$

$$A_{us} = \frac{r_i}{R_s + r_i} A_u = \frac{27.4}{1\ 000 + 27.4} \times 104 = 2.8$$

计算结果表明，共基极放大电路的输入电阻小，即 1 000 Ω（R_s）>27.4 Ω（r_i），使信号源 u_s 有很大部分分到信号源内阻上，真正加到放大电路输入端的信号 u_i 较小，故使 A_{us} 下降。因其输入电阻低，使电压放大倍数下降，故基本电压放大电路（低频）不采用此电路。

三、基本放大电路三种组态

基本放大电路共有三种组态，本项目对共射极放大电路、共集电极放大电路和共基极电路进行了性能分析。为了便于读者学习，现将三种组态放大电路性能参数列于表 2-1 中，以便进行比较。

表 2-1　三种组态放大电路性能参数的比较

续表

	共射极放大电路	共集电极放大电路	共基极放大电路
A_u	$A_u = -\dfrac{\beta R'_L}{r_{be}}$ 有电压放大作用，u_o 与 u_i 反相	$A_u = \dfrac{(1+\beta)R_E // R_L}{r_{be}+(1+\beta)R_E // R_L}$ 无电压放大作用，u_o 与 u_i 同相	$A_u = \dfrac{\beta R_C // R_L}{r_{be}}$ 有电压放大作用，u_o 与 u_i 同相
r_i	$r_i = R_B // r_{be}$ 输入电阻	$r_i = R_B // [r_{be}+(1+\beta)R_E // R_L]$ 输入电阻大	$r_i = R_E // \dfrac{r_{be}}{1+\beta}$ 输入电阻小
r_o	$r_o = R_C$ 输出电阻	$r_o = R_E // \dfrac{r_{be}+R_s // R_B}{1+\beta}$ 输出电阻小	$r_o = R_C$ 输出电阻大
应用	多级放大电路的中间级，实现电压、电流的放大	多级放大的输入级、输出级或缓冲级	高频放大电路和恒流源电路

四、放大电路的频率特性

前面所分析和计算的放大电路，都认为其输入信号是单一频率的正弦波，且在此频率下，电容的容抗为零，三极管的 β 为常量。实际上，放大器的输入信号往往包含了多种频率成分的非正弦波信号，如音乐、语言的频率范围是 20 Hz~20 kHz，图像信号频率范围是 0~6 MHz，工业控制系统中信号频率为

微课 放大电路的频率特性分析

0~1 MHz，还有其他信号都有特定频率范围。这些信号都是非正弦波，由电工理论可知，非正弦波是由不同频率的正弦波叠加而成的，即所研究的实际信号是含有多种不同频率的正弦波。

高质量的音响在播放音乐时，不论高音、低音都比较逼真地再现原音乐的效果，说明音响内部放大器对音乐所包含的各种频率信号都等同而良好地放大了，劣质的音响播放音乐时，明显地出现高音及低音部分不丰富，效果不佳，说明放大器对音乐中的高、低频率信号未能等同放大。为什么好、坏两种音响播放音乐时会产生两种不同效果呢？为解决这一问题，首先要搞清楚放大器的频率特性。

（一）放大电路的频率特性介绍

放大电路的电压放大倍数和频率之间的关系称为频率特性。其中，电压放大倍数的幅值与频率之间的关系称为幅频特性。图 2-25 所示是实验测得的某阻容耦合放大电路幅频特性曲线。根据电压放大倍数是否随 f 而变，将频率划分为三个区段：

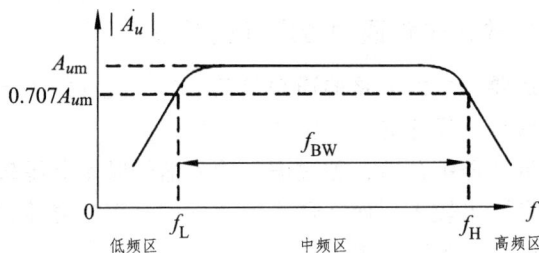

图 2-25　幅频特性曲线

1. 中频区段

在此段内，电压放大倍数基本不随 f 而变化，并且保持最大值 A_{um}，中频区段有较宽的频率范围。

2. 低频区段

该区段是指电压放大倍数随着 f 的减小而下降的区段。在一定的输入电压 u_i 和耦合电容 C 作用下，$f \downarrow \rightarrow X_C \uparrow$，信号在耦合电容上的电压降增大，使 $u_{be} \downarrow \rightarrow i_b \downarrow \rightarrow i_c \downarrow$，还使 $u_o \downarrow \rightarrow A_u = U_o / U_i \downarrow$。

3. 高频区段

该区段是指电压放大倍数随着 f 的增大而下降的区段。在一定输入电压 u_i 和耦合电容 C 作用下，f 的上升使耦合电容的容抗 X_C 很小，可以忽略，它不影响信号的传递和放大。

但要考虑三极管的极间电容和导线之间的分布电容对高频信号的旁路作用。如图 2-26 所示，分布电容产生的分流，使净输入基极电流 i_b' 减小，则 $i_c \downarrow \rightarrow u_o \downarrow \rightarrow A_u \downarrow$。

在低频区段时，分布电容容抗很大，相当于开路，不影响放大倍数。

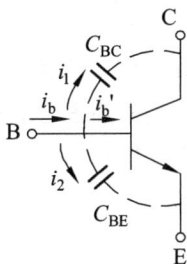

图 2-26　电极之间分布电容等效电路

（二）通频带

工程上把电压放大倍数下降到 $0.707A_{um}$ 所对应的低端频率 f_L 和高端频率 f_H，称为放大电路的下限截止频率和上限截止频率。f_L 与 f_H 之间的频率范围称为放大电路的通频带，用 f_{BW} 表示，即 $f_{BW} = f_H - f_L$，如图 2-25 所示。通频带是放大器重要的性能指标。将中频区段电压放大倍数与通频带相乘所得的积，称为增益带宽积（$A_u f_{BW}$）。当三极管选定，增益带宽积就确定，若要拓宽通频带，中频区段 A_u 要下降。

（三）信号频率与放大电路通频带之间的关系

输入信号频率一定要在放大电路的通频带范围内，选择放大电路时既要看输入信号频率，又要考虑通频带，保证信号不失真地放大。

若放大电路通频带选择不合适，如过窄，输入信号频率范围较宽，则会出现在通频带范围内的频率信号输出较大，而在通频带以外的频率信号输出较小，产生失真现象。放大电路中对信号源的各种频率成分不能等同放大而造成的失真称为频率失真。

反之，若通频带过宽，就会有更多的干扰信号也被放大，影响放大质量。所以确定通频带宽度，并不是越宽越好，尤其是受外界干扰最严重的工频电源 50Hz 的频率，应将它排除在通频带之外。

任务五　电子电路的稳定措施

一、分压式偏置电路

微课　温度对工作点的影响，分压式偏置电路的结构　　　动画　静态工作点稳定的放大电路

（一）静态工作点稳定的必要性

合理选定静态工作点并保持其稳定，是放大电路能够正常工作和避免失真的先决条件。影响 Q 点的因素有很多，如电源波动、偏置电阻的变化、管子的更换、元器件的老化等，不过最主要的影响则是环境温度的变化。三极管是一个对温度非常敏感的器件，随温度的变化，三极管参数会受到影响，从而引起静态工作点的移动，导致放大电路性能不稳定和出现失真等不正常现象。例如，环境温度 $t\uparrow$，则 $\beta\uparrow$，$U_{BEQ}\downarrow$，$I_{CEO}\uparrow$，$I_{CQ}\uparrow$，Q 上移。

稳定静态工作点有两种办法：一是采用恒温设备，造价高，一般不采用；二是采用分压式偏置电路来实现，它是目前应用较广的一种电路。

（二）分压式偏置电路结构

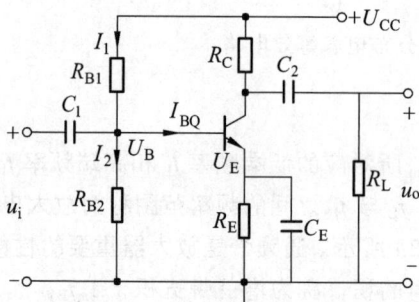

图 2-27　分压式偏置电路　　　　　　　　　　图 2-28　直流通路

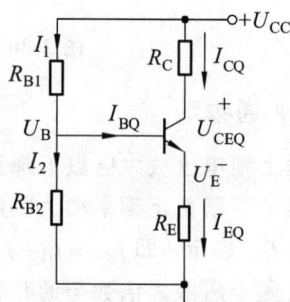

静态工作点稳定的分压式偏置电路如图 2-27 所示，为稳定静态工作点，一般取 $I_1 \gg I_{BQ}$，静态时有

$$U_B \approx \frac{R_{B2}}{R_{B1} + R_{B2}} U_{CC}$$

当 U_{CC}、R_{B1}、R_{B2} 确定后，U_B 也就基本确定，不受温度的影响。

假设温度上升，使三极管的集电极电流 I_C 增大，则发射极电流 I_E 也增大，I_E 在发射极电阻 R_E 上产生的压降 U_E 也增大，使三极管发射结上的电压 $U_{BE} = U_B - U_E$ 减小，从而使基极电流 I_B 减小，又导致 I_C 减小。这就是负反馈的作用，即将输出量变化反馈到输入回路，削弱了输入信号。反馈元件是发射极电阻 R_E，其作用是稳定静态工作点。其工作过程可描述为：

温度 $T\uparrow \rightarrow I_C\uparrow \rightarrow I_E\uparrow \rightarrow U_E\uparrow \rightarrow U_{BE}\downarrow \rightarrow I_B\downarrow$

$I_C\downarrow$

分压式偏置电路具有稳定 Q 点的作用，在实际电路中应用广泛。实际应用中，为保证 Q 点的稳定，要求电路：$I_1 \gg I_{BQ}$，常用 $(1+\beta)R_E$ 与 $R_{B1}//R_{B2}$ 的大小关系来判断 $I_1 \gg I_B$ 是否成立。一般对于硅材料的三极管：$I_1 = (5 \sim 10)I_{BQ}$。

由此可见，工作点稳定的实质是：

（1）R_E 的直流负反馈作用。

（2）要求 $I_1 >> I_{BQ}$，一般对于硅材料的三极管：$I_1 = (5 \sim 10)I_{BQ}$。

（三）分析与计算

通过下面例题来进行分压式偏置电路的静态分析与动态指标计算。

【例 2-7】如图 2-27 所示电路，$\beta = 100$，$R_s = 1\,k\Omega$，$R_{B1} = 62\,k\Omega$，$R_{B2} = 20\,k\Omega$，$R_C = 3\,k\Omega$，$R_E = 1.5\,k\Omega$，$R_L = 5.6\,k\Omega$，$U_{CC} = 15\,V$，三极管为硅管。

微课 静态工作点的稳定措施

（1）估算静态工作点。

（2）分别求出有、无 C_E 两种情况下 A_u、r_i、r_o、A_{us}。

（3）若管子坏了，又没有完全相同的管子，现用 $\beta = 50$ 的三极管来替换，其他参数不变，静态工作点是否变化？

解：（1）直流通路参看图 2-28 得

$$U_B = \frac{U_{CC}R_{B2}}{R_{B1} + R_{B2}} = \frac{15 \times 20}{62 \times 20} \approx 3.7(V)$$

$$I_{CQ} \approx I_{EQ} = \frac{U_B - U_{BEQ}}{R_E} = \frac{3.7 - 0.7}{1.5 \times 10^3} \approx 2(mA)$$

$$I_{BQ} = \frac{I_{CQ}}{\beta} = \frac{2 \times 10^{-3}}{100} = 20(\mu A)$$

$$U_{CEQ} = U_{CC} - I_{CQ}(R_C + R_E) = 15 - 2 \times (3 + 1.5) = 6(V)$$

（2）有、无 C_E 微变等效电路如图 2-29 所示。

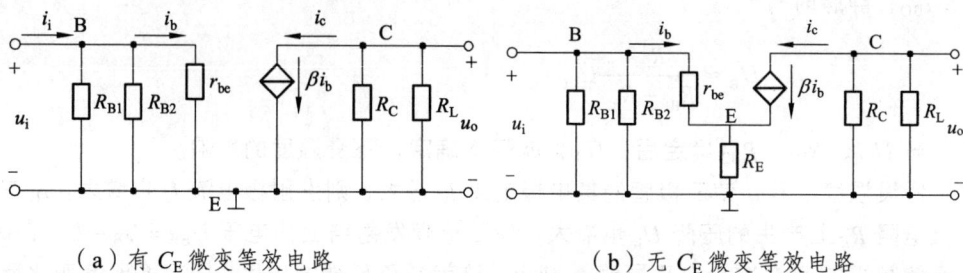

（a）有 C_E 微变等效电路　　　　　　（b）无 C_E 微变等效电路

图 2-29　分压偏置电路微变等效电路

有 C_E 的动态指标计算：

$$r_{be} = 300 + (1 + \beta)\frac{26(\text{mV})}{I_{EQ}(\text{mA})} = 300 + 101 \times \frac{26}{2} = 1.6\,(\text{k}\Omega)$$

$$r_i = R_{B1}//R_{B2}//r_{be} = \frac{1}{(1/62) + (1/20) + (1/1.6)} \approx 1.4\,(\text{k}\Omega)$$

$$r_o = R_C = 3\,(\text{k}\Omega)$$

$$A_u = -\beta\frac{R_C//R_L}{r_{be}} = \frac{-100[(3 \times 5.6)/(3 + 5.6)]}{1.6} \approx -122$$

$$A_{us} = A_u\frac{r_i}{r_i + R_s} = -122 \times \frac{1.4}{1.4 + 1} = -71$$

无 C_E 的动态指标计算：
输入电阻的求法：为了方便，先求 r_i'

$$r_i' = \frac{u_i}{i_b} = \frac{i_b r_{be} + (1 + \beta)i_b R_E}{i_b} = r_{be} + (1 + \beta)R_E$$

$$r_i = R_{B1}//R_{B2}//r_i' = R_{B1}//R_{B2}//[r_{be} + (1 + \beta)R_E]$$

$$= \frac{1}{(1/62) + (1/20) + 1/(1.6 + 101 \times 1.5)} \approx 13.8\,(\text{k}\Omega)$$

输出电阻 r_o 的求法：将 R_L 断开，令 $u_s = 0$，则 $i_b = 0$，$\beta i_b = 0$，受控电流源相当于开路，输出端口的电阻为 $r_o = R_C = 3\,(\text{k}\Omega)$

$$A_u = \frac{u_o}{u_i} = \frac{-\beta i_b(R_C//R_L)}{i_b r_{be} + (1 + \beta)i_b R_E} = \frac{-\beta(R_C//R_L)}{r_{be} + (1 + \beta)R_E} = -\frac{100 \times (3//5.6)}{1.6 + 101 \times 1.5} \approx -1.3$$

$$A_{us} = A_u\frac{r_i}{r_i + R_s} = -1.3 \times \frac{13.8}{13.8 + 1} \approx -1.2$$

比较两种情况下的电压放大倍数 A_u 的值，可以看出差异很大。第二种情况下，由于微变等效电路中存在 R_E，使 A_u 下降，其原因是 u_i 有很大一部分压降降到 R_E 上，只有一小部分电压加到三极管的发射结上，故产生的 i_b 小，产生的 i_c 小，使 u_o 降低而造成的。而第一种情况下，仅直流通路中存在 R_E，起直流负反馈作用，稳定静态工作点。交流通路中 R_E 被旁路电容短路，即 R_E 对交流信号无影响，输入信号 u_i 直接加到发射结上，故转换成的 i_c、u_o 较大，使得电压放大倍数 A_u 提高，满足电路具有较大放大能力的要求。通过分析，分压偏置电路常在 R_E 的两端并接一个旁路电容 C_E，目的是提高电压放大倍数。

（3）当 $\beta = 50$，U_B、I_{CQ}、U_{CE} 与（1）相同，即与 β 值无关，故 $U_B = 3.7$ V，$I_{CQ} \approx I_{EQ} = 2$ mA，$U_{CEQ} = 6$ V，静态工作点 I_{CQ}，U_{CEQ} 不变。但是 $I_{BQ} = \dfrac{I_{CQ}}{\beta} = \dfrac{2}{50} = 40$ mA，而（1）中 $I_{BQ} = 20$ μA，即基极电流随 β 值而变。

此例说明，分压式偏置电路能够自动改变 I_{BQ}，以抵消更换管子所引起的 β 变化对电路的影响，使静态工作点基本保持不变（指 I_{CQ}、U_{CEQ} 保持不变），故分压式偏置电路具有稳定静态工作点的作用。

二、负反馈的基本概念与应用

微课 反馈的基本概念

（一）反馈的基本概念

将放大电路输出的信号再返回到输入端，称为反馈。反馈后有两种结果：一种是使输出信号增强，称为正反馈；另一种是使输出信号减弱，称为负反馈。本节主要介绍负反馈电路。

放大电路不加反馈电路的状态叫作开环状态，加入反馈电路后的状态叫作闭环状态，所以反馈放大电路由基本放大器和反馈网络构成，其框图结构如图 2-30 所示。图中用 X 表示电压或电流信号。X_s 是信号源送给放大电路的输入信号，X_f 是反馈网络的输出信号，X_i 是净输入信号（通常情况下应考虑频率特性，以上参数应该用复数表示，本节为了便于分析讨论，暂设它们为实数）。

框图中的箭头方向表示信号的传递方向。基本放大器在未加反馈网络时信号从输入到输出并单向传递，即开环状态。加上反馈网络后，信号传递方向构成环状结构，即为闭环状态。图中 X_s 与 X_f 在 Σ 处相叠加。

设放大器的开环放大倍数为 A，闭环放大倍数为 A_f，反馈系数为 F，则框图中各参数有以下关系：

放大器的开环放大倍数：$A = \dfrac{X_o}{X_i}$

反馈网络的反馈系数：$F = \dfrac{X_f}{X_o}$

放大器的闭环放大倍数：$A_f = \dfrac{X_o}{X_s}$

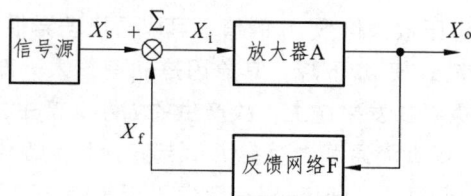

图 2-30　反馈放大器的框图

在负反馈状态下，X_f 与 X_s 反相，则 $X_i=X_s-X_f$；即 $X_s=X_i+X_f$，则

$$A_f=\frac{X_o}{X_s}=\frac{X_o/X_i}{X_s/X_i}=\frac{A}{\dfrac{X_i+X_f}{X_i}}=\frac{A}{1+AF}$$

该式表明 $|A_f|$ 为 $|A|$ 的 $\dfrac{1}{|1+AF|}$。$|1+AF|$ 叫作"反馈深度"，其值越大，则反馈越深。它影响着放大电路的各种参数，也反映了影响程度。

$|1+AF|>1$ 时为负反馈，因为 $|A_f|<|A|$，说明引入反馈后放大倍数下降。

$|1+AF|<1$ 时为正反馈，因为 $|A_f|>|A|$，表明引入反馈后放大倍数增加，但这种情况下电路不稳定。

当 $1+AF=0$ 时，则 $AF=-1$，此时 $|A_f|\rightarrow\infty$，意味着在放大器输入信号为零时，也会有输出信号，这时放大器处于自激振荡状态，形成振荡器。

当 $|AF|\gg1$ 时，为深度负反馈，在深度负反馈时：$A_f\approx\dfrac{A}{AF}=\dfrac{1}{F}$。

该式表明，放大电路引入深度负反馈后，闭环增益只和反馈系数 F 有关，而与基本放大电路的电子元件参数无关，因反馈网络一般是线性元件构成的，所以 F 几乎不受环境温度等因素影响，从而放大电路的工作也是很稳定的。这是负反馈的重要特点。

（二）反馈的分类与判别

微课　反馈类型的判断

动画　瞬时极性法（1）（2）

1. 正反馈和负反馈

在放大电路中，根据反馈极性不同，可分为正反馈和负反馈。负反馈往往使放大电路的放大倍数下降许多，但它可以使电路的工作稳定性大大提高，这一点对电子电路尤为重要。

判断反馈电路是正反馈还是负反馈，有效的方法是采用瞬间极性法。即设电路输入端某时刻输入电压的瞬时极性为正（也可设为负），然后逐级确定输出电压的极性。在放大电路中，三极管的集电极与基极是反相的，其他电阻及耦合电容都认为不改变相位。各点电位极性可在电路中用 ⊕ 或 ⊖ 表示，最后若判断出反馈信号使净输入信号增强，则为正反馈；反之为负反馈。如图 2-31 所示为一负反馈电路。

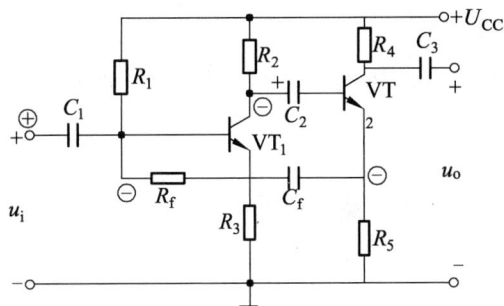

图 2-31　正负反馈的判别

2. 直流反馈与交流反馈

根据反馈信号的交直流性质，反馈可分为直流反馈和交流反馈。只在放大器直流通路中存在的反馈称为直流反馈。显然，直流反馈只反馈直流分量，仅影响静态性能。只在放大器交流通路中存在的反馈称为交流反馈，而交流反馈仅影响动态性能，只反馈交流分量。当然，很多放大器中交流反馈和直流反馈同时存在。

3. 电压反馈和电流反馈

根据反馈信号在放大电路输出端取样信号方式的不同，可分为电压反馈和电流反馈。

1）电压反馈

如图 2-32（a）所示，放大电路的输出电压直接送至反馈网络的输入端，反馈由输出电压引起，则 $X_f = FU_o$，这种反馈方式称为电压反馈。

2）电流反馈

如图 2-32（b）所示，反馈网络的输入信号取自放大电路的输出电流，即反馈由输出电流引起，则 $X_f = FI_o$，这种反馈称为电流反馈。

判断方法：设放大器的输出电压为零，即假定输出端短路，若反馈消失，则属于电压反馈；反之，若把输出端短路后，反馈依然存在，则属于电流反馈。

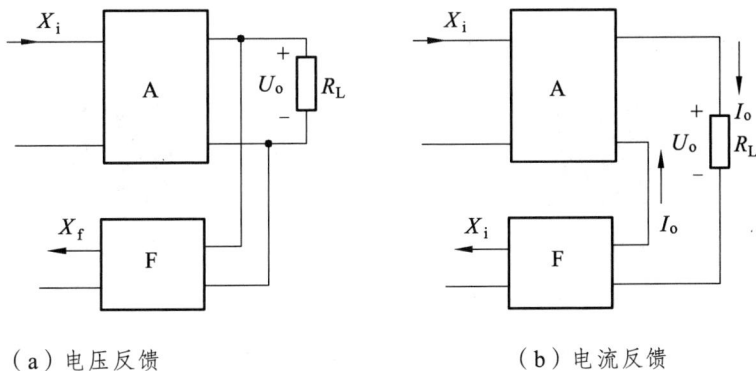

（a）电压反馈　　　　　　　　　（b）电流反馈

图 2-32　电压反馈和电流反馈

4. 串联反馈与并联反馈

根据反馈信号在放大电路输入端与输入信号叠加方式可分为串联反馈与并联反馈。

1）串联反馈

如图 2-33（a）所示，反馈网络的输出信号 u_f 与放大器输入信号 u_s 串联叠加，得到净输入信号 u_i，这种反馈称为串联反馈。负反馈时，$u_i = u_s - u_f$。

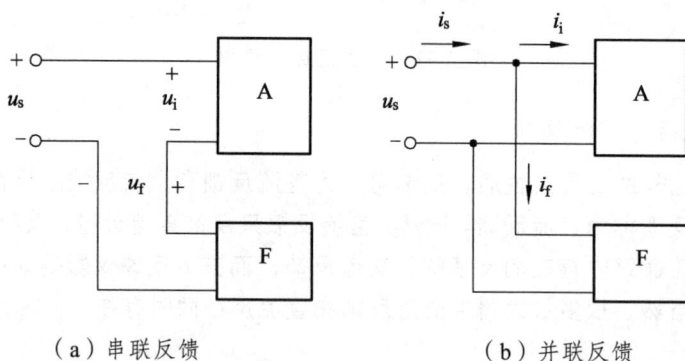

（a）串联反馈　　　　　　　　（b）并联反馈

图 2-33　串联反馈和并联反馈

2）并联反馈

如图 2-33（b）所示，反馈网络的输出信号与信号源信号并联叠加，电流 i_s 与 i_f 叠加形成净输入电流 i_i，称为并联反馈。负反馈时，$i_i = i_s - i_f$。

判断串联反馈和并联反馈的方法：把放大器的输入信号源假定短路（包括内阻），若反馈依然存在，则属于串联反馈；否则，若反馈消失，说明反馈是并联反馈。也可以看输入端的信号是电压叠加方式还是电流叠加方式，若是电压叠加就为串联反馈，若采用电流叠加就为并联反馈。

根据上述的两种采样方式和两种叠加方式，负反馈放大器可以有四种组态：电压串联负反馈、电压并联负反馈、电流串联负反馈和电流并联负反馈。

（三）负反馈在放大电路中的应用

微课　负反馈对放大电路的影响　　　　　　动画　负反馈对放大电路的影响

1. 负反馈可以提高放大倍数的稳定性

前面已经分析过，若加入深度负反馈，使放大器成为闭环工作状态，则其闭环放大倍数为 $A_f \approx \dfrac{A}{AF} = \dfrac{1}{F}$，与基本放大器的内部参数无关。

2. 负反馈可以展宽通频带

在放大电路的幅频特性分析中，放大倍数 A 是频率 f 的函数，当输入信号的频率超出通频带范围时，放大倍数将随之下降。而闭环放大倍数的相对变化量显然比开环放大倍数的相对变化量小。这是因为加入负反馈后，在放大倍数下降时，相应的反馈信号也减弱，则下降的曲线明显变得平缓，故放大器的通频带就会展宽。如图 2-34 所示，图中明显看出，加入负反馈后，在原来的下限截止频率 f_L 和上限截止频率 f_H 处，所对应的放大倍数远大于中频区段的 0.707 倍。

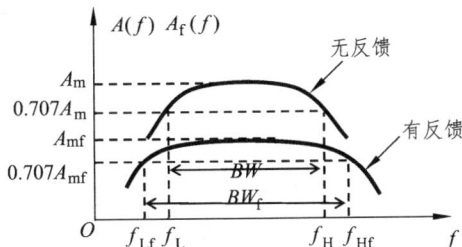

图 2-34　负反馈展宽通频带

3. 负反馈减小非线性失真

实际的放大电路中，由于元件的非线性，在大信号工作时，β 是变化的，等效电阻也在变化，就使得放大电路输出的信号不是标准的正弦波，最明显的就是正负半周的幅值不一样大，这就是非线性失真。如图 2-35（a）所示，由于非线性因素，使输出信号的负半周幅值大于正半周的幅值，加入负反馈后可知，反馈信号 u_f 的波形与输出信号 u_o 的波形相似，也是正半周幅度小，负半周幅度大，由于是负反馈，则净输入信号 u_i' 带有相反的失真，即正半周幅值大，负半周幅值小。这种带有预失真的净输入信号经过放大器放大以后，必然使非线性失真得到一定程度的矫正，输出波形接近对称，如图 2-35（b）所示。不过引入负反馈只能减小放大器的非线性失真，而不能完全消除非线性失真。

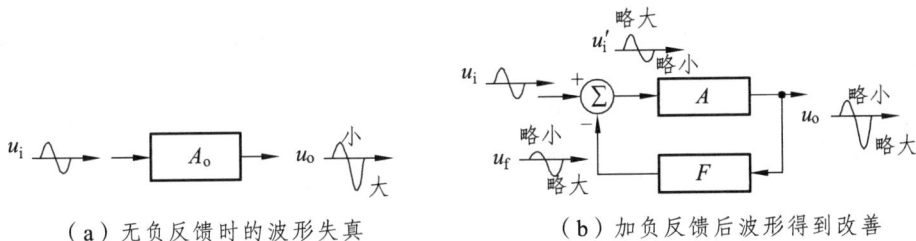

（a）无负反馈时的波形失真　　　　（b）加负反馈后波形得到改善

图 2-35　反馈减小非线性失真

4. 负反馈改变输入电阻和输出电阻

采用串联负反馈可提高输入电阻，因为这种情况下原输入电阻与反馈电路的输出电阻呈串联关系，所以总输入电阻增大。同理，采用并联负反馈可使总输入电阻下降。

采用电压负反馈可以降低输出电阻，因为此时原输出电阻和反馈电路的输入电阻呈并联关系，所以总输出电阻减小。同理，采用电流负反馈可以使输出电阻增大。

任务六　多级放大器

一、多级放大电路的级联方式

多级放大电路一般是由输入级、中间级、输出级组成的，如图 2-36 所示。

输入级因与信号源相连，常采用射极输出器或场效应管放大电路，因它们具有较高的输入电阻，所以能减小信号源内阻对输入信号电压产生的影响。

中间级采用若干共射放大电路组成，以获得较高的电压放大倍数。

输出级应输出足够大的功率，它由功率放大电路来实现。

微课　多级电路的
级联方式

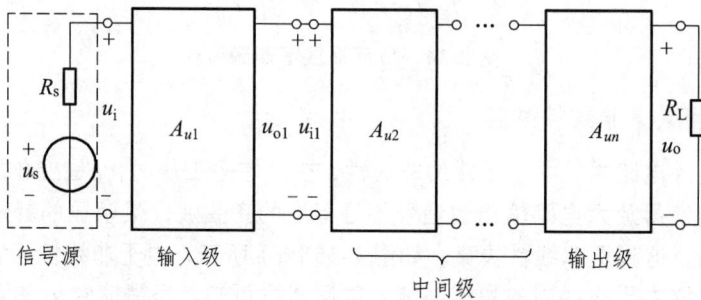

图 2-36　多级放大电路的组成结构图

多级放大电路中输入级与信号源之间、级与级之间、级与负载之间的连接方式，称为级间耦合方式。常见的耦合方式有电容耦合、直接耦合和电隔离耦合。

（一）电容耦合

如图 2-37 所示两级电容耦合放大电路，第一级的输出通过电容 C_2 和下一级输入端相连。

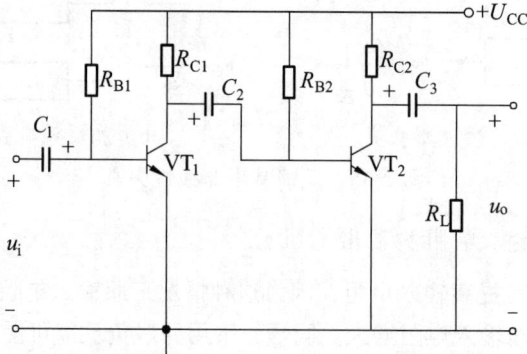

图 2-37　两级电容耦合放大电路

电容耦合电路的特点：

因电容阻隔直流，故各级静态工作点互不影响。交流状态下，信号频率越高，电容越大，则容抗越小，耦合电容上信号电压的压降就越小。这很有利于交流信号的放大。当 C 一定、f 较低时，容抗 X_C 大，信号电压在耦合电容的压降增大，使净输入信号减小，输出电压减小，影响正常放大，故此耦合方式不能放大缓慢变化的（f 低）信号和直流信号，只适合放大交流信号，电容耦合放大器也称交流放大器。另外，因大电容很难集成到芯片中，故电容耦合不利于集成电路，只适用于分立元件电路。

（二）直接耦合

前一级的输出端直接与后一级输入端相连，这种方式称为直接耦合，如图 2-38 所示。该电路适合传递、放大缓慢变化的直流信号，一般直接耦合放大器也称为直流放大器。缓慢变化的直流信号如冶炼炉的炉温信号，因信号频率低，不适合采用电容耦合方式。所以检测炉温的热工仪表内部的放大器均采用直接耦合方式。因不用电容元件，所以直接耦合放大电路便于集成，但同时也带来了一些特殊问题。

直接耦合电路的特点：

（1）前、后级静态工作点相互影响。

（2）产生零点漂移。

根据前面所学内容可知，三极管参数极易受环境温度变化的影响，若不采取一定措施，调试好的静态工作点会发生偏移。由于是直接耦合放大电路，环境温度变化，各级静态工作点均发生变化，同时前一级输出的零漂电压如同输入信号一样直接送到后一级电路并逐级传递、放大，直接耦合级数越多，末级输出的零漂电压就越大。除了温度外，电源电压波动也会使静态工作点偏移，但温度的影响最严重。

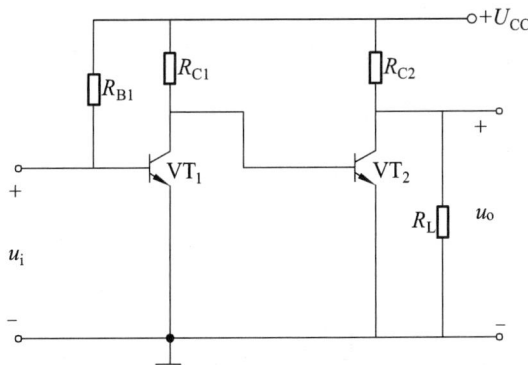

图 2-38　直接耦合两级放大电路

（三）变压器耦合

变压器耦合指级与级之间通过变压器连接，是一种磁耦合，如图 2-39 所示。变压器 T_1 将 VT_1 的输出电压经过变压器送到 VT_2 的基极放大，C_{B2} 是偏置电阻 R_{B21}、R_{B22} 的旁路电容，防止信号被偏置电阻所衰减。

由于变压器不能传递直流信号，具有隔直流作用，故各级静态工作点互不影响。它的最大特点是具有变电流、变电压、变阻抗作用，利用它的阻抗变换，可使功率放大电路中的负载变成最佳输出负载，即阻抗匹配，可得到最大不失真功率。此耦合方式一般用在分立元件组成的功率放大器中。因变压器体积大，成本高，不利于集成，故在放大电路中的应用逐渐减少。

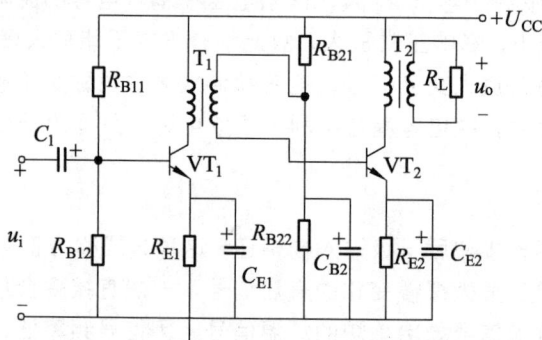

图 2-39　变压器两级耦合放大电路

（四）光电耦合

级与级之间通过光电耦合器件连接的方式称为光电耦合，如图 2-40 所示。由于它是利用光线实现的耦合，所以使前、后级电路处于电隔离状态。光电耦合器件和与它耦合的前、后级放大电路都便于集成，故应用日益广泛。

工作原理：由图 2-40 可知，发光二极管是前一级放大电路的负载，前一级输出电流 i_{o1} 的变化影响发光二极管的发光强弱，通过光耦合，使光电三极管输出电流 i_c 发生变化，即后一级放大电路的输入电流发生变化，经后一级 A_{u2} 放大后，从输出端取出放大信号。

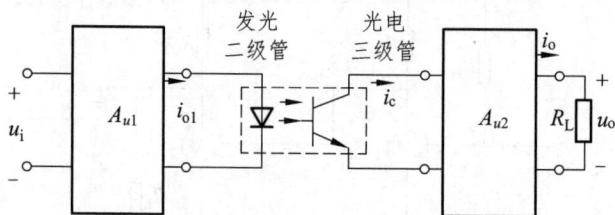

图 2-40　电耦合两级放大电路框图

二、多级放大电路的放大倍数及输入、输出电阻

对于多级放大电路，无论是何种耦合方式、何种组态的放大电路，其总的电压放大倍数、输入电阻和输出电阻的计算方法相同。

对于两级放大电路，若第一级电压放大倍数为 A_{u1}，第二级电压放大倍数为 A_{u2}，则总的放大倍数为

微课　电容耦合多级放大
电路的电路分析

$$A_u = A_{u1} \cdot A_{u2}$$

对于 n 级电压放大电路，其总的电压放大倍数是各级电压放大倍数的乘积，即

$$A_u = A_{u1} A_{u2} \cdots A_{un}$$

对于多级放大电路的输入电阻 r_i 即为第一级放大器的输入电阻，即

$$r_i = r_{i1}$$

而对于多级放大电路的输出电阻 r_o 即为第 n 级放大器的输出电阻，即

$$r_o = r_{on}$$

任务七 场效应管放大电路

场效应管同三极管一样具有放大作用，也可以构成各种组态的放大电路——共源极、共漏极、共栅极放大电路。在构成放大电路时，为了实现信号不失真的放大，同三极管放大电路一样，场效应管放大电路也要有一个合适的静态工作点 Q，但它不需要偏置电流，而是需要一个合适的栅极-源极偏置电压 U_{GS}。场效应管放大电路常用的偏置电路主要有两种：自偏压电路和分压式自偏压电路。

一、常见场效应管放大电路

（一）自偏压电路

图 2-41 所示为 N 沟道结型场效应管自偏压放大电路。电路中的 R_S 为源极电阻，C_S 为源极旁路电容，R_G 为栅极电阻，R_D 为漏极电阻。交流信号从栅极输入，漏极输出，电路为共源极电路。交流输入信号 $u_i = 0$ 时（静态），栅极电阻 R_G 上无直流电流，栅极电压 $U_G = 0$，有漏极电流 I_D 等于源极电流 I_S，即 $I_D = I_S$。这时栅源偏置电压 $U_{GS} = U_G - U_S = -I_D R_S$。电路依靠漏极电流 I_D 在源极电阻 R_S 上的压降来获得负的偏压 U_{GS}，因此称此电路为自给偏压电路。合理地选取 R_S 即可得到合适的偏压 U_{GS}。

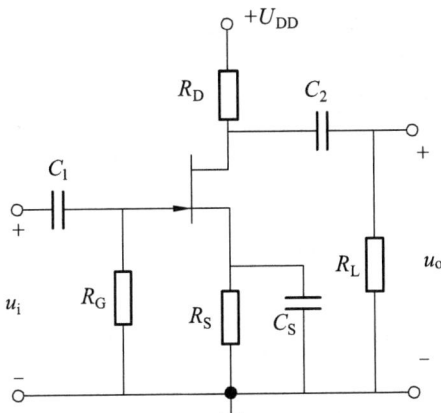

图 2-41 自偏压电路　　　　　　图 2-42 分压式自偏压电路

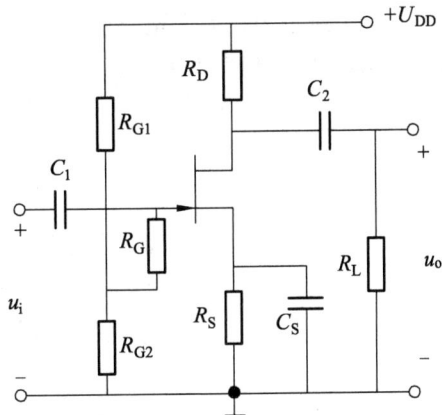

自偏压电路只适用于耗尽型场效应管所构成的放大电路,对增强型的管子不适用。

(二)分压式自偏压电路

如图 2-42 所示为 N 沟道结型场效应管分压式自偏压放大电路。同自偏压电路相比,电路中接入了两个分压电阻 R_{G1} 和 R_{G2}。静态时,R_G 上无直流电流,栅极电压 U_G 由电阻 R_{G1}、R_{G2} 分压获得。栅源偏压 U_{GS} 为

$$U_{GS} = U_G - U_S = \frac{R_{G2}}{R_{G1} + R_{G2}} U_{DD} - I_D R_S$$

合理地选取电路参数,可得到正或负的栅源偏压。

二、场效应管放大电路的分析

场效应管放大电路与三极管电路的分析方法类似。

(一)场效应管微变等效电路

场效应管的栅极和源极之间电阻很大,电压为 u_{gs},电流近似为 0,可视为开路。漏极和源极之间等效为一个受电压 u_{gs} 控制的电流源。图 2-43 所示为场效应管的微变等效电路。

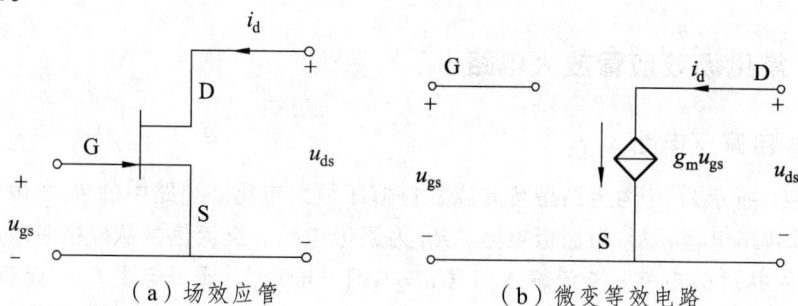

(a)场效应管 (b)微变等效电路

图 2-43 场效应管的微变等效电路

(二)自偏压电路的动态分析

图 2-44 所示为自偏压电路图 2-41 所示的微变等效电路。由此可求电路的电压放大倍数、输入电阻和输出电阻:

$$A_u = -g_m R_D \mathbin{/\mkern-5mu/} R_L$$
$$r_i = R_G$$
$$r_o = R_D$$

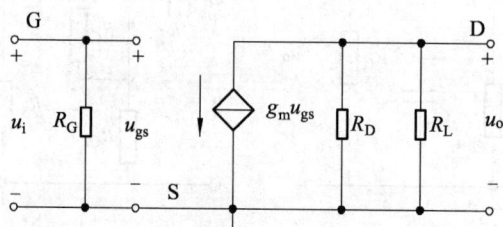

图 2-44 自偏压电路的微变等效电路

由图 2-44 可以看出，图 2-41 所示为共源极电路，其性能特点与共射极放大电路类似，具有电压放大作用，u_o 与 u_i 反相位。

（三）分压式自偏压电路的动态分析

图 2-45 所示为分压式自偏压电路图 2-42 的微变等效电路，所求电路的电压放大倍数、输入电阻和输出电阻分别为：

$$A_u = -g_m R_D // R_L$$
$$r_i = R_G + R_{G1} // R_{G2}$$
$$r_o = R_D$$

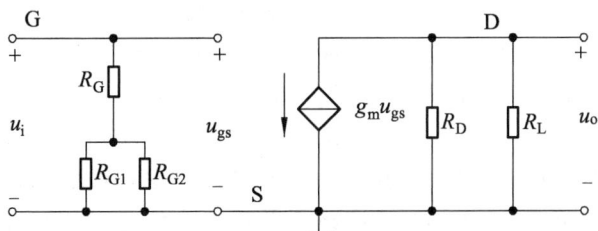

图 2-45　分压式自偏压电路的微变等效电路

由此可见，电阻 R_G 的作用是为了增加放大电路的输入电阻。

综上所述，场效应管放大电路的电压放大倍数并不高，但具有较高的输入电阻，它适用于多级放大电路的输入级，特别是对高内阻信号源，采用场效应管放大电路比较理想。

任务八　实用电路读图训练

一、超外差收音机的中频放大电路

中频放大电路的任务是把变频得到的中频信号加以放大，然后送到检波器检波。中频放大电路对超外差收音机的灵敏度、选择性和通频带等性能指标起着极其重要的作用。

图 2-46（a）所示是 LC 单调谐中频放大电路图，电路采用共基极接法。图 2-46（b）所示为它的交流等效电路。图中，T_1、T_2 为中频变压器，它们分别与 C_1、C_4 组成输入和输出选频网络，同时还起阻抗变换的作用。因此，中频变压器是中放电路的关键元件。

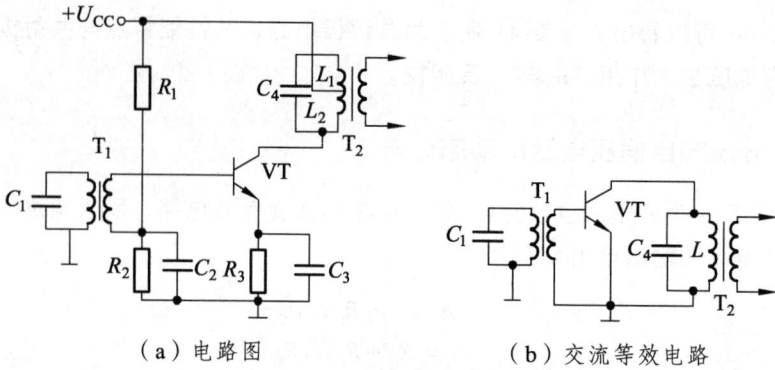

（a）电路图　　　　　　　　（b）交流等效电路

图 2-46　中频放大电路

中频变压器的初级线圈与电容组成 LC 并联谐振回路，它谐振于中频 465 kHz。由于并联谐振回路对谐振频率的信号阻抗很大，对非谐振频率的信号阻抗较小，所以中频信号在中频变压器的初级线圈上产生很大的压降，并且耦合到下一级放大，对非谐振频率信号压降很小，几乎被短路（通常说它只能通过中频信号），从而完成选频作用，提高了收音机的选择性。由 LC 调谐回路特性知，中频选频回路的通频带 $f_{\mathrm{BW}} = f_{\mathrm{H}} - f_{\mathrm{L}}$ $= f_0/Q_{\mathrm{L}}$，如图 2-47 所示。式中，Q_{L} 是回路的有载品质因数，Q_{L} 值愈高，选择性愈好，通频带愈窄；反之，通频带愈宽，选择性愈差。

中频变压器的另一作用是阻抗变换。因为晶体管共射极电路输入阻抗低，输出阻抗高，所以一般用变压器耦合，使前后级之间实现阻抗匹配。

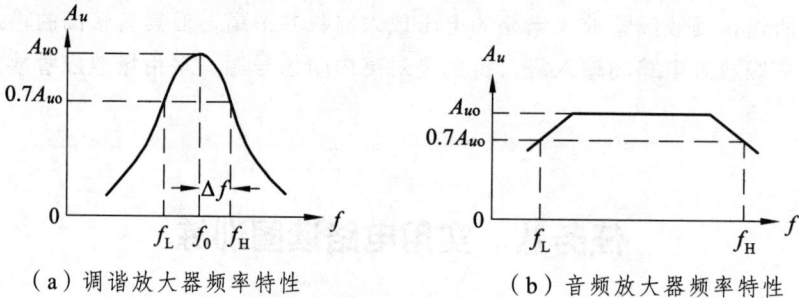

（a）调谐放大器频率特性　　　　　　（b）音频放大器频率特性

图 2-47　放大电路频率特性

一般收音机采用两级中放，有三个中频变压器（常称中周）。第一个中频变压器要求有较好的选择性，第二个中频变压器要求有适当的通频带和选择性，第三个中频变压器要求有足够的通频带和电压传输系数，由于各中频变压器的要求不同（匝数比不一样），通常将磁帽用不同颜色标志，以示区别，所以不能互换使用。实际电路中常采用具有中间抽头的并联谐振回路，如图 2-48（a）所示，图 2-48（b）是它的等效电路。可以看出，它是由两个阻抗性质不同的支路组成的。由于 L_1、L_2 都绕在同一磁芯上，实际上是一个自耦合变压器，利用变压器的阻抗变换关系，可求得等效谐振电路的谐振阻抗：

$$Z_{\mathrm{OBO}} = \left(\frac{N_1}{N_1 + N_2}\right)^2 Z_{\mathrm{ABO}} = \left(\frac{N_1}{N}\right)^2 Z_{\mathrm{ABO}}$$

式中，N 为电感线圈的总匝数 $N = N_1 + N_2$，即具有抽头并联谐振电路的谐振阻抗 Z_{OBO} 等于没有抽头的谐振阻抗 Z_{ABO} 的 $(\frac{N_1}{N})^2$ 倍。由于 $\frac{N_1}{N} < 1$，所以 $Z_{OBO} < Z_{ABO}$，适当选择变比可取得所需要的 Z_{OBO}。从而实现阻抗匹配。上述中放电路结构简单，回路损耗小，调试方便，所以应用广泛，但很难同时满足选择性和通频带两方面的要求，所以只能用在要求不太高的收音机上。

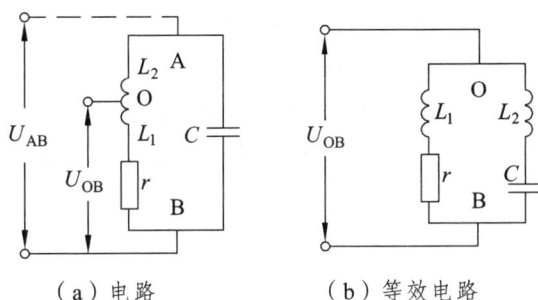

（a）电路　　　　　　（b）等效电路

图 2-48　LC 谐振回路部分接入法

二、鉴频电路

目前，在许多铁路线上传送的是一种 2FSK 移频信号，用以控制和指挥列车的运行。FSK（Frequency Shift Key）是键控调频信号，它用低频控制信号 F_c 来控制高频载波频率 f_0（中心频率）的变化，二进制 FSK（2FSK）是用两个高频载波信号 $f_下 = f_0 - \Delta f$，（下边频）和 $f_上 = f_0 + \Delta f$（上边频）分别表示低频控制信号 F_c 的正、负半周，Δf 称为频偏。其信号的典型波形如图 2-49 所示。图中 f_1 和 f_2 每秒交变的周期即为低频信号的频率 F_c。

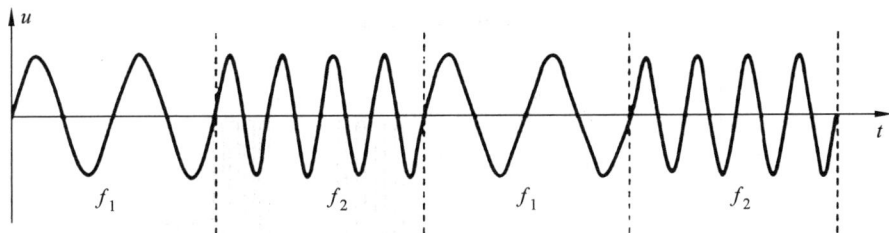

图 2-49　2FSK 信号典型波形

铁路区间信号所用的 UM71 和 ZPW-2000 型设备中，移频信号中心频率 f_0 有四种：1 700 Hz、2 000 Hz、2 300 Hz、2 600 Hz。$\Delta f = 11$ Hz。F_c 的频率有 18 种：10.3 Hz、11.4 Hz、12.5 Hz、…、29 Hz，即每隔 1.1 Hz 为一个新的低频信号。UM71 接收电路中鉴频电路如图 2-50 所示，鉴频电路由三极管 VT_4、VT_5、VT_6 组成。其中，VT_4 构成选频放大器，完成鉴频器的主要任务；VT_5、VT_6 用于隔离及低频放大。

电路分为周期信号提取、选频放大、低频放大电路三部分。

输入信号 u_i 是经前级电路整形而成的标准移频方波信号，即 VT_4 输入端是标准的移频周期信号。

  VT_4 为选频放大器，C_5、T_3 初级为谐振槽路，R_{15}、R_{16} 构成较强的负反馈以保证 VT_4 稳定工作。

  UM71 信息频偏为 ±11 Hz，$f_上$ 和 $f_下$ 仅相差 22 Hz。因频差太小，用两个谐振槽路很难区分。同时，这样精确的电子谐振器不易实现，发生频漂时无法保证可靠工作。因此，UM71 接收器鉴频使用一个谐振槽路，利用选频放大器幅频特性曲线的线性段来实现。

  选频放大器幅频特性曲线及鉴频输出波形如图 2-51 所示。

  放大器输出的信号幅度取决于选频放大器的幅频特性曲线。f_0 对应的输出幅度确定后，当 $f_上 = (f_0 + 11\ Hz)$ 信号来到时，对应输出幅度为 A_1；当 $f_下 (f_0 - 11\ Hz)$ 信号来到时，对应输出幅度为 A_2。当幅频特性曲线的线性段确定后，$f_上 \rightleftarrows f_下$ 交替变化的移频信号经 VT_4 后变成了幅度 $A_1 \rightleftarrows A_2$ 交替变化的低频包络信号。

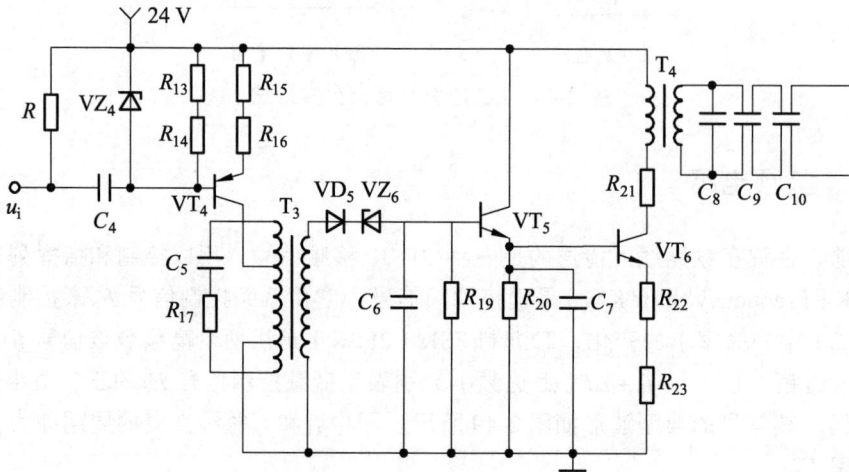

图 2-50 鉴频电路

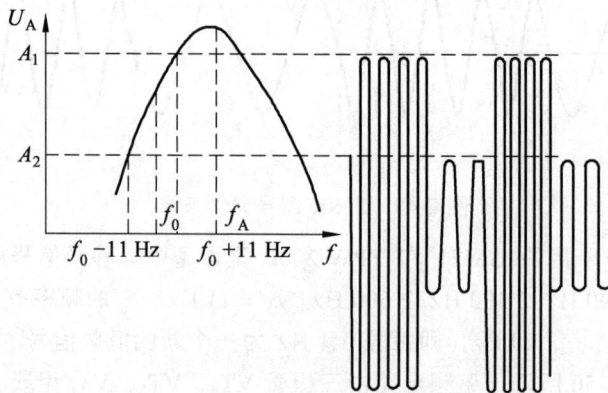

图 2-51 幅频特性曲线及鉴频输出波形

  为使 $f_上$ 和 $f_下$ 均落在幅频特性曲线的线性段上，选频放大器 VT_4 谐振频率 f_A 的选择应略大于频载 f_0。通过调整 R_{17} 和选择后级电路输入阻抗，应保证选频槽路的 Q 值选择合适以满足曲线出现合适斜率的线性部分。当发送器上、下边频频率发生单方向少量漂移或槽路 f_A 发生少量变化时均不会造成 T_3 输出波形的显著变化。

鉴频后的包络信号首先经二极管 VD_5 进行检波，取出上半部，然后经 C_7 滤波，解调出低频信号，VZ_6 为齐纳二极管，其作用是对鉴频后的下边频信号进行阻止，抬高横坐标，使加于 VT_5 发射极的低频信号波形更好。

VT_5 为射极输出器，构成高阻隔离。利用其输入电阻高特性保证前级选频放大器选频槽路具有较高的 Q 值，同时利用其输出电阻低特性提高后级电阻的负载能力。

VT_6 构成低频信号放大器，与 VT_5 一起放大解调后的低频信号。

T_4 构成隔离环节。这是一种故障—安全设计，一方面起变压器耦合作用，另一方面当前级因故使 VT_6 饱和或截止时均不会在 T_4 次级造成交变信号，不会导致后级出现错误输出。

T_4 次级与 C_8、C_9、C_{10} 构成一个约 $8 \sim 34\ \text{Hz}$ 的低频带通滤波电路。经滤波后，$10.3 \sim 29\ \text{Hz}$ 的低频信号被送至低频信号检查电路。

项目小结

本项目介绍了基本放大电路的工作原理，它们是实用电子电路的基本单元电路。

对放大电路的基本要求是不失真地进行放大。三极管必须工作在放大区，满足放大条件，为此放大电路必须设置合适的静态工作点，使信号的变化范围在线性放大区。

放大电路的基本分析方法有两种：图解法和微变等效电路法。图解法可以直观地分析静态工作点的位置与波形失真与否。微变等效电路法只能用以分析放大电路的动态情况，定量分析和计算放大电路性能指标。其分析方法是先画放大电路的交流通路，再画出放大电路的微变等效电路，然后就可用线性电路理论进行分析计算。

基本放大电路有共射极、共集电极、共基极三种基本组态。共发射放大电路输出电压与输入电压反相，输入电阻和输出电阻大小适中，适用于一般放大或多级放大电路的中间级。分压式偏置共射放大电路具有稳定静态工作点作用。共集电极放大电路电压放大倍数小于 1 且接近于 1，但具有输入电阻高、输出电阻低的特点，多用于多级放大电路的输入级和输出级。共基极放大电路输出电压与输入电压同相，电压放大倍数较高，输入电阻很小而输出电阻较大，适用于高频或宽带放大电路。

场效应管也可以组成基本放大电路，其输入电阻很高，故常用于组成多级放大电路的输入级。

反馈是把输出信号返回到输入端，若反馈后净输入信号减弱，该反馈叫作负反馈。负反馈降低了电路的放大倍数，但显著改善了电路性能，尤其解决了因电子元件参数不稳定造成的电路工作不稳定的问题，使得负反馈得到极为广泛的应用，是电子电路中一项非常重要的技术措施。负反馈还能减小失真，增宽通频带，改变输入和输出电阻。

思考与练习

2-1 选择题

1. 基本放大电路中，经过晶体管的信号有（　　　　）。
   A. 直流成分
   B. 交流成分
   C. 交直流成分均有
   D. 无交流、无直流

2. 基本放大电路中的主要放大对象是（　　　　）。
   A. 直流信号
   B. 交流信号
   C. 交直流信号均有
   D. 不能放大电信号

3. 分压式偏置的共发射极放大电路中，若 U_B 点电位过高，电路易出现（　　　　）。
   A. 截止失真
   B. 饱和失真
   C. 晶体管被烧损
   D. 交越失真

4. 分压式偏置的共发射极放大电路的反馈元件是（　　　　）。
   A. 电阻 R_B
   B. 电阻 R_E
   C. 电阻 R_C
   D. 无反馈

5. 电压放大电路首先需要考虑的技术指标是（　　　　）。
   A. 放大电路的电压增益
   B. 不失真问题
   C. 管子的工作效率
   D. 输出功率

6. 射极输出器的输出电阻小，说明该电路（　　　　）。
   A. 带负载能力强
   B. 带负载能力差
   C. 减轻前级或信号源负荷
   D. 无电压放大能力

7. 基极电流 i_B 的数值较大时，易引起静态工作点 Q 接近（　　　　）。
   A. 截止区
   B. 饱和区
   C. 死区
   D. 反向击穿区

8. 射极输出器是典型的（　　　　）。
   A. 电流串联负反馈
   B. 电压并联负反馈
   C. 电压串联负反馈
   D. 电流并联负反馈

9. 在放大电路中，为了稳定静态工作点，应引入（　　　　）。
   A. 直流负反馈
   B. 交流负反馈
   C. 交流正反馈
   D. 交直流负反馈

10. 图 2-52 所示电路，该电路（　　　　）
    A. 不能起放大作用
    B. 能起放大作用但效果不好
    C. 能起放大作用且效果很好
    D. 无正确答案

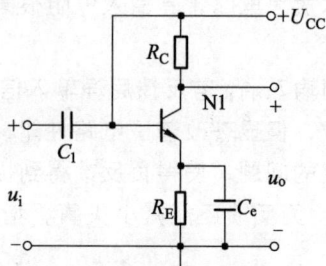

图 2-52　习题 2-1（10）用图

2-2　判断题

1. 放大电路中的输入信号和输出信号的波形总是反相关系。 （　　）
2. 放大电路中的所有电容器，起的作用均为通交隔直。 （　　）
3. 射极输出器的电压放大倍数等于1，因此它在放大电路中作用不大。 （　　）
4. 分压式偏置共发射极放大电路是一种能够稳定静态工作点的放大器。 （　　）
5. 设置静态工作点的目的是让交流信号叠加在直流量上全部通过放大器。 （　　）
6. 晶体管的电流放大倍数通常等于放大电路的电压放大倍数。 （　　）
7. 微变等效电路不能进行静态分析，也不能用于功放电路分析。 （　　）
8. 共集电极放大电路的输入信号与输出信号，相位差为180°的反相关系。 （　　）
9. 微变等效电路中不但有交流量，也存在直流量。 （　　）
10. 共射极放大电路输出波形出现上削波，说明电路出现了饱和失真。 （　　）

2-3　简答题

1. 三极管电流放大作用的含义是什么？
2. 由于放大电路输入的是交流量，故三极管各电极电流方向总是变化着，这句话对吗？为什么？
3. 放大电路中为何设立合适的静态工作点？静态工作点的高、低对电路有何影响？
4. 如何画出放大电路的直流和交流通路？直流通路和交流通路的作用是什么？
5. 试根据场效应管组成共源极放大器的特点，说明其主要用途。
6. 什么是负反馈？放大电路中为什么一般都要引入负反馈？
7. 负反馈对放大电路的性能有哪些影响？
8. 在做放大电路实验时，用示波器观察到输出波形产生了非线性失真，然后引入负反馈，发现输出波形幅度明显变小，并且失真情况得到改善，你认为这就是负反馈减小非线性失真的结果吗？

2-4 如图 2-53 所示为固定式偏置共射极放大电路。输入 u_i 为正弦交流信号，试问输出电压 u_o 出现了怎样的失真？如何调整偏置电阻 R_B 才能减小此失真？

2-5 图 2-53 所示电路中，若分别出现下列故障会产生什么现象？为什么？（1）C_1 击穿；（2）C_2 击穿；（3）R_B 开路或短路；（4）R_C 短路或开路。

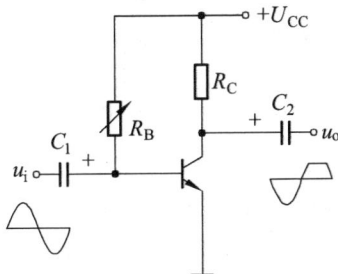

图 2-53　电路图

2-6 电路如图 2-53 所示，$U_{CC} = 15$ V，$R_B = 1.1$ MΩ，$R_C = 5.1$ kΩ，$R_L = 5.1$ kΩ，$R_S = 1$ kΩ，$\beta = 100$。（1）计算静态工作点 I_{CQ}、U_{CEQ}；（2）计算 A_u、A_{us}、r_i、r_o 的值。

2-7 试判断图 2-54 中各个电路能否放大交流信号？为什么？

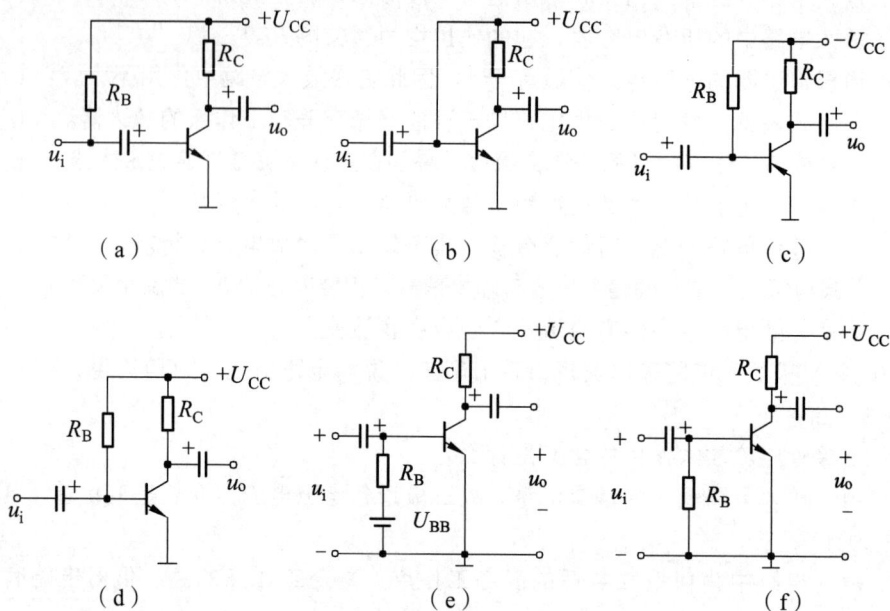

（a）　　　　　　（b）　　　　　　（c）

（d）　　　　　　（e）　　　　　　（f）

图 2-54　习题 2-7 用图

2-8 如图 2-55 所示分压式工作点稳定电路，已知 $\beta = 60$。

（1）估算电路的 Q 点；

（2）求解三极管的输入电阻 r_{be}；

（3）用小信号等效电路分析法，求解电压放大倍数 A_u；

（4）求解电路的输入电阻 r_i 及输出电阻 r_o。

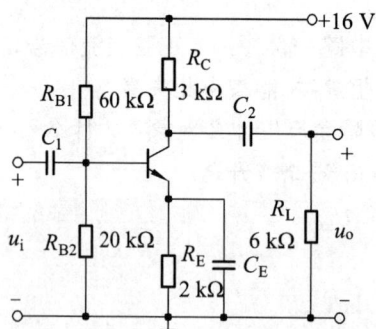

图 2-55　习题 2-8 用图

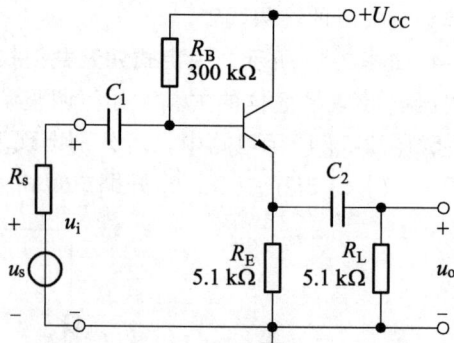

图 2-56　习题 2-9 用图

2-9 共集电极放大电路如图 2-56 所示，已知三极管 $\beta = 100$，$U_{CC} = 12\ \text{V}$，$U_{BEQ} = 0.7\ \text{V}$，$R_s = 1\ \text{k}\Omega$，$U_s = 2\ \text{V}$，$R_B = 300\ \text{k}\Omega$，$R_E = 5.1\ \text{k}\Omega$，$R_L = 5.1\ \text{k}\Omega$。

（1）试估算静态工作点 I_{CQ}、U_{CEQ}；

（2）计算 A_u、A_{us}、r_i、r_o、U_o。

2-10 如图 2-57 所示为两个场效应管放大电路，已知 $g_m = 1\ \text{ms}$。

（1）两电路分别是什么组态的放大电路？

（2）分别画出两电路的小信号等效电路；

（3）求解电路的电压增益 A_u、输入电阻 r_i、输出电阻 r_o。

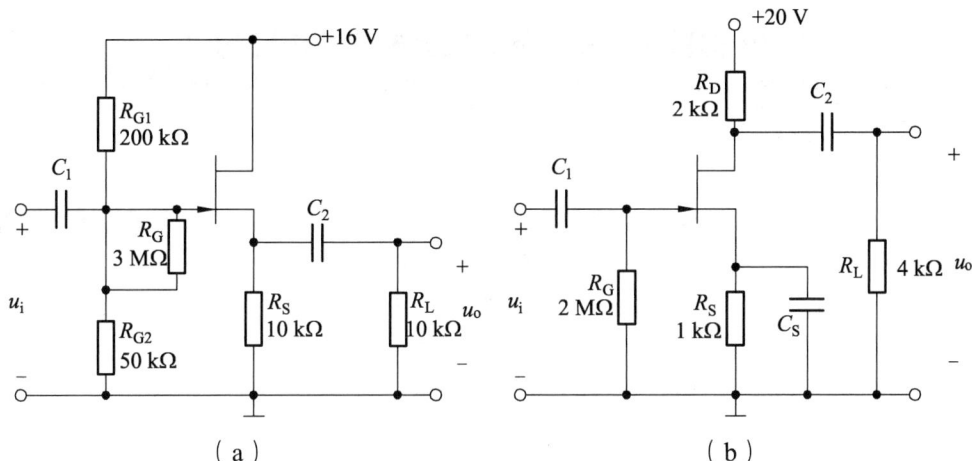

图 2-57　习题 2-10 用图

2-11 分析图 2-58 所示各电路中反馈支路是正反馈还是负反馈？若是负反馈指出反馈类型并说明这种类型的负反馈对放大电路性能有哪些影响？

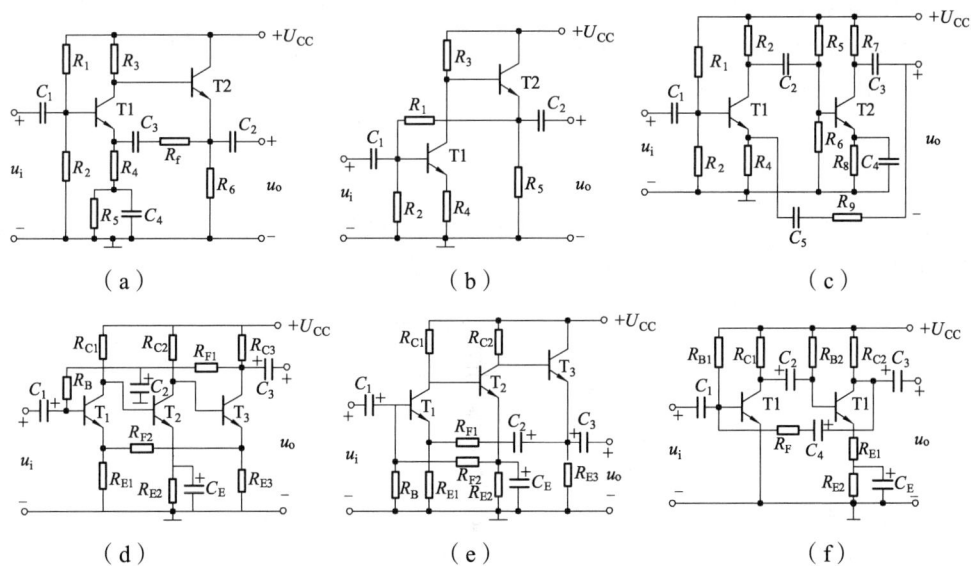

图 2-58　习题 2-11 用图

应用实践一

EWB 仿真实验——单管放大电路的仿真测试

一、实验目的

（1）学习用 EWB 调整与测试静态工作点的方法。观察静态工作点对放大电路输出波形的影响，进一步理解设置合适静态工作点的重要性。

（2）学习用 EWB 测量放大电路动态指标 A_u、A_{us}、r_i、r_o 的方法。观察负载对放大电路电压放大倍数的影响。

（3）掌握用 EWB 测试放大器幅频特性的方法。

二、电路

电路如图 1 所示，该电路为分压式偏置单管共射放大电路。

单管放大电路的电压放大倍数随着信号的频率不同而不同，图 2 所示为阻容耦合放大电路的幅频响应。图中放大电路的放大倍数 A_u 下降到 $0.707A_{um}$ 时，所对应的两个频率分别叫作放大电路的下限频率 f_L 和上限频率 f_H。f_L 和 f_H 之间的频率范围称为放大电路的通频带，用 f_{BW} 表示，即

$$f_{BW} = f_H - f_L$$

放大器的通频带越宽，表示其工作的频率范围越宽，频率响应越好。可以用 EWB 提供的波特图仪测试出幅频特性曲线，波特图仪的有关参数设置可参考图 3。

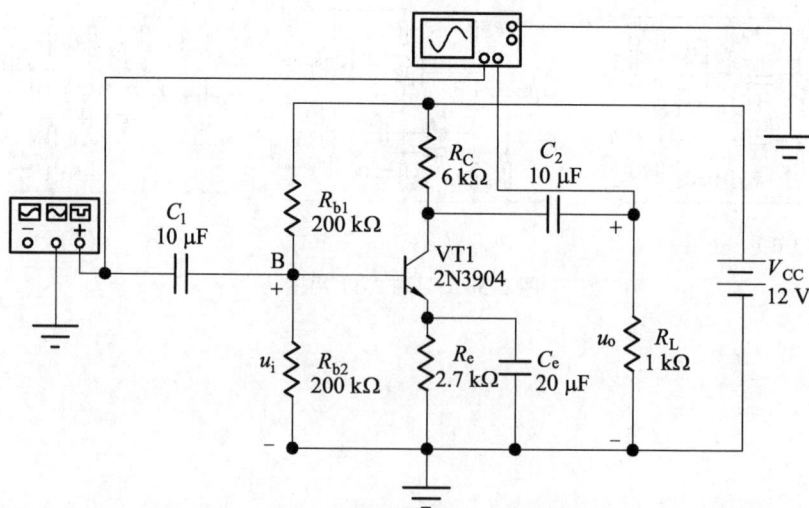

图 1　单管共射极放大电路

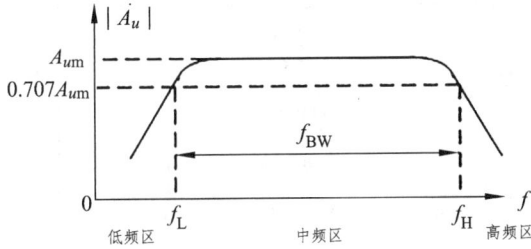

图 2　阻容耦合放大电路的幅频响应

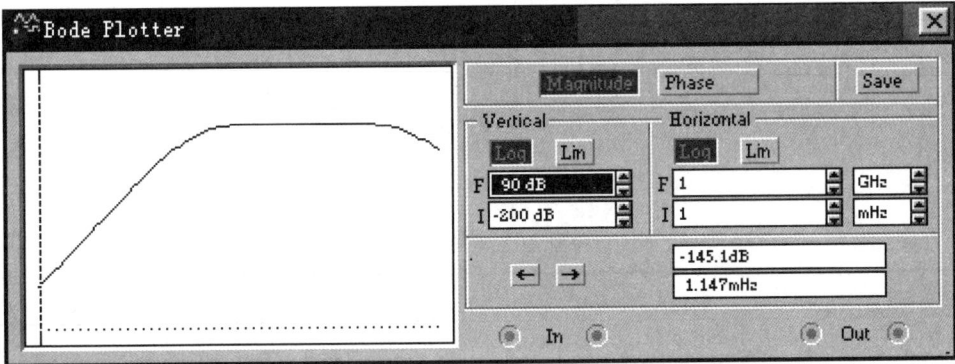

图 3　共射放大电路的幅频特性曲线

三、内容与步骤

（一）连接线路并存盘

在 EWB 的电路工作区按图 1 连接电路并存盘。

（二）静态工作点的调整与测试

（1）双击信号发生器图标，选择输入信号波形按钮为正弦波。

（2）按下操作界面右上角的"启动/停止"按钮，接通电源。

（3）双击示波器图标，打开示波器面板，观察输入电压、输出电压波形是否失真？如果输出波形已失真，是什么失真？失真原因是什么？

（4）调节输入电压的大小，观察输出电压波形失真现象是否消除？同时调节电阻 R_{b1} 的阻值直至失真消除。

（5）调整并测试最大不失真输出的静态工作点。反复调节 R_{b1} 及输入电压大小，观察输出示波器上的输出电压波形，直到输出电压波形上下峰均稍有相同程度的失真，此时的 Q 点恰好在负载线的中点，即最大不失真输出的静态工作点。

在电路工作区按图 4 接线，画出静态工作点测试图并存盘（其中 R_{b1} 和 R_{b2} 的值保持最大不失真输出时的值）。选用指示器库中的电流表及电压表，测出最大不失真输出的静态工作点，并计算相应理论值，结果填入表 1 中。

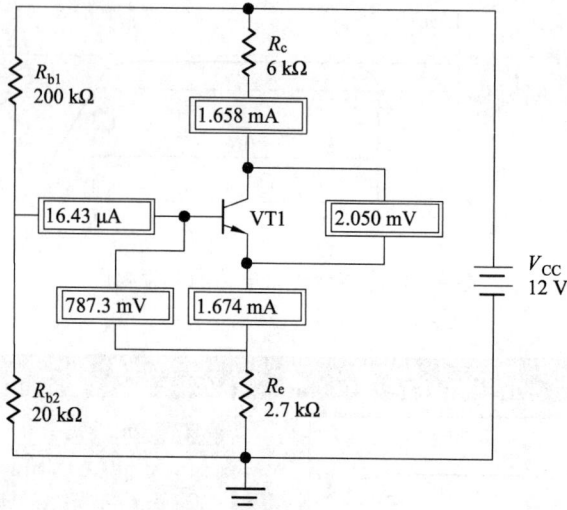

图 4 静态工作点测试电路

表 1 单管放大电路的静态工作点

	$I_B/\mu A$	I_C/mA	U_B/V	U_C/V	U_E/V	U_{BE}/V	U_{CE}/V	β
理论值								
测试值								

（三）放大电路动态指标的测试

利用图 1 所示电路，将电路保持在最大不失真输出时的静态工作点状态，在输出电压波形不失真的前提下，根据表 2 改变负载电阻 R_L 的阻值，用数字万用表测试计算电压放大倍数等动态指标。

表 2 单管放大电路电压放大倍数测试

		$R_L = \infty$	$R_L = 1\ k\Omega$	$R_L = 100\ k\Omega$
测试值	U_i /V			
	U_o /V			
	u_o 波形	↑→	↑→	↑→
计算值	$A_u = U_o/U_i$			
	$A_{us} = U_o/U_s$（$R_s = 250\ \Omega$）			
	$r_i = U_i \times R_s/（U_s - U_i）$			
	$r_o = R_L \times（U_o - U_{OL}）/U_{OL}$			

根据表 3 调节电阻 R_{b1}、R_c 大小，改变电容 C_1、C_2、C_e 状态，用示波器观察输出信号的变化，将结果记录在表 3 中。

表 3 单管放大电路各种故障状态分析

		R_{b1}	R_c	C_1	C_2	C_e	输出信号波形	分析原因
故障状态	1	断开	正常	正常	正常	正常		
	2	短路	正常	正常	正常	正常		
	3	正常	断开	正常	正常	正常		
	4	正常	短路	正常	正常	正常		
	5	正常	正常	断开	正常	正常		
	6	正常	正常	短路	正常	正常		
	7	正常	正常	正常	断开	正常		
	8	正常	正常	正常	短路	正常		
	9	正常	正常	正常	正常	断开		
	10	正常	正常	正常	正常	短路		

结论：（1）R_c 的作用是：_____

（2）R_{b1} 的作用是：_____

（3）C_1 的作用是：_____

（4）C_2 的作用是：_____

（5）C_e 的作用是：_____

用波特图仪测试电路的幅频特性，$f_L =$ _____Hz。

（四）查找电路故障

（1）将实验电路改为图 5 所示电路，用适当的仪器仪表测试电路，找出电路的故障并予以纠正（提示：元器件参数设置不合适）。

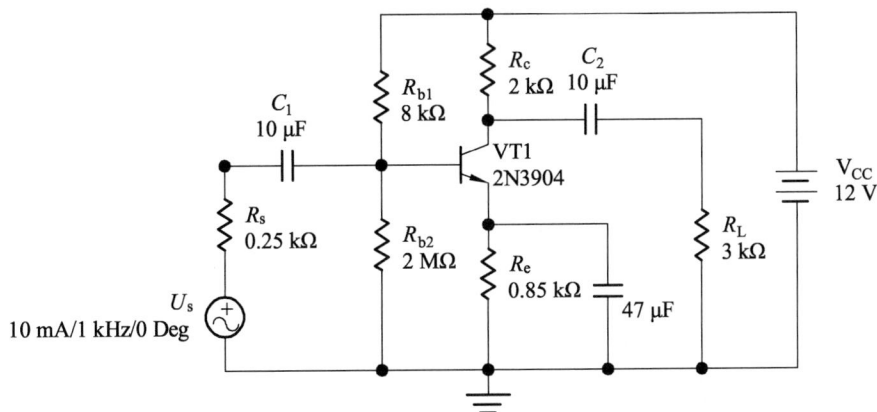

图 5 故障电路

（2）若电路元器件参数正确，用示波器观察电路输入、输出电压波形，如图 6 所示，查找故障并予以纠正。

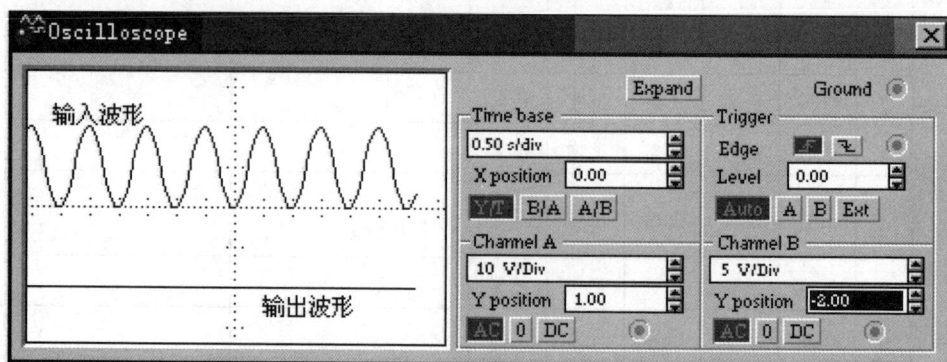

图 6　故障电路的输入、输出波形

四、思考

（1）理论计算时常将放大电路中的硅三极管 U_{BE} 视作 0.7 V，是否有误差？说明原因。

（2）理论计算时将分压式偏置单管共射放大电路中 B 点电位视为 R_{b1} 和 R_{b2} 的分压值，是否有误差？说明原因。

（3）测试放大电路直流工作点时，能用数字万用表代替图 5 中的电流表、电压表吗？

应用实践二

线上/线下实验——单管共射极放大电路测试

一、实验目的

（1）认识实际电路，加深对放大电路的理解，进一步建立信号放大的概念。

（2）掌握静态工作点的调整与测试方法，观察静态工作点对放大电路输出波形的影响。

（3）掌握测试电压放大倍数的方法。

（4）掌握测试输入、输出电阻的方法。

微课 单管共射极放大电路调整与测试

二、实验仪器与器材

（1）模拟电路实验箱 1 台。

（2）直流稳压电源 1 台。

（3）数字存储示波器 1 台。

（4）函数信号发生器 1 台。

（5）数字万用表 1 块。

三、实验原理

实验电路图如图 1 所示。该图是分压式偏置单管共射放大电路，图中 B_1-B_1' 和 C-C′ 间断开是为了测电流，不测电流时应短接。

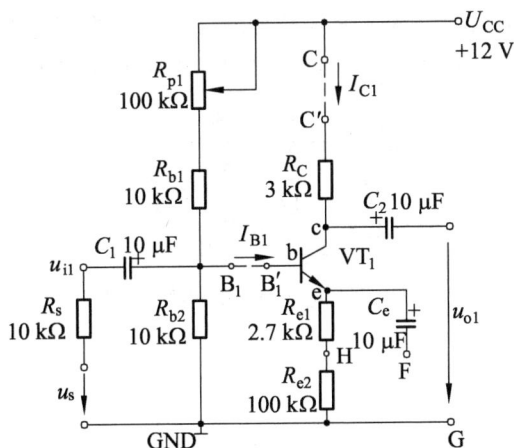

图 1　单管共射放大电路

（一）静态工作点的测量与调试

测量静态工作点时，应断开交流信号源，并在放大电路的 u_{i1} 输入端短路的状态下测量，用万用表直流电流挡测量 I_{C1}，用万用表直流电压挡测量各极对地电位 U_{C1}、U_{E1}、U_{B1}。

该图电路中，当 U_{CC}、R_C、R_{e1}、R_{e2} 等参数确定以后，工作点主要靠调节偏置电路的电阻 R_{P1} 来实现。

如果静态工作点调得过高或过低，当输入端加入正弦信号 u_{i1} 时，若幅度较大，则输出信号 u_{o1} 将会产生饱和或截止失真。只有当静态工作点调得适中时，可以使三极管工作在最大动态范围。

（二）放大电路动态参数测试

1. 测电压放大倍数 A_u 和电压放大倍数 A_{us} 的测量

将图 1 中 F-H 短接。在放大电路的输入端加交流信号 u_{i1} 时，在输出端输出一个放大了的交流信号 u_{o1}。则电压放大倍数 A_u 的计算公式为

$$A_u = \frac{u_{o1}}{u_{i1}} = -\beta \frac{R'_L}{r_{be} + (1+\beta)R'_{e1}}$$

$$r_{be} = 300 + (1+\beta)\frac{26(\text{mV})}{I_{EQ}(\text{mA})}$$

考虑信号源内阻后电压放大倍数 A_{us} 为

$$A_{us} = \frac{u_{o1}}{u_s} = \frac{u_{o1}}{u_{i1}} \times \frac{u_r}{u_s} = A_u \times \frac{r_i}{R_s + r_i}$$

由上面公式可知，测出 u_{o1} 与 u_{i1}、u_s 的值即可算出 A_u 的值。应当注意，测量 u_{o1} 与 u_{i1}、u_s 时，必须保证放大器的输出电压为不失真波形，这可以用示波器监视。

2. 输入电阻 r_i 和输出电阻 r_o 的测量

放大电路输入与输出电路的等效电路如图 2 所示，根据图中的电压电流关系可以看出，只要测量出相应的电压值，便可求出输入电阻 r_i 和输出电阻 r_o。

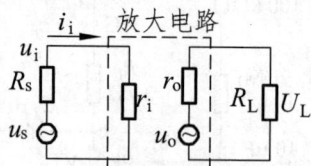

图 2　输入电阻与输出电阻的测量

输入电阻 r_i 的测量：

由图 2 看出：

$$r_i = \frac{u_i}{i_i} = \frac{u_i}{\dfrac{u_s - u_i}{R_s}} = \frac{u_i}{u_s - u_i} \cdot R_s$$

式中的 R_s 是已知的，只要用示波器或交流毫伏表分别量出 u_{i1} 与 u_s 即可求得 r_i。

输出电阻 r_o 的测量：

图 2 中，u_{o1} 是负载开路时的输出电压，u_L 是接入负载 R_L 后的输出电压，则

$$\frac{u_{o1}}{r_o + R_L} \cdot R_L = u_L$$

所以

$$r_o = \left(\frac{u_{o1}}{u_L} - 1\right) R_L$$

因此只要测量出 u_{o1}、u_L，即可求得 r_o。

四、实验步骤

（一）静态工作点的调试与测量

（1）确认实验电路及各测试点的位置，测量电流 I_{C1}。

对照模拟实验板与实验原理中的图 1，将稳压电源的输出调至 + 12 V，将放大电路的 U_{CC} 端和地端分别接 + 12 V 电源的正极和负极。将万用表串入集电极支路，读出 I_{C1}，记入实验报告中的表 1。

具体操作：将万用表设置为直流"mA"挡并串接在集电极的 C-C'中，B_1-B_1' 短接，调节 R_{P1} 使 I_{C1} = 1 mA，将 I_{C1} 结果记入实验报告中的表 1。

（2）调整并测试给定的静态工作点：为防止干扰，应先将 u_{i1} 短路。将万用表设置为直流电压挡，万用表红表笔接测试点 B_1'，黑表笔接地，读出此时 U_{B1} 值。同理依次测量三极管的集电极 C 和发射极 E 对地电位。分别测出此时的 U_{C1}、U_{E1} 值，并将测试结果记入实验报告中的表 1。

（二）测量放大电路的电压放大倍数 A_u 和 u_s

（1）将 F 点与 H 点连接，将电路中 B_1-B_1' 连接，C-C'连接。

（2）函数信号发生器的输出作为放大器的输入信号加至 u_s 端，将函数信号发生器输出调为正弦波，频率调为 1 kHz，幅值调至 1 V。选择合适静态工作点 I_{C1} = 1 mA，用示波器 CH3 监视 u_{o1} 波形不失真，若输出波形失真可适当减小 u_s 幅值。

（3）将放大电路负载 R_L 断开。将示波器 CH1 连接 u_s，示波器 CH2 连接 u_{i1}，示波器 CH3 连接输出电压 u_{o1} 波形。示波器屏幕出现 u_s 波形，可以对波形进行分析计算。

按实验报告中的表 2 所列测试条件，用示波器或毫伏表测试相应的有效值 U_{i1} 和 U_{o1}，将结果填入表 2 中，并用示波器观察 u_{o1} 波形与 R_L 的关系，将波形填入实验报告中的表 2。

（三）观察静态工作点对放大电路的输出电压波形的影响

（1）将 F 点与 H 点连接，负载 R_L 断开。

（2）函数信号发生器输出调为正弦波，频率调为 1 kHz，幅值调至 1 V，并将函数

信号发生器接入输入信号 u_s 点。

（3）将示波器 CH1 连接 u_s，CH2 连接 u_{i1}，CH3 连接输出电压 u_{o1} 波形。

（4）调节增大 R_{P1}，观察示波器，使输出波形出现顶部失真，将波形填入实验报告中的表 4。撤掉输入信号 u_s，测量此时的 U_{C1E1} 并记入实验报告中的表 4。

（5）调节减小 R_{P1}，使输出波形出现底部失真，将波形填入实验报告中的表 4，撤掉输入信号 u_s，测量此时的 U_{C1E1} 并记入实验报告中的表 4。

（6）加入 u_s 观察到不失真的输出电压波形，再加大 u_s 的幅值并调整 R_{P1}，直到输出信号波形正负半周都有削顶，观察波形失真情况并将波形填入实验报告中，这种失真称为大信号失真或双向失真，撤掉输入信号 u_s，测量此时的 U_{C1E1} 并记入实验报告中的表 4。

（四）测量最大不失真范围

（1）输入交流 1 kHZ 的正弦信号，调节电位器 R_{P1} 使输出波形不失真。

（2）增大输入正弦信号幅值，直至输出波形失真，调节电位器 R_{P1} 使输出波形不失真。

（3）继续增大输入正弦信号幅值，直至输出波形失真，调节电位器 R_{P1} 使输出波形不失真。

（4）反复重复（3）步骤，直至增大输入信号幅值使输出信号失真，无法通过调节电位器 R_{P1} 使输出波形不失真。

（5）找到最后一次信号不失真时的输入信号幅值和电位器位置，撤销输入交流信号，用万用表测量此时的电流 I_{C1} 和电压 U_{C1E1}。将数据填入实验报告中表 1。

（五）测量输入和输出电阻

根据实验报告表 2 中的测试值，分别计算出 r_i 和 r_o 并写入实验报告中的表 3。

五、实验注意事项

（1）爱护实验设备，不得损坏各种零配件。不要用力拉扯连接线，不要随意插拔元件。

（2）实验前应先将稳压电源空载调至所需电压值后，关掉电源再接至电路，实验时再打开电源。改变电路结构前也应将电源断开。应保证电源和信号源不能出现短路。

（3）实验过程中保持实验电路与各仪器仪表"共地"。

（4）通过登录实验网址：http://www.ceeolab.com 注册并进行线上实验，也可通过配套实验室进行线下实验。

《单管共射极放大电路测试》实验报告

班级＿＿＿＿＿＿ 姓名＿＿＿＿＿学号＿＿＿＿＿＿＿成绩 ＿＿＿＿＿＿

一、根据实验内容填写下列表格

表 1　共射极放大电路静态工作点

测试条件	测试值						计算值		
	I_B	I_C	U_B	U_E	U_C	β	U_{BE}	U_{CE}	β
$I_C = 1.5$ mA									
最大动态范围									

表 2　共射极放大电路放大倍数（$f = 1$ kHz）

测试条件	测试值			计算值
	U_i（mV）	U_o（mV）	U_o 波形	$A_u = U_o/U_i$
$R_L = \infty$				
$R_L = 5.1$ kΩ				
$R_L = 1$ kΩ				

表 3　输入与输出电阻的测量

u_s	u_i	r_i（kΩ）		u_o	u_L	r_o（kΩ）	
		测量值	理论值			测量值	理论值

表 4 静态工作点对输出电压波形的影响

测试条件 $R_L = \infty$		波形失真类型
输出电压波形	U_{CE}	
负半周削顶		
正半周削顶		
正、负半周削顶		

二、根据实验内容完成下列简答题

1. 根据表 4 谈谈你对"放大电路要设置合适的静态工作点"的想法。

2. 通过本次实验，你掌握了如何设置静态工作点吗？谈谈你在实验中是如何做的？

3. 认真整理实验结果，将测量值与理论值相比较，分析误差原因。

项目三　模拟集成电路

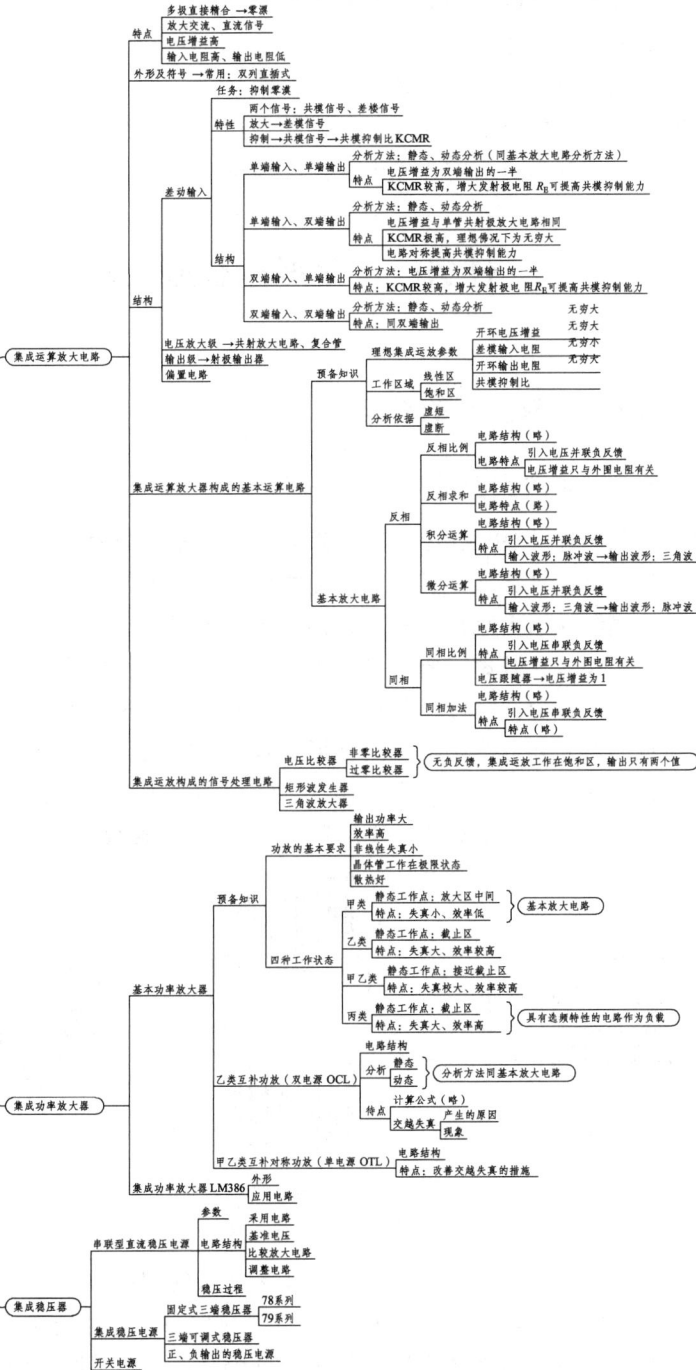

项目三英文版本

思维导图

模拟集成电路

- **集成运算放大电路**
  - 特点
    - 多级直接耦合 →零漂
    - 放大交流、直流信号
    - 电压增益高
    - 输入电阻高、输出电阻低
  - 外形及符号 →常用：双列直插式
  - 结构
    - 差动输入
      - 任务：抑制零漂
      - 特性
        - 两个信号：共模信号、差模信号
        - 放大→差模信号
        - 抑制→共模信号→共模抑制比 KCMR
      - 结构
        - 单端输入、单端输出
          - 分析方法：静态、动态分析（同基本放大电路分析方法）
          - 特点
            - 电压增益为双端输出的一半
            - KCMR较高，增大发射极电阻 R_E 可提高共模抑制能力
        - 单端输入、双端输出
          - 分析方法：静态、动态分析
          - 特点
            - 电压增益与单管共射极放大电路相同
            - KCMR对称提高，理想情况下为无穷大
            - 电路对称提高共模抑制能力
        - 双端输入、单端输出
          - 分析方法：静态、动态分析
          - 特点：电压增益为双端输出的一半
          - 特点：KCMR较高，增大发射极电阻 R_E 可提高共模抑制能力
        - 双端输入、双端输出
          - 分析方法：静态、动态分析
          - 特点：同双端输出
    - 电压放大级 →共射放大电路、复合管
    - 输出级→射极输出器
    - 偏置电路
  - 集成运算放大器构成的基本运算电路
    - 预备知识
      - 理想集成运放参数
        - 开环电压增益　无穷大
        - 输入电阻　无穷大
        - 开环输出电阻　无穷大
        - 共模抑制比
      - 工作区域
        - 线性区
        - 饱和区
      - 分析依据
        - 虚短
        - 虚断
    - 基本放大电路
      - 反相
        - 反相比例
          - 电路结构（略）
          - 电路特点
            - 引入电压并联负反馈
            - 电压增益只与外围电阻有关
        - 反相求和
          - 电路结构（略）
          - 电路特点（略）
        - 积分运算
          - 电路结构
          - 特点
            - 引入电压并联负反馈
            - 输入波形：脉冲波→输出波形：三角波
        - 微分运算
          - 电路结构
          - 特点
            - 引入电压并联负反馈
            - 输入波形：三角波→输出波形：脉冲波
      - 同相
        - 同相比例
          - 电路结构（略）
          - 特点
            - 引入电压串联负反馈
            - 电压增益只与外围电阻有关
          - 电压跟随器→（电压增益为1）
        - 同相加法
          - 电路结构（略）
          - 特点
            - 引入电压串联负反馈
            - 特点（略）
  - 集成运放构成的信号处理电路
    - 电压比较器
      - 非零比较器
      - 过零比较器
      - （无负反馈，集成运放工作在饱和区，输出只有两个值）
    - 矩形波发生器
    - 三角波发生器

- **集成功率放大器**
  - 基本功率放大器
    - 预备知识
      - 功放的基本要求
        - 输出功率大
        - 效率高
        - 非线性失真小
        - 晶体管工作在极限状态
        - 散热好
      - 四种工作状态
        - 甲类
          - 静态工作点：放大区中间
          - 特点：失真小、效率低
          - （基本放大电路）
        - 乙类
          - 静态工作点：截止区
          - 特点：失真大、效率较高
        - 甲乙类
          - 静态工作点：接近截止区
          - 特点：失真较大、效率较高
        - 丙类
          - 静态工作点：截止区
          - 特点：失真大、效率高
          - （具有选频特性的电路作为负载）
    - 乙类互补功放（双电源 OCL）
      - 电路结构
      - 分析
        - 静态
        - 动态 →（分析方法同基本放大电路）
      - 计算公式（略）
      - 特点
        - 交越失真　产生的原因 / 现象
    - 甲乙类互补对称功放（单电源 OTL）
      - 电路结构
      - 特点：改善交越失真的措施
  - 集成功率放大器 LM386
    - 外形
    - 应用电路

- **集成稳压器**
  - 串联型直流稳压电源
    - 参数
    - 电路结构
      - 采样电路
      - 基准电压
      - 比较放大电路
      - 调整电路
    - 稳压过程
  - 集成稳压电源
    - 固定式三端稳压器
      - 78系列
      - 79系列
    - 三端可调式稳压器
      - 正、负输出的稳压电源
  - 开关电源

图 3-1　项目三思维导图

学习目标

掌握差动放大器的结构与应用；

熟悉集成运放大器的结构与特点，熟练掌握基本运算电路的原理与应用；

掌握功率放大电路的主要要求及性能指标；

了解串联型稳压电路的稳压过程；

掌握集成稳压电源的分类与功能；

通过线上线下相融合的教学模式培养学生具有科学的创新精神、决策能力和执行能力，使学生具有从事专业工作安全生产、环保、职业道德等意识。

任务一　集成运算放大器

一、集成运算放大器的结构

（一）集成运算放大器的外形与符号

集成运算放大器（OP-AMP）简称为运放，是发展最早、应用最广泛的一种线性集成电路，它对差模信号具有电压增益

微课 集成运算放大器
的结构及参数

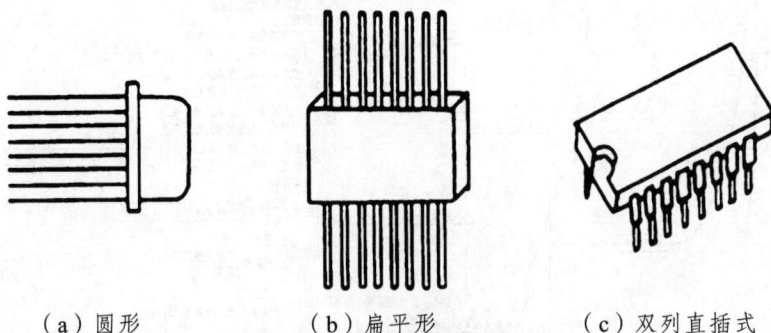

高、输入电阻高和输出电阻低的特点，内部电路采用直接耦合方式的多级放大电路，能放大直流电压和较大频率范围的交流电压。早期的应用主要是模拟数值运算，故称之为运算放大器。目前典型应用包括电压放大器、振荡器和滤波器等。

集成运放的常见外形为圆形、扁平形和双列直插式三种，如图 3-2 所示。图 3-2（a）为圆形，图 3-2（b）为扁平形，图 3-2（c）为双列直插式。目前常用的双列直插式型号有 μA741（8 端）、LM324（14 端）等，采用陶瓷或塑料封装。

（a）圆形　　　　　（b）扁平形　　　　　（c）双列直插式

图 3-2　集成运放外形

常用集成运算放大器 μA741 与 LM324 的外引线端子排列如图 3-3 所示。其端子排列为：从正面看，带半圆形或其他形状的标识端向左，则左下角的端子为 1 号端子，然后逆时针依次排号，左上角的端子为最后一个，连接电路时注意不能接错。

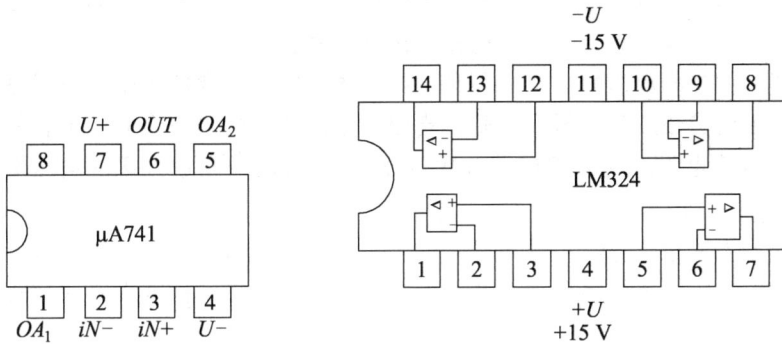

图 3-3　μA741 与 LM324 的外引线排列图

集成运放的符号如图 3-4 所示，有用方框式的〔见图 3-4（a）〕，也有用三角形的〔见图 3-4（b）〕，本书以方框形为例。运放中有两个输入端和一个输出端，"–"端叫反相输入端，"+"端叫同相输入端，输出端的电压与反相输入端反相，与同相输入端同相。图中的运放工作在线性状态时，输出电压与输入电压的关系为：

$$U_o = A_{uo}(U_{i2} - U_{i1})$$

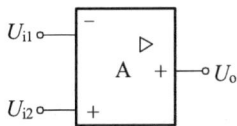 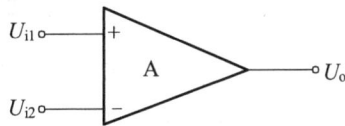

（a）方框形　　　　　　　　　　（b）三角形

图 3-4　集成运放符号

集成运算放大器在使用前可用万用表简单地判断其好坏。方法是用万用表电阻挡的"×1K"挡测量各端子间的阻值，对于 LM324 和 μA741 来说，各端子间的阻值应在几千欧以上，尤其是两个电源端间的引脚，不能是短路的。在使用时还要注意正负电源绝对不能接反。否则会烧毁集成块。LM324 是一个四运算放大器组合的集成芯片，四个运放各自独立，只有电源共用。

（二）集成运算放大器电路结构

集成运放种类较多，内部电路各有特点，但总体结构一样。图 3-5 所示是运放内部组成电路框图。框图共分三部分：

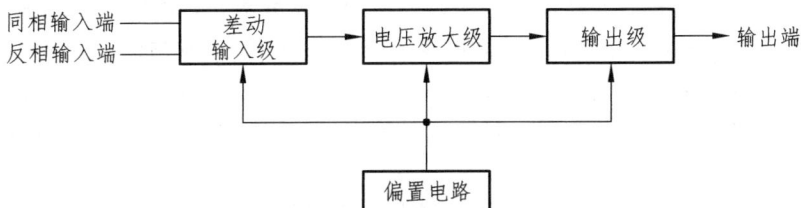

图 3-5　集成运放内部组成电路框图

第一部分为差动输入级。该级主要任务抑制零点漂移，同时提高输入电阻和提高共模抑制比，对集成运算放大器的质量起关键作用。

第二部分为中间放大级。其采用共射极放大电路，主要任务是产生足够大的电压放大倍数，因此它也应具有较高的输入电阻。放大管一般由复合管组成，并采取措施提高集电极负载电阻。如采用恒流源代替 R_C，一般的中间放大级的电压增益可达到 60 dB 以上。

第三部分为输出级。其主要任务是输出足够大的电流，能提高带负载能力。所以该级应具有很低的输出电阻和很高的输入电阻，一般采用射极输出器的方式。

二、差动放大电路介绍

微课 差动放大电路　　　　　　动画 差动放大电路的构成及工作原理（1）（2）（3）

动画 抑制温漂（1）（2）（3）

在一些超低频及直流放大电路中，放大电路的级间耦合必须采用直接耦合方式。另外，在集成电路中，制作大容量的电容是比较困难的，因此级间耦合都采用直接耦合方式。显然，直接耦合电路既能放大交流信号又能放大直流信号，具有相当好的低频特性，所以又常称为直流放大器。但是在直耦放大器中，容易产生零点漂移或温度漂移，引起输出信号失真，常用输出端的温漂电压 ΔU_o 与电路的电压放大倍数 A_u 的比值 $\Delta U_o/A_u$ 来衡量放大器温漂的大小。

温漂是直接耦合放大器所存在的严重问题，也是直流放大器必须克服的问题。使用中常采用多种补偿措施来抑制温漂，其中最为有效的方法是使用差动放大电路。差动放大电路也称为差分放大电路，简称为差放，它是集成运算放大器的重要单元电路——输入级，广泛应用于测量电路、医学仪器等电子设备中。

（一）差动放大电路的基本结构

差动放大电路如图 3-6 所示。该电路以中心线形成对称，晶体管 VT_1 和 VT_2 采用对管。电源为用双路对称电源，三极管的集电极经 R_C 接 U_{CC}，发射极经电阻 R_E 接 $-U_{EE}$。电路中两管集电极负载电阻的阻值相等，两基极电阻阻值相等，输入信号 u_{i1} 和 u_{i2} 分别加在两管的基极上，输出电压 u_o 从两管的集电极输出。这种连接方式称为双端输入、双端输出方式。

当输入信号电压 $u_{i1} = u_{i2} = 0$，即差动放大电路处于静态时，由于电路的对称性，两晶体管的集电极电流相等，$I_{c1} = I_{c2}$，集电极电位相等，则 $V_{c1} = V_{c2}$，因而使输出电

压 $u_o = V_{c1} - V_{c2} = 0$。显然该电路具备抑制零点漂移的能力。

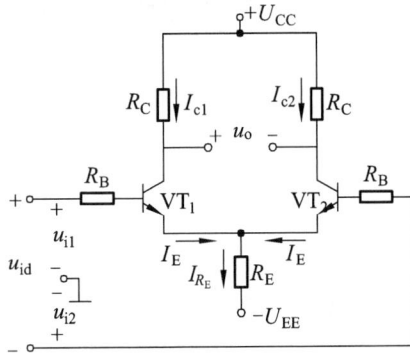

图 3-6　差动放大电路图

（二）差动放大电路的差模放大和共模抑制特性

差动放大电路与运算放大器特性相同，对两个输入端极性相反的信号具有很强的放大能力，而对两个输入极性相同的信号放大能力很弱。

1. 差模输入信号

在差动放大电路两个输入端分别加上幅度相等、相位相反的信号，称为差模输入方式。图 3-6 中，$u_{i1} = -u_{i2}$，两个输入信号的差称为差模信号，记为 u_{id}，且

$$u_{id} = u_{i1} - u_{i2}$$

差模信号是放大电路中有用的输入信号。

2. 共模输入信号

在差动放大器两输入端同时输入一对极性相同、幅度相同的信号，称为共模输入方式。共模信号 u_{ic} 为两个输入信号的算术平均值，即

$$u_{ic} = \frac{u_{i1} + u_{i2}}{2}$$

共模信号是放大电路的干扰信号。当温度变化使三极管电流同时变化时，就属于共模输入的干扰信号。

3. 输出电压

差动放大器对差模信号与共模信号均具有放大能力，因此其输出电压为

$$\begin{aligned} u_o &= u_{od} + u_{oc} \\ &= A_{ud}u_{id} + A_{uc}u_{ic} \end{aligned}$$

式中，u_{od} 为差模输出电压，u_{oc} 为共模输出电压，A_{ud} 为差模电压放大倍数，A_{uc} 为共模电压放大倍数。

4. 差模输入时的电路工作原理

当放大器输入端为理想差模信号（无共模分量），则放大器输入信号为两信号之差，即

$$u_{id} = u_{i1} - u_{i2}$$

又

$$u_{i1} = -u_{i2}$$

所以

$$u_{id} = u_{i1} - u_{i2}$$
$$= 2u_{i1}$$

图 3-6 电路中，在输入差模信号 u_{id} 时，由于电路的对称性，使得 VT_1 和 VT_2 两管的电流为一增一减的状态，而且增减的幅度相同。如果 VT_1 的电流增大，则 VT_2 的电流减小。即 $i_{c1} = -i_{c2}$。显然，此时 R_E 上的电流没有变化，即 $i_{R_E} = 0$，说明 R_E 对差模信号没有作用，在 R_E 上既无差模信号的电流，也无差模信号的电压，因此画交流通路时（实际是差模信号通路），VT_1 和 VT_2 的发射极是直接接地的，如图 3-7 所示。

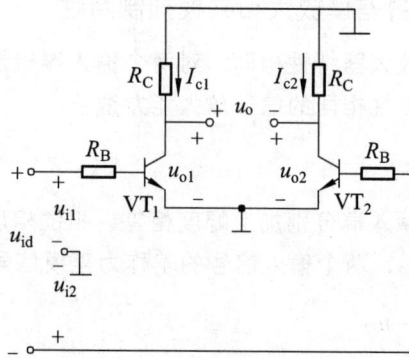

图 3-7　差模输入时的交流通路

由图 3-7 看出，两管集电极的对地输出电压 u_{o1} 和 u_{o2} 也是一升一降的变化，即 $u_{o1} = -u_{o2}$。从而在输出端得到一个放大了的输出电压 u_{od}：

$$u_{od} = u_{o1} - u_{o2} = 2u_{o1}$$

由图 3-7 可以计算出其差模电压放大倍数 A_{ud} 为

$$A_{ud} = \frac{u_{od}}{u_{id}} = \frac{-\beta R_c}{R_b + r_{be}}$$

上式说明，该电压放大倍数与单管共射放大电路的电压放大倍数相等。虽然用两套电路的元件实现的电压放大倍数和一套电路相同。但该电路具有很好的超低频性能和很强的抑制零点漂移的能力。

图 3-7 中可以算出差模输入电阻 r_{id} 为

$$r_{id} = 2(r_{be} + r_B)$$

输出电阻 r_o 为

$$r_o = 2R_C$$

5. 共模输入信号与共模抑制比 K_{CMR}

当放大器输入信号为理想共模信号（无差模信号），则放大器输入信号为两个输入信号的算术平均值，即

$$u_{ic} = \frac{u_{i1} + u_{i2}}{2}$$

共模输入时，由于两管的发射极电流 i_e 同时以同方向同幅度流经 R_E，则 R_E 上产生较强的负反馈，阻止两管的电流变化，如电流上升时，则两管的发射极电位上升，使两管的导通电流下降，阻止了电流的上升，使 i_c 基本不变，则两管的集电极电位 V_c 也基本不变。同时由于电路的对称性，两管的 V_c 微小变化是同方向的，所以 u_{oc} 在理论上应等于零。但由于元件参数的分散性，往往使电路不绝对对称，则 u_{oc} 会有微小的数值。差动放大电路对差模信号提供高电压增益的同时，对共模信号只有很低的放大能力。

从以上分析看出，R_E 对共模信号起到了深度负反馈作用，有效地抑制了共模信号，同时当温度变化使两管的静态电流变化时，R_E 同样起到了深度负反馈作用，有效抑制了零点漂移。用 $A_{uc} = \dfrac{u_{oc}}{u_{ic}}$ 表示共模电压放大倍数，A_{uc} 越小表示电路抑制温漂能力越好。

上述分析可知，差动放大电路的 A_{ud} 是有用信号的放大倍数，当然大一些好；A_{uc} 是干扰信号的放大倍数，表明温漂的程度，应该越小越好。但一般 A_{ud} 大，容易使 A_{uc} 也大，所以通常用一个综合指标来衡量，即共模抑制比，记作 K_{CMR}，它定义为

$$K_{CMR} = \left| \frac{A_{ud}}{A_{uc}} \right|$$

K_{CMR} 值越大，表明电路抑制共模信号的性能越好。在工程上，常用分贝表示为

$$K_{CMR} = 20 \lg \left| \frac{A_{ud}}{A_{uc}} \right| (dB)$$

共模抑制比是差动放大器的一个重要技术指标。应当注意，输入的共模信号幅度不能太大，否则将破坏电路对共模信号的抑制能力。

（三）差动放大电路的四种连接方式

差动放大电路有两个输入端和两个输出端。在前面介绍的双端输出电路中，输入信号和输出信号的两端均不接地，处于悬浮状态，这对于某些不需要接地的信号源来说是合适的。但有些信号源的一个端子是接地的，这就要求放大电路相应的输入端也要接地，则差动放大电路就需要连接为单端输入方式。同样，输出端要接的负载往往有一端也需要接地，所以输出也分双端输出和单端输出两种方式。这样差动放大电路的连接方式组合起来就有四种连接方式：双端输入双端输出；双端输入单端输出；单端输入双端输出；单端输入单端输出。下面选两个分析一下它们的特点。

1. 双端输入单端输出电路

图 3-8 所示为双端输入单端输出电路，其输出电压是从集电极相对地而取出的，这种接法可以对差动信号进行放大并将其转换成一个单端输出信号，使普通的附加电路（如跟随器、电流源等）能够获得它的输出电压。在输入差模信号时，V_E 保持不变，所以两管的发射极仍为交流接地点，只是输出电压从半边电路输出。

因此，放大倍数为双端输出电路的一半，即

$$A_{ud} = \frac{-\beta R'_L}{2(R_B + r_{be})}$$

其中，$R'_L = R_C /\!\!/ R_L$，负号表示输出与输入反相。由于电路的输入回路没有变，所以输入电阻不变，即

$$r_i = 2（R_B + r_{be}）$$

电路的输出电阻为

$$r_o = R_C$$

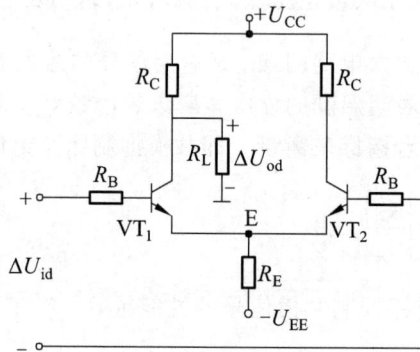

图 3-8　双端输入单端输出电路

当电路中温度漂移或输入共模信号时，由于电路两输入是同极性、同幅值的信号，所以在 R_E 上得到的是两倍的 ΔI_E，即 $\Delta V_E = 2\Delta I_E R_E$，即两个三极管发射极的电位变化量可以认为是 ΔI_E 流过阻值为 $2R_E$ 的电阻产生的，如图 3-9（a）所示。由于 VT_2 的电路与计算共模输出电压增量 ΔU_{oc} 无关，故共模等效电路可只画出 VT_1 的等效电路，如图 3-9（b）所示。从图上可求出共模信号放大倍数为

$$A_{uc} = \frac{-\beta R'_L}{R_B + r_{be} + 2(1+\beta)R_E}$$

上式中，由于 $(1+\beta) \times 2R_E$ 的值设计得很大，所以单端输出电路的温漂也很小。可以求出其共模抑制比 K_{CMR} 为

$$K_{CMR} = \left| \frac{A_{ud}}{A_{uc}} \right| = \frac{R_B + r_{be} + (1+\beta)2R_E}{2(R_B + r_{be})} = \frac{1}{2} + \frac{(1+\beta)R_E}{R_B + r_{be}}$$

从上面两个表达式看出，增大 R_E 对减小共模放大倍数和提高共模抑制比都有很大作用。因此，电路设计中 R_E 的取值往往较大，这种电路也称为长尾式差放电路，即 R_E 好比三极管 VT_1 和 VT_2 的尾巴，尾巴越长对抑制温漂越有利。

在双端输入单端输出电路中，输出电压也可以在 VT_2 管的集电极输出，这时电压放大倍数的绝对值不变，而输出电压的相位则与输入电压同相。

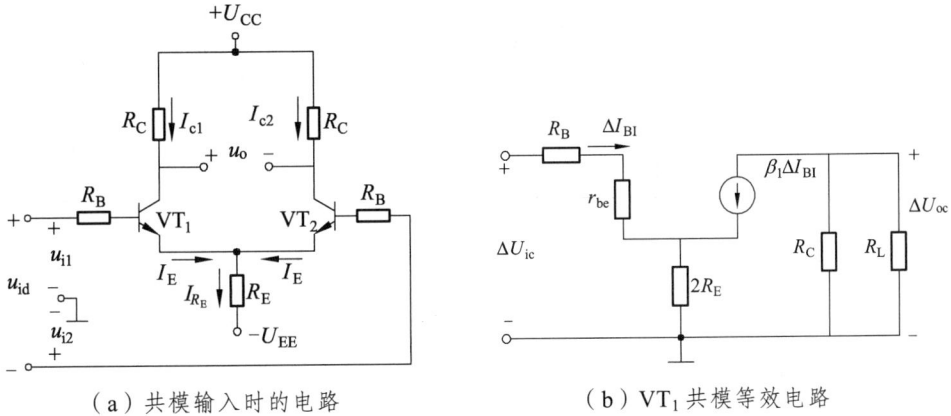

（a）共模输入时的电路　　　　　　（b）VT_1 共模等效电路

图 3-9　双端输入单端输出电路的共模信号分析

2. 单端输入双端输出电路

单端输入的方式是将输入端中的一端接地，如图 3-10（a）所示。当一个输入端接地时，因为两个三极管的发射极连在一起，即使只接一个输入信号，接地的三极管一样有信号驱动，两个三极管的集电极都有输出信号。单端输入方式中，运放的两个输入端任意一个输入端都可以接地，这取决于输出信号是否要对输入信号反相。单端输入双端输出电路的各项参数的计算结果与双端输入双端输出电路的计算结果完全一样。

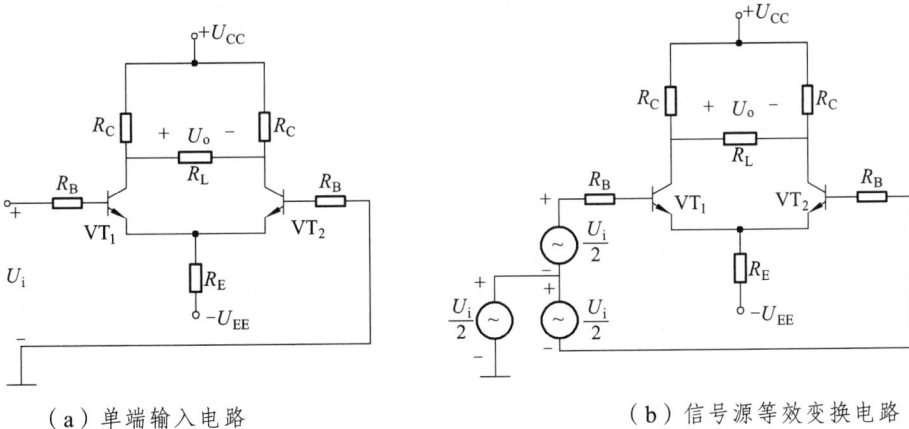

（a）单端输入电路　　　　　　　　（b）信号源等效变换电路

图 3-10　单端输入双端输出电路

对于单端输入单端输出电路，根据以上分析可以推出：差模电压放大倍数与双端输入单端输出电路相同。

差动放大电路四种连接方法的电路参数特点如表 3-1 所示。

表 3-1　差动放大电路四种连接方式参数的比较

连接方式	双端输入双端输出	双端输入单端输出	单端输入双端输出	单端输入单端输出
差模电压增益 A_{ud}	$\dfrac{-\beta R'_L}{R_B + r_{be}}$	$\dfrac{-\beta R'_L}{2(R_B + r_{be})}$	$\dfrac{-\beta R'_L}{R_B + r_{be}}$	$\dfrac{-\beta R'_L}{2(R_B + r_{be})}$
共模电压增益 A_{uc}	0	$\dfrac{-\beta R'_L}{R_B + r_{be} + 2(1+\beta)R_E}$	0	$\dfrac{-\beta R'_L}{R_B + r_{be} + 2(1+\beta)R_E}$
差模输入电阻 r_i	$2(R_B + r_{be})$	$2(R_B + r_{be})$	$2(R_B + r_{be})$	$2(R_B + r_{be})$
输出电阻 r_o	$2R_C$	R_C	$2R_C$	R_C
共模抑制比 K_{CME}	∞	$\dfrac{R_B + r_{be} + (1+\beta)2R_E}{2(R_B + r_{be})}$	∞	$\dfrac{R_B + r_{be} + (1+\beta)2R_E}{2(R_B + r_{be})}$

（四）差动放大电路的实用介绍

差动放大电路在夹杂干扰信号与其他杂散噪声的微弱信号的放大场合尤为重要，例如在许多检测电路和自动控制电路中，经常用各种传感器把某些非电信号转换为电信号，再经过放大电路进行放大。而这些传感器形成的信号源往往有如下特点：

（1）信号源的两端都不接地。

（2）信号源含有较强的共模信号（干扰信号）和较弱的差模信号（原始有用信号）。

（3）信号源的频率很低（如温度的变化转换的电信号几乎等于直流信号）。

差动放大电路能有效地放大微弱的原始有用信号。

图 3-11（a）所示为一电桥式传感器，图中 R_X 可以是一个热敏电阻（阻值随温度变化），也可以是一个力敏电阻（阻值随外力变化），或者是一个光敏电阻（阻值随光照变化）等，u_{ab} 为传感器的输出信号。当 R_x 随外部因素阻值变化时，电桥失去平衡，输出一定幅度的电压信号 u_{ab}。显然，a、b 两点都不能接地。作为差模信号的 u_{ab}，一般很微弱，而 a、b 两点的对地电位 V_a 和 V_b 形成的共模信号 $(V_a + V_b)/2$ 往往是较强的。

为了有效地放大微弱的 u_{ab} 信号，可以选取一个共模抑制比较大且差模放大倍数较高的差动放大器完成放大任务。图 3-11 中把图（a）的 a 点和 b 点分别接至图（b）的 a' 点和 b' 点就构成了一个传感信号放大电路。其输出电压 u_o 与加在电阻 R_x 上的物理量呈线性关系。用这个电压信号去控制后续的专用电路便可完成检测任务或自动控制任务。

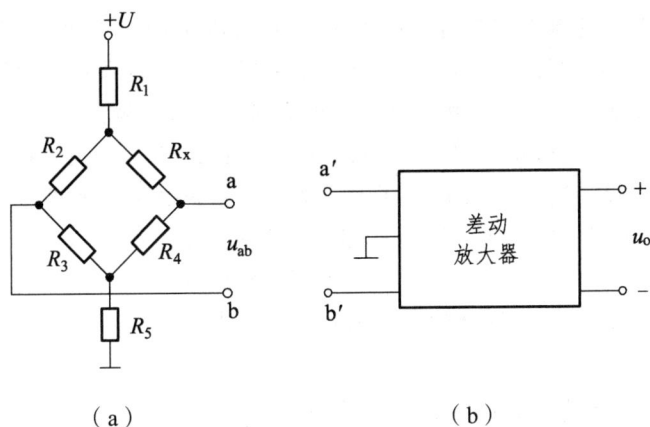

（a）　　　　　　　　　　　（b）

图 3-11　传感信号放大电路

在一些医学测量仪器中也广泛使用差动放大器作为输入电路。如图 3-12 所示电路为心电图机的前置放大电路，它由两级带恒流源的差动放大电路构成。

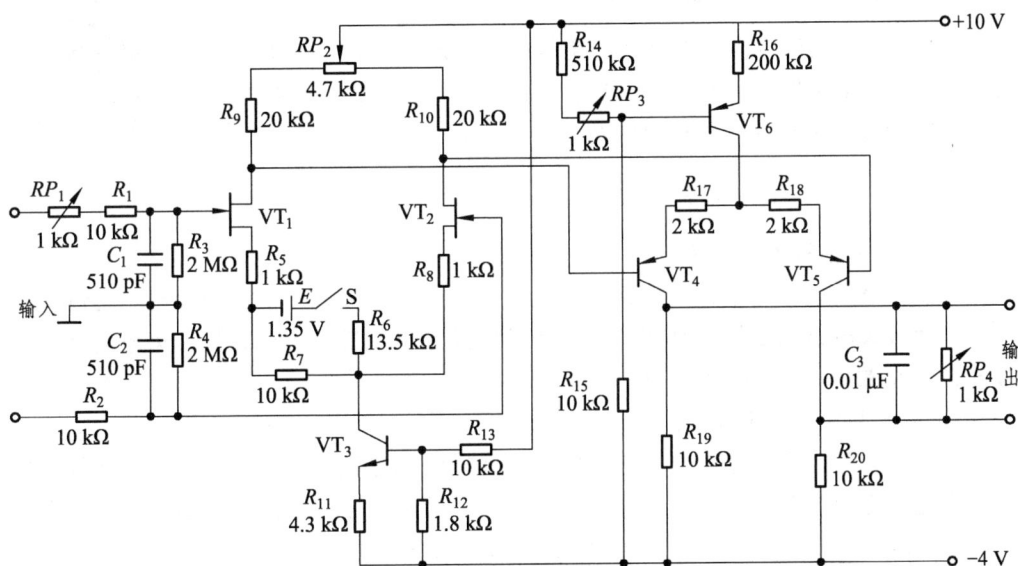

图 3-12　心电图机前置放大电路

因人体的心电信号也是频率极低（$0.05 \sim 200\ \text{Hz}$），幅度极微弱（$10\ \mu\text{V} \sim 5\ \text{mV}$）的信号，而且还存在着较大的频率为 $50\ \text{Hz}$ 的共模干扰信号，因此心电图机的前置放大电路应采用能放大直流信号的差动放大器。同时，由于人体心电信号的信号源内阻高（$1 \sim 100\ \text{k}\Omega$），要求差动放大电路也要有高的输入阻抗，因此第一级差放采用了场效应管做差动放大器。图中 VT_3 为恒流源电路，R_{P1} 为共模抑制比校正电位器，用来补偿电极与皮肤接触的不平衡。R_1、R_2 为防护电阻，可防护电路在故障时有大电流流入人体，而且对 VT_1 和 VT_2 也有保护作用。VT_4、VT_5 和 VT_6 构成第二级带恒流源的差放，该电路的电压增益约为 20 倍。

C_1、C_2 和 C_3 是高频滤波电容。电源 E 采用 1.35 V 纽扣电池，可通过开关 S，电阻 R_6、R_7 产生 1 mV 的标准电压，用来校准灵敏度。灵敏度是指心电图机输入电压为 1 mV 时，在记录纸上绘出的曲线高度为多少毫米，单位符号是 mm/mV。一般心电图机的灵敏度分为三挡：5 mm/mV、10 mm/mV、20 mm/mV。开关 S 在断开状态时，R_7 的阻值（10 Ω）与 R_5 的阻值（1 kΩ）相比可忽略，电路为对称状态。若将两输入端短路，S 闭合，这时在 R_7 上附加了 1mV 的电压，使两个场效应管的源极电位偏差 1 mV，相当于输入了一个 1 mV 的标准电压。该电路为双端输入双端输出方式，后续的放大电路仍采用差动放大电路，原理相同。读者若有兴趣可参阅有关书籍。

三、集成运算放大器构成的基本运算电路

基本运算放大电路主要有比例运算、加减运算、乘除运算、积分运算、微分运算及对数反对数运算电路等。

（一）集成运算放大器的主要参数

在使用中，正确合理地选择和使用集成运算放大器（简称集成运放）是非常重要的。因此必须要熟悉它的特性和参数，这里只对集成运放的主要参数作简单介绍。

微课 集成运算放大器概述

1. 集成运放的常用参数

1）最大差模输入电压 U_{idmax}

该参数表示运放两个输入端之间所能承受的最大差模电压值，输入电压超过该值时，差动放大电路的对管中某侧的三极管发射结会出现反向击穿，损坏运放电路。运放 μA741 的最大差模输入电压为 30 V。

2）最大共模输入电压 U_{icmax}

这是指运算放大器输入端能承受的最大共模输入电压。当运放输入端所加的共模电压超过一定幅度时，放大管将退出放大区，使运放失去差模放大的能力，共模抑制比明显下降。运放 μA741 在电源电压为 ±15 V 时，输入共模电压应在 ±13 V 以内。

3）开环差模电压放大倍数（也叫电压增益）A_{ud}

开环是指运放未加反馈回路时的状态。开环状态下的差模电压增益叫开环差模电压增益，用 A_{ud} 表示。增益一般以分贝为单位，即 $A_{ud} = 201g \mid u_{od}/u_{id} \mid$。高增益的运算放大器的 A_{ud} 可达 140 dB 以上，即一千万倍以上。理想运放的 A_{ud} 为无穷大。

4）差模输入电阻 r_{id}

差模输入电阻是指运放在输入差模信号时的输入电阻。对信号源来说，差模输入电阻 r_{id} 的值越大，对信号源影响越小。理想运放的 r_{id} 为无穷大。

5）开环输出电阻 r_o

该电阻指运算放大器在开环状态且负载开路时的输出电阻。其数值越小，带负载的能力越强。理想运放的 $r_o = 0$。

6）共模抑制比 K_{CMR}

$K_{\text{CMR}} = \left| \dfrac{A_{ud}}{A_{uc}} \right|$，它是运放的差模电压增益与共模电压增益之比的绝对值，也常用分贝值表示。K_{CMR} 的值越大，表示运放对共模信号的抑制能力越强。理想运放的 K_{CMR} 为无穷大。

7）最大输出电压 U_{opp}

运算放大器输出的最大不失真电压的峰值叫最大输出电压。一般情况下该值略小于电源电压。

8）输入失调电压 U_{IO}

当运放的差动输入级不完全对称时，输入电压为零而输出电压不为零。必须在输入端加上一定的补偿电压，才能使输出电压为零，该电压就叫输入失调电压 U_{IO}。显然，它的数值越小越好。理想运放的 U_{IO} 为零。

9）转换速率 S_{R}

它是运放在大信号情况下工作的重要参数，表示运放在输入信号变化过快时，输出电压的变化率受到一定的限制。它定义为集成运放在大信号条件下输出电压的最大变化率，即

$$S_{\text{R}} = \left| \frac{\mathrm{d}u_{\text{o}}}{\mathrm{d}t} \right|_{\max}$$

转换速率又称摆率，只有当输入信号的变化率小于运放的转换速率 S_{R} 时，集成运放的输出电压才能随输入信号按线性变化，波形不失真。S_{R} 越大表示运放的高频性能越好。一般运放的 S_{R} 在 100 V/μs 以下，高速的可达 1 000 V/μs 甚至以上。

2. 集成运放的极限参数

（1）电源电压。

μA741：±22 V。

μA741C：±18 V。

（2）允许功耗 P_{D}。

Y-8 型：500 mW。

C-14 型：670 mW。

C-8 型：310 mW。

（3）差模输入电压 U_{D}：±30 V。

（4）共模输入电压 U_{C}：±15 V。

（5）储存温度：−65 ～ +125 ℃。

（6）工作温度范围：−55 ～ +125 ℃。

（7）外引线温度（焊接时间 60 s）：300 ℃。

集成运放的种类很多，这里仅将集成运放 μA741 的参数列入表 3-2 中，以便参考。集成运放除通用型外，还有高输入阻抗、低漂移、低功耗、高速、高压和大功率等专用型集成运放。它们各有特点。因而也就各有其用途。

表 3-2　集成运放 μA741 在常温下的电参数表（电源电压±15 V，温度 25 ℃）

参数名称		参数符号	测试条件	最小	典型	最大	单位
输入失调电压		U_{IO}	$R_S \leqslant 10 \text{ k}\Omega$		1.0	5.0	mV
输入失调电流		I_{IO}			20	200	nA
输入偏置电流		I_{IB}			80	500	nA
差模输入电阻		r_{id}		0.3	2.0		MΩ
输入电容		Ci			1.4		PF
输入失调电压调整范围		U_{IOR}			±15		mV
差模电压增益		A_{ud}	$R_L \geqslant 2 \text{ k}\Omega$，$U_O \geqslant \pm 10 \text{ V}$	50 000	200 000		V/V
输出电阻		r_o			75		Ω
输出短路电流		I_{OS}			25		mA
电源电流		I_S			1.7	2.8	mA
功耗		P_C			50	85	mW
瞬态响应（单位增益）	上升时间	t_τ	$U_i = 20 \text{ mV}$，$R_L = 2 \text{ k}\Omega$，$C_L \leqslant 100 \text{ pF}$		0.3		μs
	过冲	K/V			5.0%		
转换速率		S_R	$R_L \geqslant 2 \text{ k}\Omega$		0.5		V/μs

（二）理想运算放大器的参数

因为集成运放具有很高的差模电压增益，很高的输入阻抗（典型值为几兆欧），低的输出阻抗（低于 100 Ω），共模抑制比高等特点，在分析运算放大器组成的放大电路时，可以将集成运算放大器理想化。理想运算放大器的条件是：

开环电压放大倍数 $A_{uo} \rightarrow \infty$；

差模输入电阻 $r_{id} \rightarrow \infty$；

开环输出电阻 $r_o \rightarrow \infty$；

共模抑制比 $K_{CMR} \rightarrow \infty$。

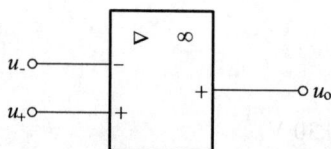

图 3-13　理想运算放大器的图形符号

图 3-13 所示为理想运算放大器的图形符号，它有两个输入端和一个输出端，反相输入端标有 "－" 号，同相输入端和输出端标有 "＋" 号。它们的对地电压分别为 "u_-" "u_+" 和 "u_o"。"∞" 表示开环放大倍数。

（三）集成运算放大器的工作区域

表示输入电压和输出电压之间关系的特性曲线称为传输特性，如图 3-14 所示。图中虚线表示实际传输特性，从传输特性看，可分为线性区和饱和区。运算放大器可工作在线性区，也可工作在饱和区，但分析方法不同。

当运放工作在线性区时，u_o 和（$u_+ - u_-$）是线性关系，即

$$u_o = A_{uo} \left(u_+ - u_- \right)$$

这时运算放大器是一个线性元件。由于它的放大倍数很大，即使输入电压为毫伏级，也足以使电路饱和，其饱和电压值为 $+ U_{o(sat)}$ 或 $- U_{o\,(sat)}$，接近电源电压。

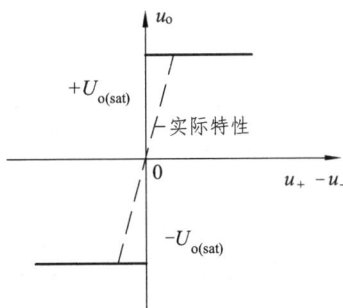

图 3-14 运算放大器的传输特性

（四）"虚断"和"虚短"

动画 虚短与虚断

动画 虚短与虚断简化电路的分析

运算放大器工作在线性区时，分析依据有两条：

（1）由于运算放大器的差模输入电阻很高，运算放大器的两个输入端电流很小（常常是纳安级甚至是皮安级），故可认为两个输入端的输入电流为零，即

$$i_+ \approx i_i \approx 0$$

这种由于集成电路内部输入电阻无穷大而使输入电流为零的现象称之为"虚断"。

（2）由于运算放大器的开环电压放大倍数很高，而输出电压是一有限数值，工作在放大状态的实际运放的两个输入端的电压差只有零点几毫伏，故

$$u_{id} = u_+ - u_- = \frac{u_o}{A_{uo}} \approx 0$$

即

$$u_+ \approx u_-$$

由于理想运放开环放大倍数为无穷大，与其放大时的输出电压相比，同、反相的输入电压差值可以忽略不计，同、反相输入电压相等，称这种现象为"虚短"。"虚断"和"虚短"在集成运算放大电路分析中是很有用的概念。

特别注意的是，运算放大器工作在饱和区时，输出电压不能用 $u_o = A_{uo}(u_+ - u_-)$ 计算，输出电压只有两种可能，即 $+ U_{o(sat)}$ 或 $- U_{o(sat)}$。当 $u_+ > u_-$ 时，$u_o = + U_{o(sat)}$；当 $u_+ < u_-$ 时，$u_o = - U_{o\,(sat)}$。

（五）运算放大电路的注意事项

（1）在所有运算放大电路中，只有运算放大器处于放大状态（线性区），才服从"虚短"和"虚断"的分析原则。

（2）在运算放大电路中必须加负反馈，即不能将同相输入端和反相输入端混淆使用。

（3）在运算放大电路中必须有直流负反馈，否则运放将进入饱和区。

（六）反相比例运算电路

当输入信号从反相输入端输入时，输出信号与输入信号相位相反且幅度上呈比例关系，这样就构成了反相比例运算电路。

微课 集成运算放大器构成的基本运算电路

电路如图 3-15 所示，同相输入端通过电阻 R_2 接地，输入信号 u_i 通过 R_1 送到反相输入端，输出端与反相输入端间跨接反馈电阻 R_F。根据集成运算电路的"虚断"和"虚短"可得

$$i_1 \approx i_f$$
$$u_- \approx u_+ = 0$$

图 3-15 反相比例运算电路

由图 3-15 可得

$$i_1 = \frac{u_i - u_-}{R_1} = \frac{u_i}{R_1}$$

$$= i_f = \frac{u_- - u_o}{R_F} = -\frac{u_o}{R_F}$$

由此得出

$$u_o = -\frac{R_F}{R_1} u_i$$

该电路的闭环电压放大倍数为

$$A_{uf} = \frac{u_o}{u_i} = -\frac{R_F}{R_1}$$

上式表明，电路的电压放大倍数只与外围电阻有关，而与运放电路本身无关，这就保证了放大电路放大倍数的精确和稳定；当 R_F 无穷大（开环）时，放大倍数也为无穷大。式中的"-"号表示输出电压的相位与输入电压的相位相反。

图 3-15 中的 R_2 为平衡电阻，$R_2 = R_1 // R_F$，其作用是消除静态电流对输出电压的影响。

【例 3-1】 在图 3-15 中，$R_1 = 10 \text{ k}\Omega$，$R_F = 50 \text{ k}\Omega$，求 A_{uf} 和 R_2；若输入电压 $u_i = 1.5 \text{ V}$，则 u_o 为多大？

解：将数据代入上面的闭环电压放大倍数公式，得

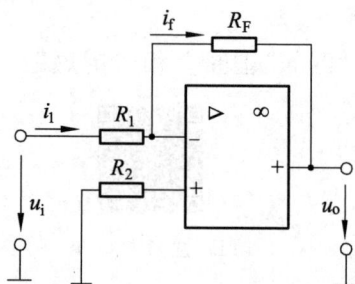

$$A_{uf} = -\frac{R_F}{R_1} = -\frac{50}{10} = -5$$

$$u_o = A_{uf} u_i = -5 \times 1.5 = -7.5(\text{V})$$

$$R_2 = R_1 // R_F = \frac{R_1 R_F}{R_1 + R_F} = \frac{10 \times 50}{10 + 50} = \frac{500}{60} \approx 8.3(\text{k}\Omega)$$

当 $R_1 = R_F$ 时，$A_{uf} = 1$，电路为反相器。

（七）同相比例运算电路

反相比例运算放大电路引入并联负反馈，降低了输入阻抗，而同相比例运算放大电路的输入信号从同相输入端引入不再具有阻抗低的特点，如图 3-16 所示。根据理想运算放大器的特性：$u_- \approx u_+ = u_i$，$i_1 \approx i_f$，得

$$i_1 = -\frac{u_-}{R_1} = -\frac{u_i}{R_1} = i_f = \frac{u_- - u_o}{R_F} = \frac{u_i - u_o}{R_F}$$

因而
$$u_o = \left(1 + \frac{R_F}{R_1}\right) u_i \qquad A_{uf} = \frac{u_o}{u_i} = 1 + \frac{R_F}{R_1}$$

可见，输出电压与输入电压之间的比例关系与运算放大器本身无关。同相输入比例运算放大电路的电压放大倍数 $A_{uf} \geq 1$；同相比例运算电路中，当 $R_1 = \infty$ 或 $R_F = 0$ 时，电路的电压放大倍数为 1，这时就构成了电压跟随器，如图 3-17 所示。其输入电阻为无穷大，对信号源几乎无任何影响。输出电阻为零，为一理想恒压源，所以带负载能力特别强。它比射极输出器的跟随效果好得多，可以作为各种电路的输入级、中间级和缓冲级等。

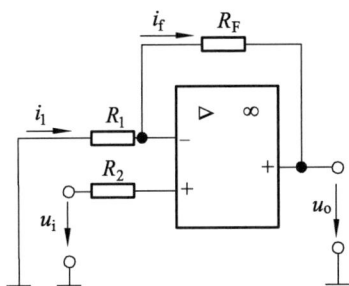

图 3-16　同相比例运算电路　　　　　图 3-17　电压跟随器

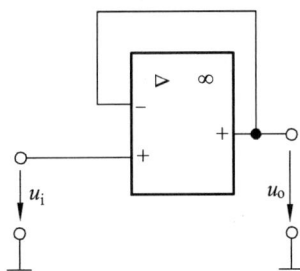

【**例 3-2**】试计算图 3-18 中的 u_o 大小。

解：将数据代入同相放大倍数公式，得

$$u_o = \left(1 + \frac{R_F}{R_1}\right) u_i = \left(1 + \frac{10 \times 10^3}{5 \times 10^3}\right) \times 3 = 9(\text{V})$$

【**例 3-3**】试计算图 3-19 中的 u_o 大小。

解：由图可知，电路输入端电压为 6 V，R_1 为 ∞，$R_F = 5$ kΩ，该电路为电压跟随器，所以 $u_o = u_i = 6(\text{V})$

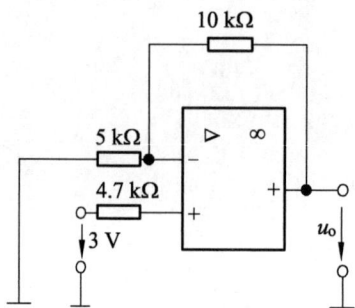

图 3-18　例 3-2 的图　　　　　图 3-19　例 3-3 的图

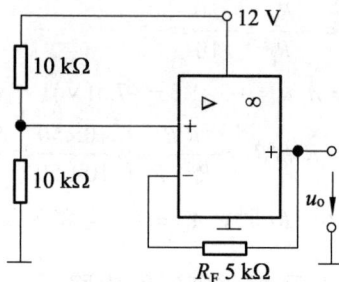

尽管同相比例放大电路输入阻抗高，但是反相比例放大器对运放的要求低，而且"虚地"的接法提供了一个便利的方法来联合几个信号，信号之间又不互相影响。

（八）反相加法运算电路

如果在反相输入比例运算电路的输入端增加若干输入支路，就构成反相加法运算电路，也称求和电路，如图 3-20 所示。根据"虚短"和"虚断"概念，由图可列出：

$$i_{11} = \frac{u_{i1}}{R_{11}}, \quad i_{12} = \frac{u_{i2}}{R_{12}}, \quad i_{13} = \frac{u_{i3}}{R_{13}}, \quad i_{f} = -\frac{u_{o}}{R_{F}} = i_{11} + i_{12} + i_{13}$$

由上列各式可得

$$u_{o} = -\left(\frac{R_{F}}{R_{11}} u_{i1} + \frac{R_{F}}{R_{12}} u_{i2} + \frac{R_{F}}{R_{13}} u_{i3} \right)$$

当 $R_{11} = R_{12} = R_{13} = R_1$ 时，上式为

$$u_{o} = -\frac{R_{F}}{R_{1}} \left(u_{i1} + u_{i2} + u_{i3} \right)$$

当 $R_1 = R_F$ 时，则

$$u_{o} = -\left(u_{i1} + u_{i2} + u_{i3} \right)$$

由上面三式可知，加法运算电路与运算放大电路本身的参数无关，只要电阻值足够精确，就可保证加法运算的精度和稳定性。另外反相加法电路中无共模输入信号（即 $u_{+} = u_{-} = 0$），抗干扰能力强，因此应用广泛。

平衡电阻 R_2 的取值：$R_2 = R_{11} // R_{12} // R_{13}$

【例 3-4】如图 3-20 所示，若 $R_{11} = R_{12} = 10$ kΩ，$R_{13} = 5$ kΩ，$R_F = 20$ kΩ，$u_{i1} = 1$ V，$u_{i2} = u_{i3} = 1.5$ V。

（1）求输出电压 u_o。

（2）若再设 $U_{CC} = \pm 15$ V，$u_{i3} = 3$ V，其他条件不变，再求 u_o。

解：（1）根据公式得

$$u_o = -\left(\frac{R_F}{R_{11}}u_{i1} + \frac{R_F}{R_{12}}u_{i2} + \frac{R_F}{R_{13}}u_{i3}\right)$$

$$u_o = -\left(\frac{20}{10}\times 1 + \frac{20}{10}\times 1.5 + \frac{20}{5}\times 1.5\right) = -11 \text{ V}$$

（2）同样代入 $u_o = -\left(\dfrac{R_F}{R_{11}}u_{i1} + \dfrac{R_F}{R_{12}}u_{i2} + \dfrac{R_F}{R_{13}}u_{i3}\right)$，得 $u_o = -17$ V，该值已超出 $U_{CC} =$

± 15 V 的范围，运放已处于反向饱和状态，故 $u_o = -15$ V。

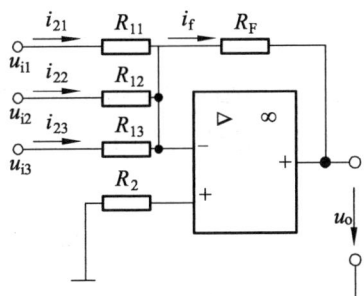

图 3-20　反相加法运算电器　　　　　图 3-21　同相加法运算电路

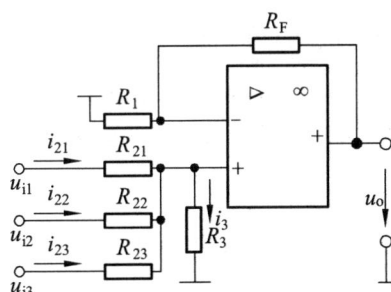

（九）同相加法运算电路

同相加法电路如图 3-21 所示，输入信号加到同相输入端。由集成运放的"虚断"（ $i_- = 0$ ）可得

$$i_{21} + i_{22} + i_{23} = i_3$$

即 $\dfrac{u_{i1} - u_+}{R_{21}} + \dfrac{u_{i2} - u_+}{R_{22}} + \dfrac{u_{i3} - u_+}{R_{23}} = \dfrac{u_+}{R_3}$

$$u_+ = \left(R_3 // R_{21} // R_{22} // R_{23}\right)\left(\frac{u_{i1}}{R_{21}} + \frac{u_{i2}}{R_{22}} + \frac{u_{i3}}{R_{23}}\right)$$

令 $R = R_3//R_{21}//R_{22}//R_{23}$，上式为

$$u_+ = R\left(\frac{u_{i1}}{R_{21}} + \frac{u_{i2}}{R_{22}} + \frac{u_{i3}}{R_{23}}\right)$$

又根据"虚短"（ $u_+ = u_-$ ）可得

$$u_+ = \frac{R_1 u_o}{R_1 + R_F}$$

所以　$u_o = \dfrac{R_1 + R_F}{R_1}u_+ = \dfrac{R\left(R_1 + R_F\right)}{R_1}\left(\dfrac{u_{i1}}{R_{21}} + \dfrac{u_{i2}}{R_{22}} + \dfrac{u_{i3}}{R_{23}}\right)$

当 $R_{21} = R_{22} = R_{23} = R_3$ 时，上式为

$$u_o = \frac{R(R_1 + R_F)}{R_1 R_3}(u_{i1} + u_{i2} + u_{i3})$$

$$= \frac{(R_1 + R_F)}{4R_1}(u_{i1} + u_{i2} + u_{i3})$$

当 $R_F = 3R_1$ 时：$u_o = u_{i1} + u_{i2} + u_{i3}$

可见，同相加法器的输出和输入同相，但同相加法电路中存在共模输入电压（即 u_+ 和 u_- 不等于零），对运放参数要求高，因此不如反相输入加法器应用普遍。

（十）减法运算电路

如果运算放大器的同、反相输入端都有信号输入，就构成差动输入的运算放大电路，如图 3-22 所示。它可以实现减法运算功能，根据"虚断"（即 $i_+ = i_- = 0$），由图可得

$$u_- = u_{i1} - i_1 R_1$$

$$= u_{i1} - \frac{u_{i1} - u_o}{R_1 + R_F} R_1$$

$$u_+ = \frac{u_{i2}}{R_2 + R_3} R_3$$

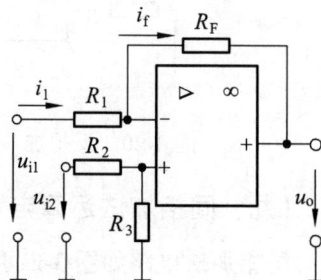

图 3-22　减法运算电器

又据"虚短"概念 $u_- \approx u_+$，故从上列两式可得

$$u_{i1} - \frac{u_{i1} - u_o}{R_1 + R_F} \cdot R_1 = \frac{u_{i2}}{R_2 + R_3} \cdot R_3$$

则

$$u_o = \left(1 + \frac{R_F}{R_1}\right)\frac{R_3}{R_2 + R_3} u_{i2} - \frac{R_F}{R_1} u_{i1}$$

当 $R_1 = R_2$ 且 $R_F = R_3$ 时，上式可化为

$$u_o = \frac{R_F}{R_1}(u_{i2} - u_{i1})$$

上式表示，输出电压 u_o 与两个输入电压的差成正比。

当 $R_F = R_1$ 时，则得：$u_o = u_{i2} - u_{i1}$

上式表示，当电阻选得适当时，输出电压为两输入电压的差。

由以上分析可知，当 $R_1 = R_2$ 且 $R_F = R_3$ 时，电路的电压放大倍数为

$$A_{uf} = \frac{u_o}{u_{i2} - u_{i1}} = \frac{R_F}{R_1}$$

（十一）积分运算电路

在电工学中我们学过电容元件上的电压 u_C 与电容两端的电荷量 q 关系为 $C = q/u_C$，即 $q = Cu_C$，根据电流的定义，可得电容上的电流为 $i_C = \dfrac{\mathrm{d}q}{\mathrm{d}t}$。

由此得

$$i_C = \frac{\mathrm{d}(Cu_C)}{\mathrm{d}t} = C\frac{\mathrm{d}u_C}{\mathrm{d}t}\ , \quad u_C = \frac{1}{C}\int i_C \mathrm{d}t$$

根据以上关系，如果在反相比例运算电路中，用电容 C 代替电阻 R_F 作为反馈元件，就可以构成积分电路，如图 3-23 所示。

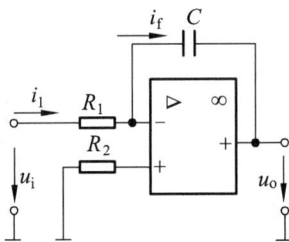

图 3-23　积分运算电路　　图 3-24　积分输出波形

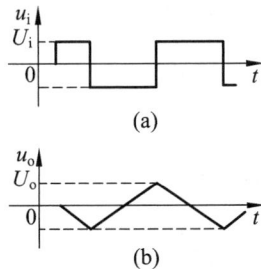

由于是反相输入，且 $u_+ = u_- = 0$，所以有

$$i_1 = i_f = \frac{u_i}{R_1} = i_C$$

$$u_C = \frac{q}{C} = \frac{1}{C}\int i_C \mathrm{d}t$$

$$u_o = -u_C = -\frac{1}{C}\int i_f \mathrm{d}t = -\frac{1}{R_1 C}\int u_i \mathrm{d}t$$

上式表明，u_o 与 u_i 的积分成比例，式中的负号表示两者相位相反，$R_1 C$ 称为积分时间常数。当 u_i 为一常数时，则 u_o 成为一个随时间 t 变化的直线，即

$$u_o = -\frac{1}{R_1 C}\int u_i \mathrm{d}t = -\frac{U_i}{R_1 C}t$$

所以，当 u_i 为图 3-24（a）所示的方波时，输出电压 u_o 应为三角波，如图 3-24（b）所示。

由于输出电压与放大电路本身无关，因此，只要电路的电阻和电容取值适当，就可以得到线性很好的三角波形。

（十二）微分运算电路

微分运算是积分运算的逆运算，只需将积分电路中输入端的电阻和反馈电容互换位置即可，如图 3-25 所示。由图可列出：

$$i_1 = C\frac{du_c}{dt} = C\frac{du_1}{dt}$$

$$u_o = -i_f R_F = -i_1 R_F$$

故　　$$u_o = -R_F C\frac{du_i}{dt}$$

图 3-25　微分运算电路

即输出电压与输入电压对时间的一次微分成正比。所以当输入电压 u_i 为一条随时间 t 变化的直线时，输出电压 u_o 将是一个不变的常数。那么当输入电压 u_i 为三角波时，输出电压 u_o 将是一个矩形波。读者可自己尝试画出它们的波形。

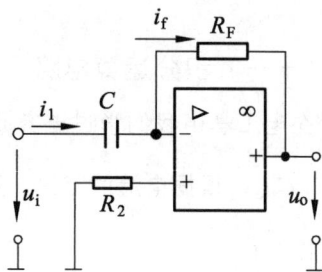

四、集成运算放大器构成的信号处理电路

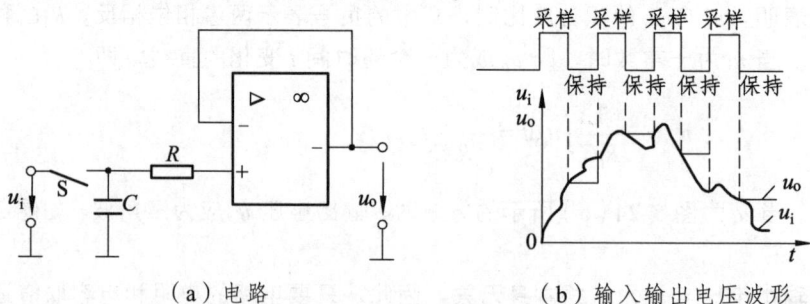

在许多控制系统及信号处理系统中，常用运算放大器对信号进行处理，如信号采样电路、电压比较电路等。

（一）采样保持电路

在连续变化的信号上均匀地取出若干个数值，使其成为离散的信号，这个过程叫采样。保持电路是为了将前一次采样的幅度保持到下一次采样。当输入信号变化较快时，要求输出信号能快速而准确地跟随输入信号的变化进行间隔采样，在两次采样之间保持上一次采样结束时的状态。如图 3-26 是由运放构成的简单采样保持电路和输入输出信号波形。图中的运放构成电压跟随器，输入电阻无穷大，对电容 C 的充放电没有影响，有很好的保持作用。

图 3-26 中 S 是一模拟开关，可用高阻抗的场效应管。当控制信号为高电平时，开关闭合，电路处于采样周期，这时 u_i 对电容器 C 充电，$u_o = u_C = u_i$，即输出电压跟随输入电压的变化。当控制电压为低电平时，开关断开，电路处于保持周期。因为电容器无放电电路，故 $u_o = u_C$。这种将采样到的数值保持一定时间的电路，在 A/D 转换电路、计算机及程序控制等装置中得到广泛应用。

（a）电路　　　　　　　　（b）输入输出电压波形

图 3-26　采样保持电路

（二）电压比较器

电压比较器是集成运算放大电路开环工作的典型电路，工作在开关状态。其作用是比较输入端的电压和参考电压（门限电压），根据同、反相两输入端电压的大小，输出为两个极限电平。

1. 非零电压比较器

如图 3-27（a）所示，U_R 为参考电压，u_i 经 R_1 输入到反相输入端，由于电路工作在开环状态，放大倍数很大（理想运放电路的放大倍数为∞），只要同相和反相输入端有微小的电压差，电路就会输出饱和电压 $U_{o(sat)}$。即当 $u_i < U_R$ 时，$u_o = + U_{o(sat)}$；当 $u_i > U_R$ 时，$u_o = - U_{o(sat)}$。图 3-27（b）所示为电压比较器的输入输出传输特性，从特性曲线中可以看出，电压比较器相当于一个开关，要么输出高电平"1"，要么输出低电平"0"。

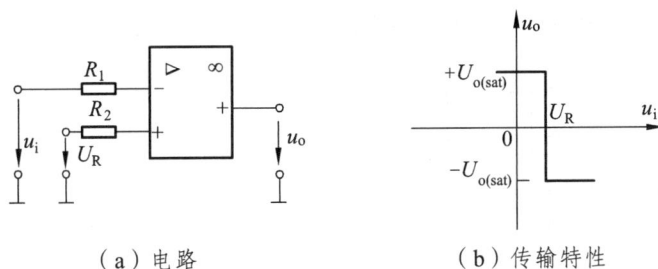

（a）电路　　　　　　　　（b）传输特性

图 3-27　非零电压比较器

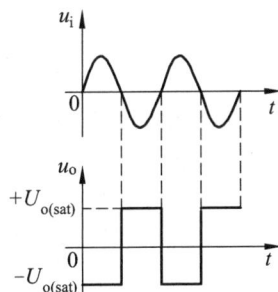

2. 过零电压比较器

当参考电压 $U_R = 0$ 时，输入电压与零电压比较，该比较器称为过零比较器，其电路和传输特性如图 3-28（a）、（b）所示。若给过零比较器输入一正弦电压，电路则输出方波电压，如图 3-29 所示。

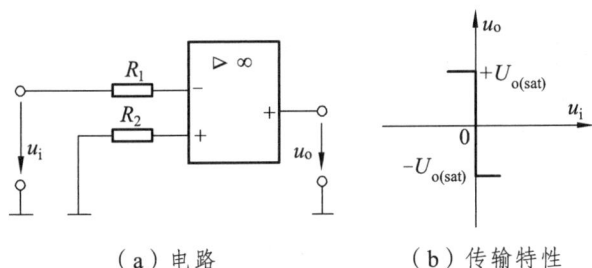

（a）电路　　（b）传输特性

图 3-28　过零电压比较器　　　　图 3-29　过零比较器输入输出电压波形

3. 有限幅的过零比较器

图 3-30（a）为一种有限幅的过零比较器，其参考电压提供给反相输入端，双向限幅稳压二极管接在输出端。输入信号由同相输入端接入，其电压传输特性如图 3-30（b）所示。

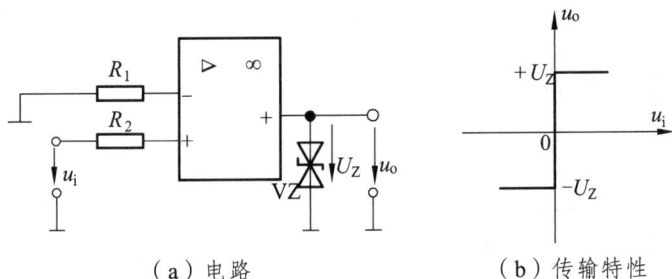

（a）电路　　　　　　　　（b）传输特性

图 3-30　有限幅的过零比较器

（三）滞回电压比较器

前面介绍的比较器，抗干扰能力都较差，因为输入电压在门限电压附近稍有波动，就会使输出电压误动，形成干扰信号。采用滞回比较器就可以解决这个问题。

滞回电压比较器又称施密特触发器，将集成运放电路的输出电压通过反馈支路送到同相输入端，形成正反馈，如图 3-31（a）所示，当输入电压 u_i 逐渐增大或减小时，对应门限电压不同，传输特性呈现"滞回"现象，如图 3-31（b）所示。两门限电压分别为 U'_+ 和 U''_+，两者电压差 ΔU_+ 称为回差电压或门限宽度。

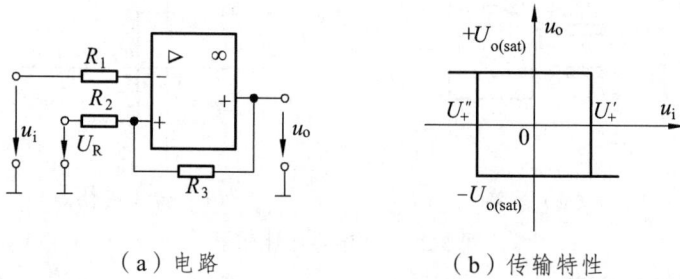

（a）电路　　　　　　（b）传输特性

图 3-31　滞回比较器

设电路开始时输出高电平 $+U_{o(sat)}$，通过正反馈支路加到同相输入端的电压为 $R_2 U_{o(sat)}/(R_2 + R_3)$，由叠加原理可得，同相输入端的合成电压为上限门电压 U'_+：

$$U'_+ = \frac{R_3 U_R}{R_2 + R_3} + \frac{R_2 U_{o(sat)}}{R_2 + R_3}$$

当 u_i 逐渐增大并等于 U'_+ 时，输出电压 u_o 就从 $+U_{o(sat)}$ 跃变到 $-U_{o(sat)}$，输出低电平。同样的分析，可得出电路的下限门电压为

$$U''_+ = \frac{R_3 U_R}{R_2 + R_3} - \frac{R_2 U_{o(sat)}}{R_2 + R_3}$$

当 u_i 逐渐减小并等于 U''_+ 时，输出电压 u_o 就从 $-U_{o(sat)}$ 跃变到 $+U_{o(sat)}$，输出高电平。由以上两式可得，回差电压为

$$\Delta U_+ = U'_+ - U''_+ = \frac{R_2}{R_2 + R_3}[U_{o(sat)} - (-U_{o(sat)}]$$

由此可见，回差电压 ΔU_+ 与参考电压 U_R 无关，改变电阻 R_2 和 R_3 的值，可以改变门限宽度。

（四）矩形波发生器

1. 电路结构

矩形波常用于数字电路的信号源，图 3-32（a）所示为一矩形波发生器的电路，图 3-32（b）所示为输出电压波形图。图中 VZ 为双向稳压管，使输出电压的幅度被限制在 $+U_Z$ 和 $-U_Z$ 之间；R_1 和 R_2 构成分压电路，将输出电压 u_o 分压，在电阻 R_2 上分

得电压从运放电路的同相输入端输入，即为参考电压 U_R，由分压原理可得

$$U_R = \frac{R_2}{R_1 + R_2} U_Z$$

R_F 和 C 构成充放电电路，电容器两端电压 u_C 从反向输入端输入，u_C 和 U_R 的极性和大小决定了输出电压的极性，R_3 为限流电阻。

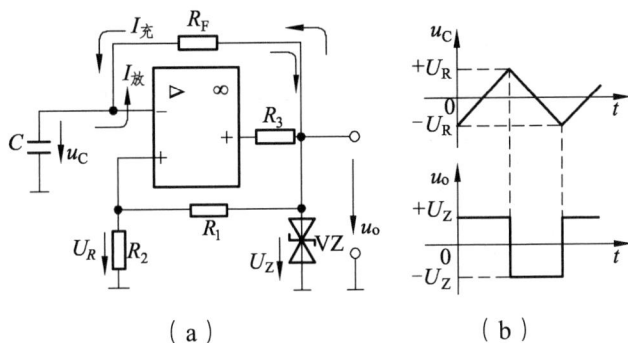

图 3-32　矩形波发生器

2. 振荡原理

设 $t = 0$ 时，$u_o = + U_Z$，电容器 C 上电压 $u_C = - U_R = - U_Z \cdot R_2 / (R_1 + R_2)$，则 u_o 正电压经 R_F 给 C 充电，充电电流 $I_充$ 如图 3-32（a）所示，u_C 按指数曲线（这里用斜线近似表示）上升。当 $u_C \geq U_R$ 时，输出电压从 $+ U_Z$ 跳到 $- U_Z$，这时，电容器放电，u_C 下降，当 $u_C \leq - U_R$ 时，输出电压再次跳跃，从 $- U_Z$ 跳到 $+ U_Z$。这样循环往复，电路产生自激振荡，输出电压波形为矩形波，波形如图 3-32（b）所示。

3. 振荡周期和频率

u_C 上的充放电电压在 $- U_R$ 到 $+ U_R$ 之间变化，根据电容的充放电规律可推出电路的振荡周期公式为

$$T = 2R_F C \ln\left(1 + 2\frac{R_2}{R_1}\right)$$

则　$f = \dfrac{1}{T}$

若选择 $R_2 = 0.859 R_1$，则振荡周期可简化为

$$T = 2R_F C， \quad f = \frac{1}{2R_F C}$$

（五）三角波发生器

在上述矩形波发生器电路中，R_F 和 C 所构成的实为一积分电路，矩形波电压 u_o 经积分后得出三角波电压 u_C，如果将此三角波电压作为输出电压，就构成了三角波发生器。

另外，如果在由 A_1 构成的矩形波发生器的输出端接一积分电路，以替代图 3-32 中的 R_FC 电路，并将 R_2 的一端改接到 A_2 的输出端，也构成三角波发生器，如图 3-33（a）所示。

图 3-32（a）中，A_1 组成电压比较电路，电路工作稳定后，当 u_{o1} 为 $-U_Z$ 时，利用叠加原理可得 A_1 同相输入端的电压为

$$u_{+1} = \frac{R_2}{R_1 + R_2}\left(-U_Z\right) + \frac{R_1}{R_1 + R_2}u_o$$

A_1 的反相输入端通过 R_6 接地，$u_{-1} = 0$，设 $t = 0$ 时，u_{o1} 等于 $-U_Z$，u_{+1} 略小于 0，由上式可知，这时电路的输出电压为

$$u_o = -\frac{R_2}{R_1}U_Z$$

令 $\quad \dfrac{R_2}{R_1}U_Z = U_T$

此时电容 C 上的电压 $u_C = u_o$ 开始线性上升，同时 u_{+1} 也上升，当 u_{+1} 上升到略大于 0 时，A_1 翻转，u_{o1} 从 $-U_Z$ 跳到 $+U_Z$。同理，当 u_{o1} 为 $+U_Z$ 时，A_1 的同相输入电压为

$$u_{+1} = \frac{R_2}{R_1 + R_2}U_Z + \frac{R_1}{R_1 + R_2}u_o$$

根据上式可知，此时 u_o 等于 U_T，随即电路输出电压 $u_o = u_C$ 开始线性下降。当 u_o 下降时，u_{+1} 也下降，降到略低度于 0 时，A_1 再翻转，此时 $u_o = -U_T$，u_{o1} 从 $+U_Z$ 跳到 $-U_Z$，由此周而复始，电路产生振荡，其波形如图 3-33（b）所示。

振荡的周期与频率计算：

由以上分析可知，电路输出电压 u_o 的极限值为 $\pm U_T$，A_2 与 C 和 R_4 组成积分电路，因此输出电压的方程为

$$u_o = -\frac{1}{R_4C}\int u_{o1}\mathrm{d}t$$

三角波的周期 $T = 2t_1$，t_1 是 u_o 从 $-U_T$ 上升到 $+U_T$ 的时间，由上式可知：

$$2U_T = -\frac{1}{R_4C}\int_0^{t_1} u_{o1}\mathrm{d}t = \frac{U_Z}{R_4C}t_1$$

用 $U_T = \dfrac{R_2}{R_1}U_Z$ 代入上式，可得三角波的周期为

$$T = \frac{4R_2R_4C}{R_1}$$

$$f = \frac{1}{T} = \frac{R_1}{4R_2R_4C}$$

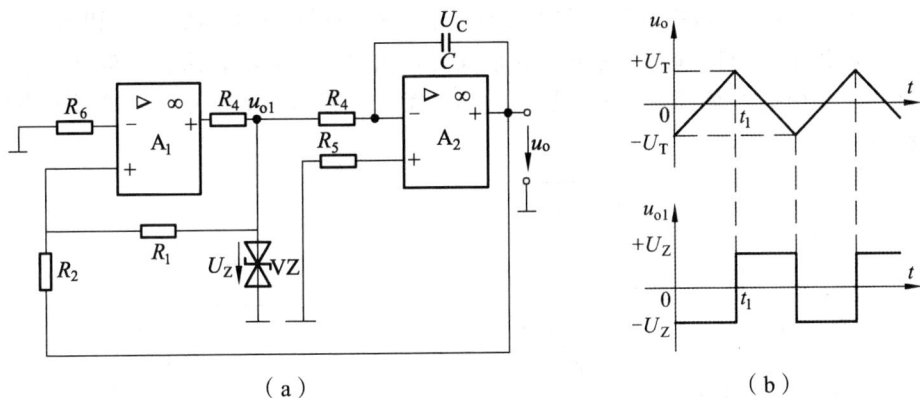

图 3-33　三角波发射器

（六）锯齿波发生器

只要将图 3-33（a）中的 R_4 用两二极管 VD_1、VD_2 和一个电位器 R_P 替代，调节 R_P，使电容器充放电时间常数不同，就形成锯齿波发生器，如图 3-34（a）所示。其原理和三角波发生器类似。

锯齿波发生器的主要特点是输出电压波形的上升时间远大于下降时间，如图 3-34（b）所示。其振荡频率与周期的计算方法与三角波电路类似。锯齿波广泛用于扫描电路，在雷达装置和许多仪器仪表（如示波器）中也应用广泛。

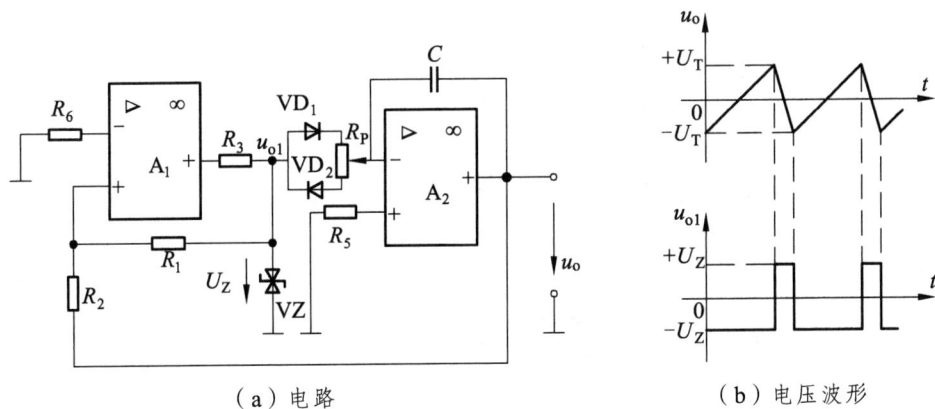

（a）电路　　　　　　　　　　　　　（b）电压波形

图 3-34　锯齿波发生器

（七）运算放大器在信号测量方面的应用

在自动控制系统中，常用许多传感器对系统中的一些物理量、机械量、化学量等进行测量。传感器将这些非电量转变为很微弱的电信号，要使系统能处理这些信号，必须将其放大。由于集成运算放大器的输入电阻大，共模抑制比大，在小信号处理中有其独到的优越性，因而在信号测量中被广泛应用。

自动控制系统中，有些信号为开关量，而有些信号为模拟量，从对信号的处理要求看，开关量的处理较简单，而模拟量的处理要求较高，这里只介绍一种简单的模拟量测量放大电路。

图 3-35 所示为一模拟量测量放大原理图，图中有两级放大电路，A_1 和 A_2 组成第一级，它们都采用同相输入，输入电阻很高，对信号的衰减小，又由于电路对称，对零点漂移和共模信号有很好的抑制作用；A_3 为第二级放大电路核心，对前级送来的信号进行差动放大。

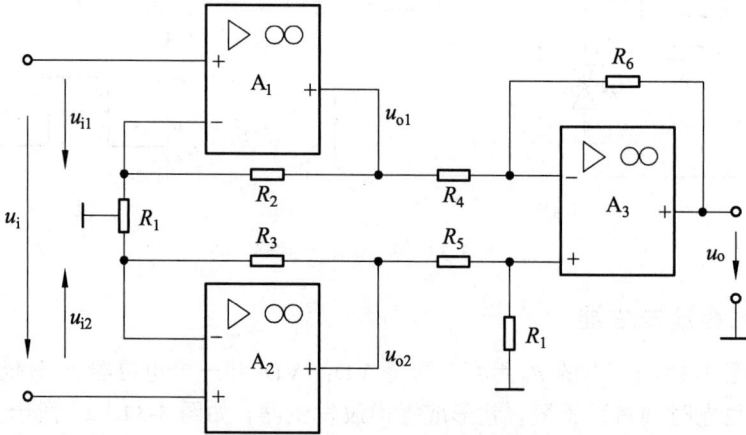

图 3-35　测量放大电路原理图

设输入电压为 u_i，由于第一级电路对称，$R_2 = R_3$，则 R_1 的中点是"地"电位，于是得出 A_1 和 A_2 的输出电压分别为

$$u_{o1} = \left(1 + \frac{R_2}{\dfrac{R_1}{2}}\right) u_{i1} = \left(1 + \frac{2R_2}{R_1}\right) u_{i1}$$

$$u_{o2} = \left(1 + \frac{2R_2}{R_1}\right) u_{i2}$$

由此可得

$$u_{o1} - u_{o2} = \left(1 + \frac{2R_2}{R_1}\right)\left(u_{i1} - u_{i2}\right)$$

$$A_{uf1} = \frac{u_{o1} - u_{o2}}{u_{i1} - u_{i2}} = \frac{u_{o1} - u_{o2}}{u_i} = 1 + \frac{2R_2}{R_1}$$

在第二级电路中，设 $R_4 = R_5$，其放大倍数为

$$A_{uf2} = \frac{u_o}{u_{i1} - u_{i2}} = -\frac{R_6}{R_4}$$

电路总的电压放大倍数为

$$A_{uf} = \frac{u_o}{u_i} = A_{uf1} A_{uf2} = -\frac{R_6}{R_4}\left(1 + \frac{2R_2}{R_1}\right)$$

（八）滤波器

1. 滤波电路及幅频特性

滤波电路的任务是选择并保留电路所需要频率信号，对其他无用频率信号进行阻断和衰减。图 3-36 所示是滤波器框图，输入电压 u_i 包含有各种频率成分，而输出电压 u_o 只含有所需频段的信号。对各种滤波器来说，按选择的频段不同可分为低通滤波、高通滤波、带通滤波和带阻滤波四大类，其各自的幅频特性如图 3-37 所示，保留的频带叫作"通带"，阻断的频段叫作"阻带"。

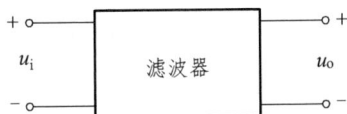

图 3-36　滤波器框图

显然滤波是指选择频率，滤波电路所用元件要具有不同的特性。电工学中学习过电感和电容的阻抗与频率密切相关，因此一般的滤波电路都要用到电感和电容。滤波电路中，只含有 R、L、C 等无电源器件的叫作无源滤波电路，若滤波电路包含放大电路或其他有源器件的叫作有源滤波器。

图 3-37 中的虚线表示滤波器的理想情况，$A_{u(f)}$ 叫作各频率信号的增益，A_{um} 为通带的最大信号增益。滤波器主要技术要求：

（1）阻带范围内的输出信号幅度很小。

（2）通带与阻带之间的过渡带很窄。

（a）低通滤波　　（b）高通滤波　　（c）带通滤波　　（d）带阻滤波

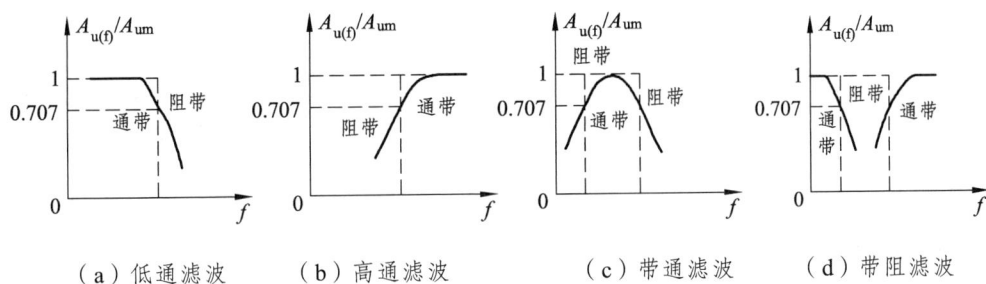

图 3-37　滤波电路的幅频特性

2. 无源滤波电路

图 3-38（a）所示为无源低通滤波器，输出电压就是电容 C 上的电压，因为 C 上的容抗为 $X_C = \dfrac{1}{2\pi fC}$。显然，当 f 较低时，容抗很高，输出电压也高，实现了低通滤波。其幅频特性如图 3-37（a）所示。

图 3-38（b）所示为无源高通滤波器。输入信号与电容 C 串联，输出电压为电阻上的电压。显然，高频信号在 C 上衰减很小，输出电压大；低频信号的电压，则主要降在电容 C 上，输出电压很小，实现了高通滤波。其幅频特性如图 3-37（b）所示。

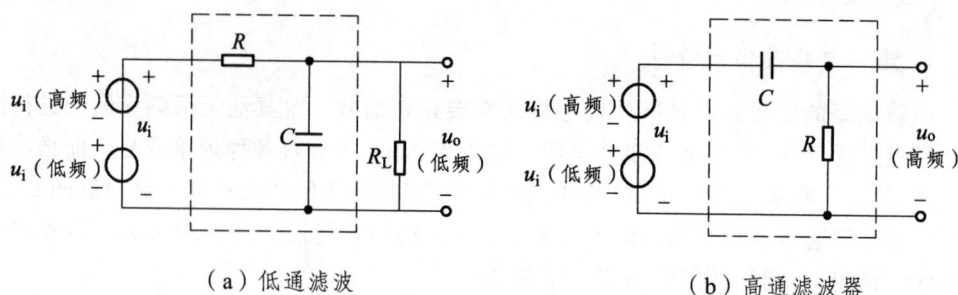

（a）低通滤波　　　　　　　　　（b）高通滤波器

图 3-38　无源滤波电路

3. 有源低通滤波器（LPF）

用运算放大器和 RC 构成的滤波电路叫作有源滤波器（使用运放需要电源）。它可以克服 RC 无源滤波器带载能力差、幅频特性差等缺点。

图 3-39 所示为一阶有源低通滤波器。图中运放实际上是一个同相放大器，把 RC 无源低通滤波器的输出接运算放大器的同相输入端，则

$$u_o = \left(1+\frac{R_2}{R_1}\right)u_+ = \left(1+\frac{R_2}{R_1}\right)\frac{\frac{1}{j\omega C}}{R+\frac{1}{j\omega C}}\times u_i = A_{uf}\times\frac{1}{1+j\omega RC}\times u_i$$

上式中，ω 越高，则 u_o 越小。频率较低时，输入信号可以很好放大，实现了低通滤波。

令 $\omega_0 = \dfrac{1}{RC}$，此时：

$$\frac{u_o}{u_i} = A_{uf}\frac{1}{1+j\dfrac{\omega}{\omega_0}}$$

$\dfrac{u_o}{u_i}$ 的模应为它们的有效值之比，即

$$\frac{U_o}{U_i} = \frac{A_{uf}}{\sqrt{1+\dfrac{\omega^2}{\omega_0^2}}}$$

当 $\omega = \omega_0$，$f = f_0 = \dfrac{1}{2\pi RC}$ 时，$\dfrac{U_o}{U_i} = \dfrac{1}{\sqrt{2}}A_{uf} = 0.707A_{uf}$，这正是项目二内容中放大器规定的截止频率。

该电路的优点是：RC 无源滤波电路的负载是运放的输入电阻（为∞），所以对 RC 电路的影响极小，而同相放大器的带负载能力很强，使通带的放大倍数增加。缺点是过渡带无明显改善，滤波效果并不理想。

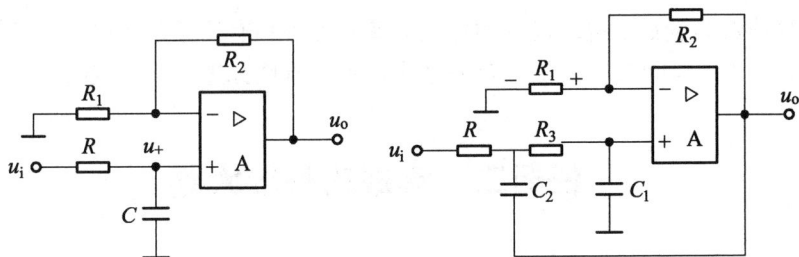

图 3-39　一阶有源低通滤波器　　图 3-40　二阶有源低通滤波器

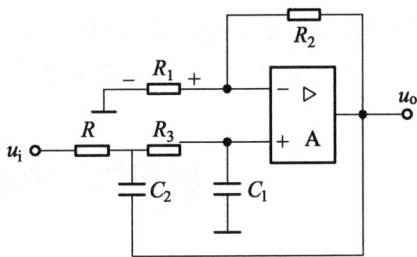

将一阶有源低通滤波器进行改进，得到二阶有源低通滤波器，如图 3-40 所示。该电路在 RC 前面再增加一级 RC 低通滤波电路，其幅频特性有明显改善。

4. 有源高通滤波电路（HPF）

与一阶低通滤波器的形式类似，把无源高通滤波器的输出接至运放构成的同相放大器中，即构成了一阶有源高通滤波器，如图 3-41 所示。

图 3-41 中，电容显然对低频信号有衰减作用，较高频率的信号可以有效地得到放大，输出电压与输入电压关系为

$$u_o = \left(1 + \frac{R_2}{R_1}\right)u_B = A_{uf}\frac{R}{R + \frac{1}{j\omega C}}u_i = A_{uf}\frac{u_i}{1 + \frac{1}{j\omega RC}}$$

令 $\omega = \omega_0 = \dfrac{1}{RC}$，$f = \dfrac{1}{2\pi RC}$ 为截止频率，则 $\dfrac{U_o}{U_i} = 0.707A_{uf}$。

同样，该电路也有幅频性能差的缺点，也可改进为二阶高通滤波器，以改善其滤波性能（即将图 3-40 中的 R_1 与 C_1 位置对换，R_2 与 C_2 位置对换即成为二阶高通滤波器）。

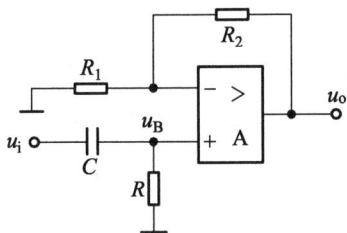

图 3-41　一阶有源高通滤波器　　图 3-42　二阶分频系统框图

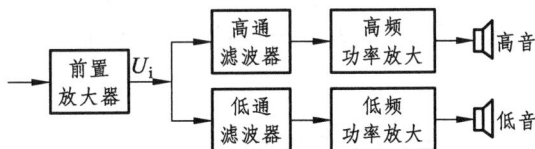

5. 滤波器应用举例

在通信、广播、音响等电路系统中，广泛采用滤波器来去除干扰信号，放大有用信号，在广播电视系统中，用滤波进行选台、调谐等。在现代音响电路系统、收录机电路中，为了提高音质，常把高频信号和低频信号分为两路，一路采用低通滤波器有效放大低频信号，再经低频功率放大器放大后，接至超重低音喇叭，发出雄厚低沉的低音效果；另一路采用高通滤波器，有效放大高频信号，再经功放输出至性能良好的高音喇叭，发出清脆悦耳的声音，使整个音响效果逼真壮丽，如同亲临其境。

两种滤波器设置上选取同样的截止频率，使各种有用频率信号完全通过。一般选取的截止频率 $f_0 = 800\ \text{Hz}$ 左右。其系统电路的方框图如图 3-42 所示。

任务二　集成功率放大器

一、基本功率放大器

电子设备的放大器一般由输入级、中间级和输出级所组成。前面研究的都是输入级、中间级放大电路，其任务是实现电压放大。而输出级的输入信号一般都是经过输入级和中间级放大后的大信号，要使输出级推动负载工作，还要放大电流，即具有足够大的功率。能输出大功率的放大电路称为功率放大电路，简称为功放。

（一）对功率放大电路的要求

1. 输出功率要足够大

最大输出功率 P_{om}：在输入为正弦波且输出基本不失真情况下，负载可能获得的最大交流功率。它是指输出电压 u_o 与输出电流 i_o 的有效值的乘积。

2. 效率要高

在输出功率比较大时，效率问题尤为突出。如果功率放大电路的效率不高，不仅造成能量的浪费，而且电路内部消耗的电能将产生过多的热量，使管子、元件等温度升高而影响电路的正常工作。为定量反映放大电路效率的高低，定义放大电路的效率为

$$\eta = \frac{\text{输出交流功率} P_\text{o}}{\text{电源提供的直流功率} P_{\text{DC}}}$$

输出的交流功率实质上是由直流电源通过三极管转换而来的。在电源提供的直流功率一定的情况下，若要向负载提供尽可能大的交流功率，必须减小损耗，以提高转换效率。

3. 尽量减小非线性失真

在功率放大电路中，晶体管处于大信号工作状态，因此输出波形不可避免地会产生一定的非线性失真。在实际的功率放大电路中，应根据负载的要求来规定允许的失真度范围。

4. 晶体管常工作在极限状态

在功率放大电路中，为使输出功率尽可能大，要求晶体管工作在极限状态。在三极管特性曲线上，三极管工作点变化的轨迹受到最大集电极耗散功率 P_{CM}、最大集电极电流 I_{CM}、最大集射极电压 $U_{\text{BR(CEO)}}$ 三个极限参数的限制。为防止三极管在使用中损坏，必须使它工作在如图 3-43 所示的安全工作区域内。

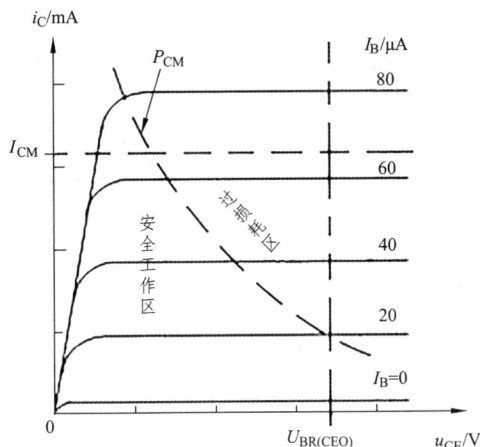

图 3-43　晶体管的极限参数

5. 功放管的散热问题

功率放大电路中的晶体管常工作在极限状态，有相当大的功率损耗在管子的集电结上，使管温和管壳温度升高。为了充分利用允许的管耗而使管子输出足够大的功率，一般要对功放管加装散热片。

6. 功放的分析方法

功率放大电路的输出电压和输出电流幅值均很大，功放管特性的非线性不可忽略，所以分析功放电路时，不能采用微变等效电路法，多采用图解分析法近似地分析功放的参数。

（二）功率放大电路的四种工作状态

微课　基本功率放大器

功率放大电路按其晶体管导通时间的不同，可分为甲类、乙类、甲乙类和丙类等。甲类功率放大电路的特征是静态工作点设置在放大区中间附近位置，在输入信号的整个周期内，晶体管均导通，如图 3-44（a）所示。乙类功率放大电路的特征是静态工作点设置在截止区，在输入信号的整个周期内，晶体管仅在半个周期内导通，如图 3-44（b）所示。甲乙类功率放大电路的特征是静态工作点设置在放大区靠下较为接近截止区附近，在输入信号的整个周期内，晶体管导通时间大于半周而小于全周，如图 3-44（c）所示。丙类功放的静态工作点设置在截止区，晶体管导通时间小于半个周期，如图 3-44（d）所示。

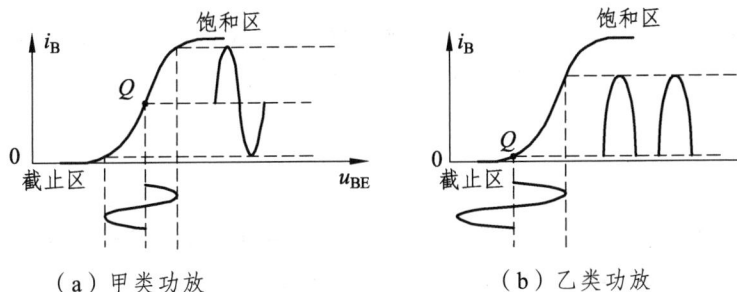

（a）甲类功放　　　　　　　　　　（b）乙类功放

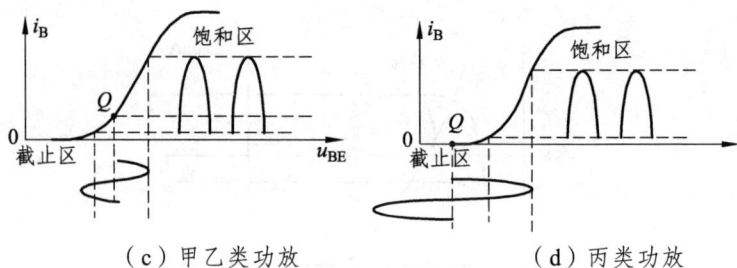

（c）甲乙类功放　　　　　　（d）丙类功放

图 3-44　四类功率放大电路工作状态示意图

前面介绍的小信号放大电路中（各种电压放大电路），在输入信号的整个周期内，晶体管始终工作在线性放大区域，故属甲类工作状态。本节介绍的 OCL、OTL 功放工作在乙类或甲乙类状态。

（三）乙类双电源互补对称功率放大电路

双电源互补对称电路又称为无输出电容电路，即 OCL（Output Capacitor Less）。

微课　乙类功率放大电路的电路分析

1. 电路组成

如图 3-45 所示，电路采用正、负双电源，三极管采用 NPN、PNP 型，管子的特性、参数对称。VT_1 与 R_L、VT_2 与 R_L 的连接形式为射极输出器，电路采用直接耦合方式。

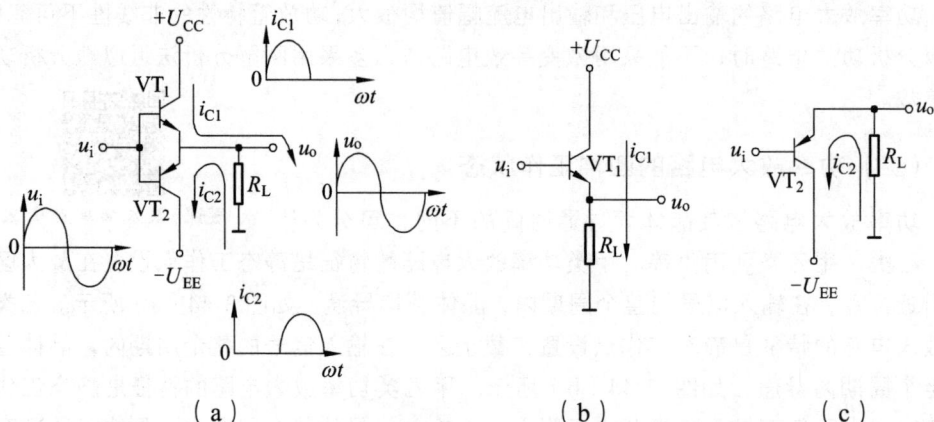

（a）　　　　　　　　　　（b）　　　　　　　　（c）

图 3-45　OCL 互补对称功率放大电路

2. 静态分析

令 $u_i = 0$，VT_1 和 VT_2 的发射结没有加正向偏压，VT_1、VT_2 截止，因为 $I_{B1Q} = 0$，$I_{B2Q} = 0$，所以 $I_{C1Q} \approx 0$，$I_{C2Q} \approx 0$，只有很小的穿透电流，通过 R_L 的静态电流 $I_L = 0$，电位 $V_E = 0$，电路工作在乙类状态。

3. 动态分析

设三极管为硅管，管子的死区电压为 0.5 V，只有用输入信号 u_i 给三极管的发射结加正偏电压，当 $u_i - V_E > 0.5$ V，即 $u_i > 0.5$ V 时，VT_1 导通，VT_2 截止，输出信号的正半周，$u_o \approx u_i$，输出电流 $i_o = i_{c1}$；当 $V_E - u_i > 0.5$ V，即 $u_i < -0.5$ V 时，VT$_2$ 导通，VT$_1$ 截止，输出负半周，$u_o \approx u_i$，$i_o = i_{c2}$，如图 3-45（b）、（c）所示输出电流方向。可见输出电压为两管轮流输出的合成波形。

由于在一个信号周期 T 内，两只特性相同的管子 VT$_1$ 和 VT$_2$ 交替导通，互相补充，故该电路称为乙类互补对称功率放大电路。乙类互补对称放大电路是由两个工作在乙类的射极输出器所组成的，故 $u_o \approx u_i$，输出电压具有恒压特性，所以乙类互补对称放大电路具有较强的带载能力，音响设备中普遍采用该电路。

4. 功率

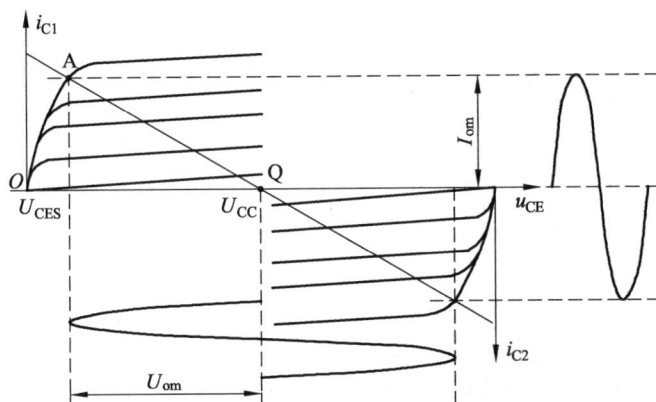

图 3-46　OCL 功放的图解分析

功率放大电路图解分析如图 3-46 所示，由图可求出功放电路的技术指标。
输出功率 P_o：

$$P_o = U_o I_o = \frac{U_{om}}{\sqrt{2}} \cdot \frac{I_{om}}{\sqrt{2}} = \frac{U_{om} I_{om}}{2} = \frac{U_{om}^2}{2R_L}$$

式中，$I_{cm} = \dfrac{U_{om}}{R_L}$，$U_{om}$、$I_{om}$ 分别为输出电压和电流的最大值。

最大不失真输出电压 U_{om}：

若输入正弦波信号的幅值足够大，使三极管刚达饱和，忽略管子的饱和压降，则 R_L 上最大的输出电压幅值为

$$U_{om} = U_{CC} - U_{CE(Sat)} \approx U_{CC}$$

最大输出功率 P_{om}：

$$P_{om} \approx \frac{U_{CC}^2}{2R_L}$$

直流电源供给的功率 P_{DC}：

由于两个直流电源提供的电流各为半个周期。则两个直流电源提供的总功率为

$$P_{DC} = I_{C1} U_{CC1} + I_{C2} U_{CC2}$$

式中，I_{C1}、I_{C2} 分别为一个周期内流经两个管子的平均电流值，用数学方法求平均值，

若 $U_{CC1} = U_{CC2} = U_{CC}$，则

$$I_{C1} = I_{C2} = I_C = \frac{1}{2\pi}\int_0^\pi I_{cm}\sin\omega t\,\mathrm{d}(\omega t) = \frac{I_{cm}}{\pi}$$

$$P_{DC} = 2U_{CC}I_C = 2U_{CC}\frac{I_{cm}}{\pi} = \frac{2U_{CC}I_{om}}{\pi} = \frac{2U_{CC}U_{om}}{\pi R_L}$$

输出最大功率时，直流电源供给的功率为

$$P_{DCm} = \frac{2U_{CC}^2}{\pi R_L}\quad（\text{此时 } U_{om} = U_{CC}）$$

5. 效率

一般情况下效率 η 为

$$\eta = \frac{P_o}{P_{DC}} = \frac{\dfrac{U_{om}^2}{2R_L}}{\dfrac{2U_{CC}U_{om}}{\pi R_L}} = \frac{\pi}{4}\cdot\frac{U_{om}}{U_{CC}}$$

当输出功率为最大时的效率为

$$\eta_{max} = \frac{\pi}{4} = 78.5\%$$

由此可见，乙类互补对称功效电路比甲类状态得到的效率要高，可达 78.5%，但考虑各方面因素的影响，实际中的效率仅达 60% 左右。

6. 管耗

三极管上消耗的功率称为管耗，即 P_c。在 U_{CC} 和 R_L 不变时，P_c 是 P_{om} 的函数，可以推出 P_c 的最大值 P_{cm} 与 P_{om} 的关系为

$$P_{cm} = 0.2P_{om}$$

依据上述公式，可以选择功放管。选择功率三极管的原则为：

（1）三极管集电极最大耗散功率 $P_{cm} > 0.2P_{om}$。

（2）三极管基极开路击穿电压 $U_{(BR)CE} > 2U_{CC}$。

（3）三极管集电极最大电流 $I_{CM} > \dfrac{U_{CC}}{R_L}$。

7. 交越失真

乙类互补对称功放电路结构、原理都很简单，但从输出波形上看（见图 3-47），u_o 与 i_o 波形产生了失真，这是由于电路处于乙类状态造成的，即 u_i 的幅度在死区电压（0.5 V）以下时，三极管截止，在这段区域内输出为零，这种失真称为交越失真。

动画 交越失真（1）（2）（3）

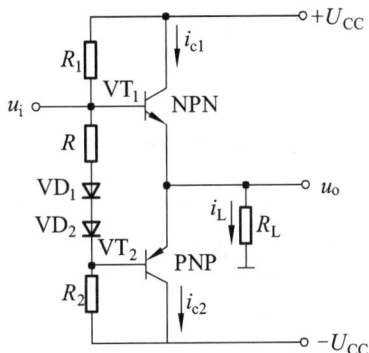

（四）甲乙类互补对称功率放大电路

为克服乙类功放产生的交越失真问题，可以给两个功放管的发射结设置一个很小的静态偏压，使其在静态处于微导通状态，这种放大电路即为甲乙类放大电路，如图 3-48 所示。

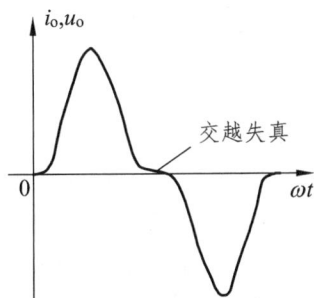

图 3-47　乙类功率放大电路的交越失真　　图 3-48　甲乙类互补对称功率放大电路

1. 双电源甲乙类互补对称功放电路结构

静态时调节 R_1 可以改变静态工作点，注意基极电流不能过大。用二极管 VD_1 和 VD_2 分别给互补管 VT_1 和 VT_2 发射结加很小的正向偏压。动态时，u_i 先经前置放大将输入电压幅值放大，可进一步提高功率，二极管 VD_1、VD_2 对交流而言动态电阻很小，可近似视为短路。其余分析同乙类功放电路。

2. 单电源甲乙类互补放大电路

图 3-49（a）所示电路只用一个电源，比较简单方便，由于直流时输出端 A 电位不为零，故加一个大输出电容隔断直流对负载的影响，称之为 OTL（Output Transformer Less，无输出变压器）电路。静态时合理选择 R_1、R_2 的值，就可以使 A 点电位 $V_A = U_{CC}/2$，电容上电压 $u_C = U_{CC}/2$。

图 3-49（b）是交流等效电路，输入信号 u_i 在负半周时，VT_2 导通，VT_3 截止，有电流流过负载 R_L，C 充电，由于 C 值很大，则电容上电压可看成基本不变，保持 $U_{CC}/2$。

u_i 在正半周时，VT_2 截止，VT_3 导通，已充电的电容 C 此时承担电源（$U_{CC}/2$）作用，即 C 要对 VT_3、R_L 放电，同理由于 C 值很大，C 上的电压为 $U_{CC}/2$，基本不变。其余工作原理与 OCL 基本相同。

OTL 功放电路中有关输出功率、效率、管耗等计算公式，只需将前面计算公式中的 U_{CC} 用 $U_{CC}/2$ 代替就可以了。

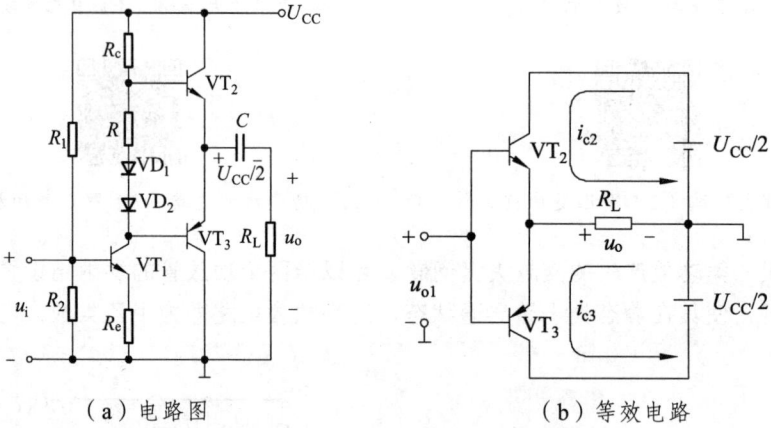

（a）电路图　　　　　　　（b）等效电路

图 3-49　典型 OTL 甲乙类互补对称功率放大电路

（五）常用功放元件简介

以上电路中两个互补管应为特性及参数相同的异型对管。小功率时，异型管配对较好选择，但输出功率较大时，难以制成特性相同的异型管，在实际中常采用复合管。

把两个三极管按一定方式连接起来作为一个三极管使用，称为复合管。常用的复合管形式如图 3-50 所示。连接原则是一个管子的输出电流方向应满足另一个管子输入基极电流方向的要求，复合管的类型由第一个管子的类型所决定。可推导出复合管的电流放大系数 $\beta = \beta_1\beta_2$，其值特别大。因此由它构成的电路输出功率大为提高。

常用的大功率功放管有 3DD××、3AD××、3CD×× 等。

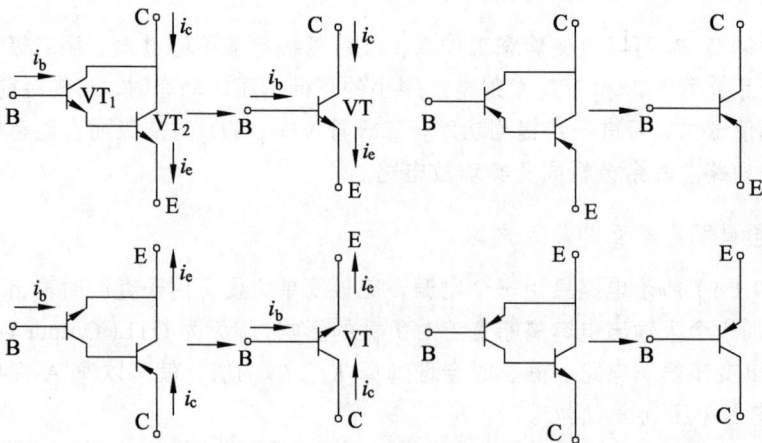

图 3-50　各类复合管

二、集成功率放大器的应用

微课 LM386 集成功放器及其应用

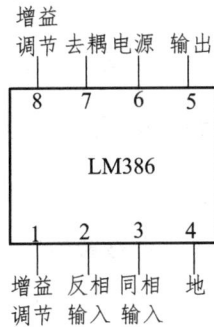

目前，利用集成电路工艺已经能够生产出品种繁多的集成功率放大器。集成功率放大器除了具有一般集成电路的共同特点，如可靠性高、使用方便、性能好、轻便小巧、成本低廉等之外，还具有温度稳定性好、电源利用率高、功耗较低、非线性失真较小等优点，还可以将各种保护电路，如过流保护、过热保护以及过压保护等也集成在芯片内部，使用更加安全。

（一）LM386 集成功率放大器

LM386 外形如图 3-51（a）所示，外部共有 8 个端子，其排列和用途如图 3-51（b）所示。LM386 通用性强，外加电路简单，是目前应用较广的一种小功率集成功放。它具有电源电压范围宽（4~16 V）、功耗低（常温下为 660 mW）、频带宽（300 kHz）等优点，输出功率 0.3~0.7 W，最大可达 2 W。另外，电路外接元件少，不必外加散热片，使用方便，广泛应用于收录机和收音机中。

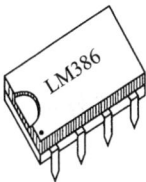

（a）LM386 集成功放外形　　　　（b）LM386 的端子排列

图 3-51　LM386 集成功放

（二）用 LM386 组成 OTL 电路

图 3-52 所示是 LM386 构成的 OTL 功放典型应用电路。图中，接于 1、8 两脚的 C_2、R_1 用于调节电路的电压放大倍数。因 LM386 为 OTL 电路，所以需要在 LM386 的输出端接一个大电容，图中外接一个 220 μF 的耦合电容 C_4。C_5、R_Z 组成容性负载，以抵消扬声器音圈电感的部分感性，防止信号突变时，音圈的反电动势击穿输出管，在小功率输出时 C_5、R_Z 也可不接。C_3 与内部电阻组成电源的去耦滤波电路。若电路的输出功率不大、电源的稳定性又好，则只需在输出端 5 外接一个耦合电容和在 1、8 两端外接放大倍数调节电路就可以使用。

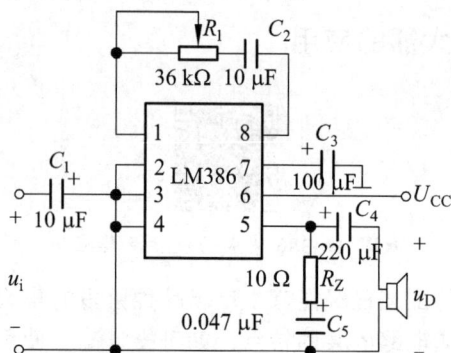

图 3-52　LM386 组成 OTL 电路

任务三　集成稳压器

一、串联型直流稳压电源

在项目一已介绍过直流稳压电源，它由电源变压器、整流电路、滤波电路和稳压电路等四大部分组成（组成框图见图 1-11）。但仅介绍了稳压二极管构成的并联型稳压电路，本节主要介绍由三极管和集成器件等构成的串联型直流稳压电源。

微课　串联型稳压电源

（一）直流稳压电源的主要指标

1. 最大输出电流

它主要取决于主调整管的最大允许耗散功率和最大允许工作电流。

2. 输出电压和电压调节范围

其按照负载的要求来决定。如果负载需要的是固定电源，其稳压电源的调节范围最好小些，电压值一旦调定就不可改变。对于商用电源，其输出范围都从 0V 起调，调压范围要宽些，且连续可调。

3. 效　率

稳压电源本身是个换能器，在能量转换时有能量损耗，这就存在转换的效率问题。要提高效率主要是要降低调整管的功耗，这样既节能，又提高了电源的工作可靠性。

4. 保护特性

在直流稳压电源中，当负载出现过载或短路时，会使调整管损坏，因此，电源中必须有快速响应的过流、短路保护电路。另外，当稳压电源出现故障时，输出电压过高，就有可能损坏负载。因此，还要求有过压保护电路。

5. 电压调整率（S_U）

当市电电网变化时（±10%的变化是在规定允许范围内），输出直流电压也相应地变化。而稳压电源就应尽量减小这种变化，电压稳定度表征电源对市电电网变化的抑制能力。

表征电源对市电电网变化的抑制能力也用电压调整率 S_U 表示。其定义为当电网变化 10%时输出电压相对变化量的百分比。

$$S_U = \left| \frac{\Delta U_o}{U_o} \right|_{\Delta I_i = 0} \times 100\%$$

式中，S_U 值越小，表示稳压性能越好。

6. 内阻（r_n）

当负载电流变化时，电源的输出电压也会发生变化，变化数值越小越好。内阻正是表征电源对负载电流变化的抑制能力。

电源内阻 r_n 的定义：当市电电网电压不变情况下，电源输出电压变化量ΔU_o与输出电流ΔI_o变化量之比，即

$$r_n = \left| \frac{\Delta U_o}{U I_o} \right|_{\Delta U_i = 0}$$

显然，r_n 越小，抑制能力越强。

7. 电流调整率

电流调整率 S_I 是指在输入电压 U_i 恒定的情况下，负载电流 I_L 从零变到最大时，输出电压 U_o 的相对变化量的百分数，即

$$S_I = \left| \frac{\Delta U_o}{U_o} \right|_{\Delta U_i = 0} \times 100\%$$

从上式可以看出，S_I 越小，说明电流的调整率越好。电流调整率的大小在一定程度上也反映了内阻 r_n 的大小，它们都是表示在负载电流变化时，输出电压保持稳定的能力。因此，在一般情况下，二者只用其一，在较多的场合均用内阻 r_n 这个指标。

8. 纹波系数（S_O）

电源输出电压中，存在着纹波电压，它是输出电压中包含的交流分量。如果纹波电压太大，对音响设备就可能产生杂音，对电视就可能产生图像扭动、滚动干扰等。

输出电压中的交流分量的大小，常用纹波系数 S_O 表示，即

$$S_O = \frac{U_{mn}}{U_o}$$

式中 U_{mn}——输出电压中交流分量基波最大值；

$\quad\quad U_o$——输出电压中的直流分量。

上式说明，S_O 越小说明纹波干扰越小。

9. 温度系数

温度系数是用来表示输出电压温度的稳定性。在输入电压 U_i 和输出电流 I_o 不变的情况下，由于环境温度 T 变化量 ΔT 引起输出电压 U_o 产生的变化量 ΔU_o，则称 $\Delta U_o / \Delta T$ 的绝对值为温度系数 S_T，即

$$S_T = \left| \frac{\Delta U_o}{\Delta T} \right|_{\substack{\Delta I_o=0 \\ \Delta U_i=0}}$$

式中，S_T 越小，说明电源输出电压随温度变化而产生的漂移量越小，电源工作就越稳定。

（二）带有放大环节的串联型晶体管稳压电路及其稳压过程

串联型稳压电路若先从输出电压中取得微小的变化量，经过放大后再去控制调整管，就可大大提高稳压效果，其电路如图 3-53 所示。

1. 电路组成

该电路由四个基本部分组成：采样电路、基准电压电路、比较放大电路和电压调整电路。其框图如图 3-54 所示。

采样电路由分压电阻 R_1、R_2 组成。它对输出电压 U_o 进行分压，取出一部分作为取样电压给比较放大电路。

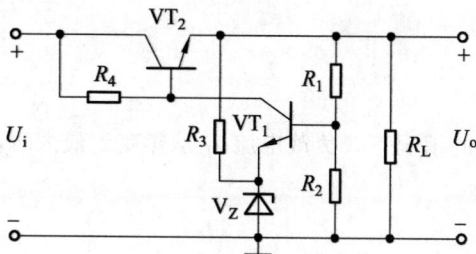

图 3-53　串联型稳压电路

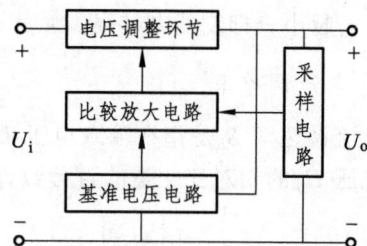

图 3-54　串联型稳压电路框图

基准电压电路由稳压管 VZ 和限流电阻 R_3 组成，提供一个稳定性较高的直流电压 U_Z，作为调整、比较的标准，称作基准电压。

比较放大电路由晶体管 VT_1 和 R_4 构成，其作用是将采样电路采集的电压与基准电压进行比较并放大，进而推动电压调整环节工作。

电压调整电路由工作于放大状态的晶体管 VT_2 构成，其基极电流受比较放大电路输出信号的控制，在比较放大电路的推动下改变调整环节的压降，使输出电压稳定。

2. 稳压过程

假设 U_o 因输入电压波动或负载变化而增大时，经采样电路获得的采样电压也增大，而基准电压 U_Z 不变，所以采样放大管 VT_1 的输入电压 U_{BE1} 增大，VT_1 管基极电流 I_{B1} 增大，经放大后，VT_1 的集电极电流 I_{C1} 也增大，导致 VT_1 的集电极电位 U_{C1} 下降，VT_2 管基极电位 U_{B2} 也下降，I_{B2} 减小，I_{C2} 减小，U_{CE2} 增大，使输出电压 U_o 下降，补偿了 U_o 的升高，从而保证输出电压 U_o 基本不变。这一调节过程可表示为

$$U_i\uparrow\rightarrow U_o\uparrow\rightarrow U_{BE1}\uparrow\rightarrow I_{B1}\uparrow\rightarrow I_{C1}\uparrow\rightarrow U_{C1}\downarrow$$
$$U_o\downarrow\leftarrow U_{CE2}\uparrow\leftarrow I_{C2}\downarrow\leftarrow I_{B2}\downarrow\leftarrow U_{B2}\downarrow$$

同理，当 U_o 降低时，通过电路的反馈作用也会使 U_o 保持基本不变。

串联型稳压电路的比较放大电路还可以用集成运放来组成。由于集成运放的放大倍数高，输入电流极小，提高了稳压电路的稳定性，因而应用越来越广泛。

二、集成稳压电源及应用

集成稳压电源，又称为集成稳压器，它的种类很多，按工作方式可分为线性串联型和开关型，按输出电压方式可分为固定式和可调式，按结构可分为三端式和多端式。这里主要介绍国产输出正电压的 W7800 系列和输出负电压的 W7900 系列稳压器的使用。

微课 集成稳压电源及应用

（一）固定式三端稳压器

三端稳压器分为 W78×× 系列和 W79×× 系列两种。

W78×× 系列输出固定的正电压，有 5 V、8 V、12 V、15 V、18 V、24 V 多种。型号后面的两个数字表示输出电压值。输出电流有 1.5 A（W7800），0.5 A（W78M00）和 0.1 A（W78L00）三个挡。例如，W7805 表示输出电压为 5 V，最大输出电流为 1.5 A；W78M05 表示输出电压为 5 V，最大输出电流为 0.5 A；W78L05 表示输出电压为 5 V，最大输出电流为 0.1 A，其他类推。它因性能稳定、价格低廉而得到广泛应用。

W79×× 系列输出固定的负电压，其参数与 W78×× 系列基本相同。

三端稳压器的外形和管脚排列如图 3-55 所示。按管脚编号，W78×× 系列的管脚 1 为输入端，2 为输出端，3 为公共端；W79×× 系列的管脚 3 为输入端，2 为输出端，1 为公共端。使用时，固定式三端稳压器接在整流滤波电路之后，如图 3-56、图 3-57 所示。

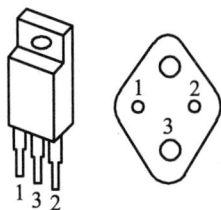

图 3-55 三端稳压器外形

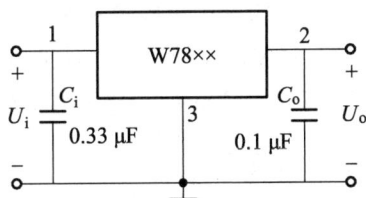

图 3-56 W78×× 系列固定式三端稳压器

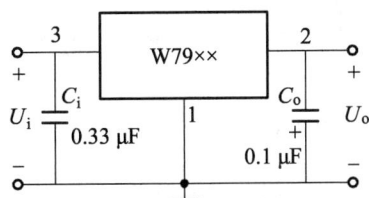

图 3-57 W79×× 系列固定式三端稳压器

固定式三端稳压器上适当的外部电路还可以输出高于标称电压的电压，这给实际应用带来很大灵活性，如图 3-58 所示为升压电路，其输出电压值为

$$U_o \approx \left(1+\frac{R_2}{R_1}\right)U_{××} + I_Q R_2$$

式中，$U_{××}$ 为三端稳压器 78×× 的标称输出电压，R_1 上电压为 $U_{××}$，产生的电流 $I_{R1}=U_{××}/R_1$，在 R_1、R_2 串联电路上产生的压降为 $\left(1+\dfrac{R_2}{R_1}\right)U_{××}$，$I_Q R_2$ 为稳压器静态工作电流在 R_2 上产生的压降。

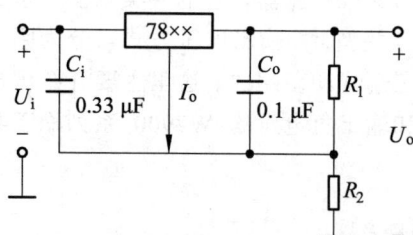

图 3-58　提高输出电压的电路

一般 $I_{R_1}>5I_Q$，I_Q 约为几毫安，当 $I_{R_1} \gg I_Q$，即 R_1、R_2 较小时，则有

$$U_o \approx \left(1+\frac{R_2}{R_1}\right)U_{××}$$

即输出电压仅与 R_1、R_2、$U_{××}$ 有关，改变 R_1、R_2 的值可实现扩展输出电压值的目的。上述电路的缺点是，当稳压电路输入电压变化时，I_Q 也发生变化，这将影响稳压器的稳压精度，当 R_2 较大时尤其如此。

（二）三端可调式集成稳压器

W317 为可调输出正电压稳压器，W337 为可调输出负电压稳压器。它们的输出电压幅度在 1.2～37 V，连续可调，其输出电流为 1.5 A。图 3-59（a）、（b）所示分别是用 W317 和 W337 组成的可调输出电压稳压电路。

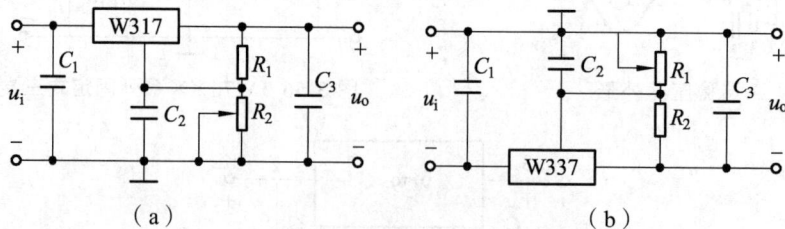

（a）　　　　　　　　　　（b）

图 3-59　可调式集成稳压器

（三）具有正、负电压输出的稳压电源

当需要正、负两组电源输出时，可以采用 W78×× 系列正单片稳压器和 W79×× 系

列负压单片稳压器各一块，接线如图 3-60 所示。由图可见，这种用正、负集成稳压器构成的正负两组电源，不仅稳压器具有公共接地端，而且它们的整流部分也是公共的。

仅用 W78×× 系列正压稳压器也能构成正负两组电源，接法如图 3-61 所示。这时需两个独立的变压器绕组，作为负电源的正压稳压器需将输出端接地，原公共接地端作为输出端。

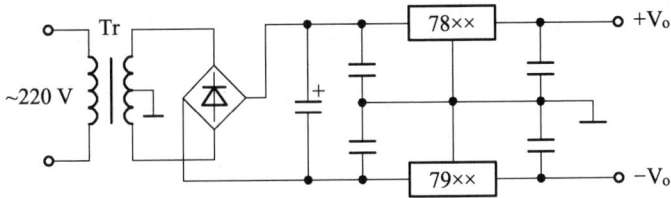

图 3-60　用 W78×× 和 W79×× 系列稳压器组成的正、负双电源

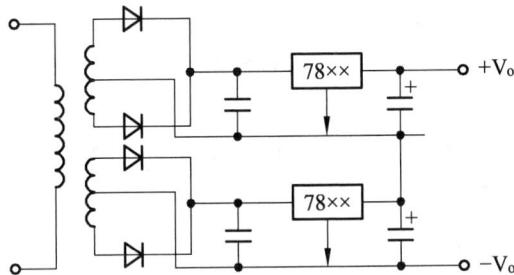

图 3-61　用两块 ××W78 系列稳压器组成的正负双电源

三、开关电源

微课　开关电源

以上所讲的直流电源，无论是分立元件的还是集成的，都属于线性稳压电源，调整管在稳压过程中始终处于放大状态。这种线性稳压电源结构简单，调整方便，但通常都需要体积大而笨重的工频电源变压器，滤波器的体积和重量也很大，而且调整管功耗大，使整个电源效率较低，还要设法配备调整管散热装置等，使稳压电源在结构上显得庞大笨重。在开关型直流稳压电源（简称开关电源）中，调整管工作在开关状态，开关频率在 20 kHz 以上，滤波电感、电容的参数和尺寸大大减小，功率损耗小，效率高，已成为小型化、轻量化、高效率的新型电源。

（一）开关电源的基本组成和工作原理

图 3-62 所示为开关电源的基本组成框图。交流输入电压经过线路滤波器，隔除电网与开关电源之间的杂波互扰，并通过二极管进行一次整流与电容滤波后变为直流电压。此直流电压加到开关调整管上，变为断续的矩形脉冲电压，再由高频变压器变成所需幅度的脉冲电压，经过二次整流与滤波平滑后变为直流输出电压。

图 3-62 中开关调整管是一只工作在饱和和截止状态下的大功率高反压三极管。当调整管饱和导通时，有大电流通过，但其饱和管压降很小，因而管耗不大；当调整管

截止时，尽管管压降大，但通过电流很小，管耗很小，所以它的调整效率高。控制电路的输出脉冲 U_C 用来控制调整管的工作状态，使调整管在饱和与截止两种状态之间反复转换，并根据电网电压及负载电流的变动改变导通和截止的时间比，就可以做到既能稳压又减少调整管的功率损耗。

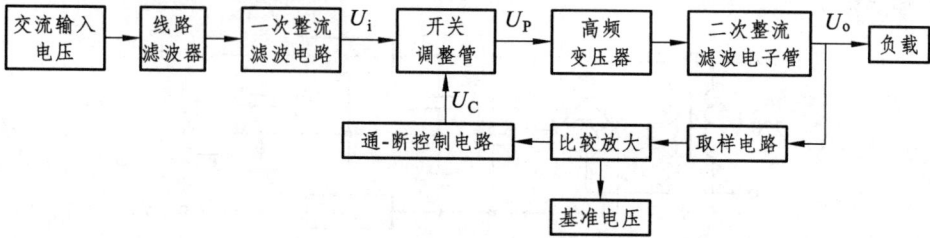

图 3-62　开关电源基本组成框图

U_c 控制开关调整管通断的波形如图 3-63 所示。脉宽调制方式是开关工作频率 f 固定不变（即周期 T 固定），改变开关的导通时间 t_{on}，从而控制输出电压的方式，简称 PWM。

脉频调制方式是开关导通时间 t_{on} 或截止时间 t_{off} 固定不变，改变工作频率 f 或周期 T，从而控制输出电压的方式，简称 PFM。

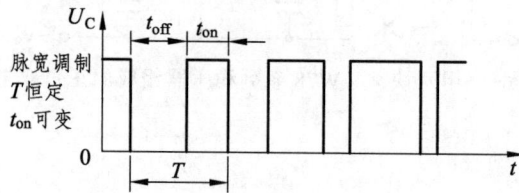

（a）脉宽调制控制方式波形图

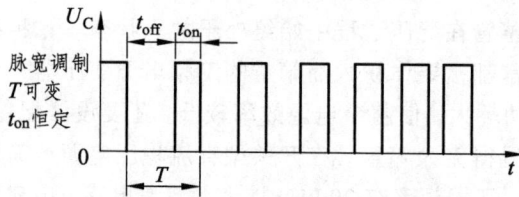

（b）脉频调制控制方式波形图

轻	←	负载	→	重
高	←	输入电压	→	低
低	←	输出电压	→	高

图 3-63　开关电源控制方式波形图

图 3-64 所示为他激式开关稳压电源的原理框图。图中下部的方波发生器由两个运算放大器构成。产生的方波直接控制调整管 V 的通断，VD、L、C 构成滤波电路，R_1、R_2 构成取样电路。取样电路根据 U_o 的大小控制方波发生器输出波形的占空比 q，从而调节 U_o 的大小。从图中可以看出 U_o 与 q 和 U_i 和关系为

$$U_o = qU_i$$

因此，适当控制 q 的值就可使 U_o 的值保等恒定。

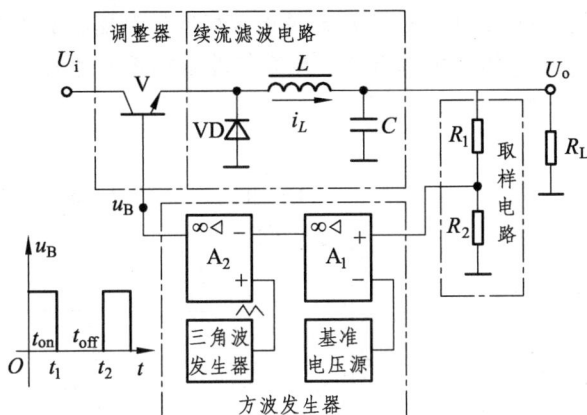

图 3-64　他激式开关稳压电源原理框图

（二）三端开关电源集成控制器

把开关电源中的控制回路、电压调整和保护电路等制作在一起的集成电路称为开关电源集成控制器。三端开关电源集成控制器 TOP100/200 系列为第一代产品（1994年），TOP Switch-II（TOP221~227）系列为第二代产品（1997年）。这种开关电源控制器把开关调整管集成在一起，减少了器件的引线端子数，使用十分方便。图 3-65 所示为 TOP Switch 系列三端开关电源集成控制器，图 3-65（a）是外形图，与三端稳压器相似，图 3-65（b）是内部组成方框图。开关调整管 V 为 MOS 管，它的源极 S 和漏极 D 分别作为引脚 2 和引脚 3。引脚 1 称为控制端 C，用以输入从开关电源输出端得到的取样电压。2 端一般作为公共接地端，这种电源广泛用在仪表、移动电话、摄像机、充电器、笔记本式计算机及各类功放中。

该器件的基本工作原理是用输入取样电压与内部的基准电压（5.7 V）进行比较，并通过脉宽调制（PWM）比较器控制开关管导通时间来稳定输出电压。该器件的各种保护作用是通过关断调整管 V 来达到的。

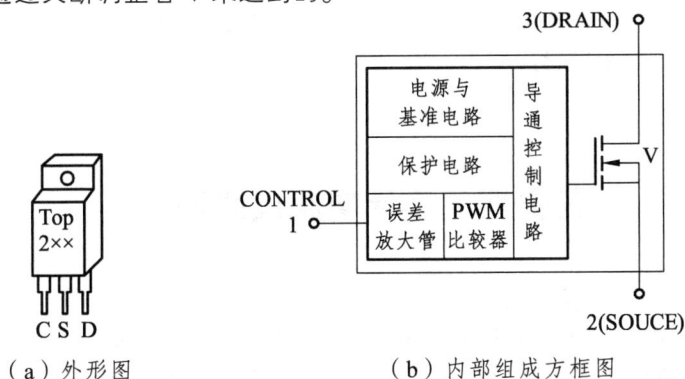

（a）外形图　　　　　　（b）内部组成方框图

图 3-65　TOP Switch 系列三端开关电源集成控制器

（三）开关电源实用电路举例

由 TOPSwitch-II 系列（TOP 221 P）三端开关电源集成控制器组成的 4W 开关电源电路如图 3-66 所示。TOP 221 P 是三端开关电源集成控制器，T 为高频变压器（开关频率高达 100 kHz），IC_2 为光电耦合器，用来传输取样控制信号，同时将电路输出端与市电完全隔离。

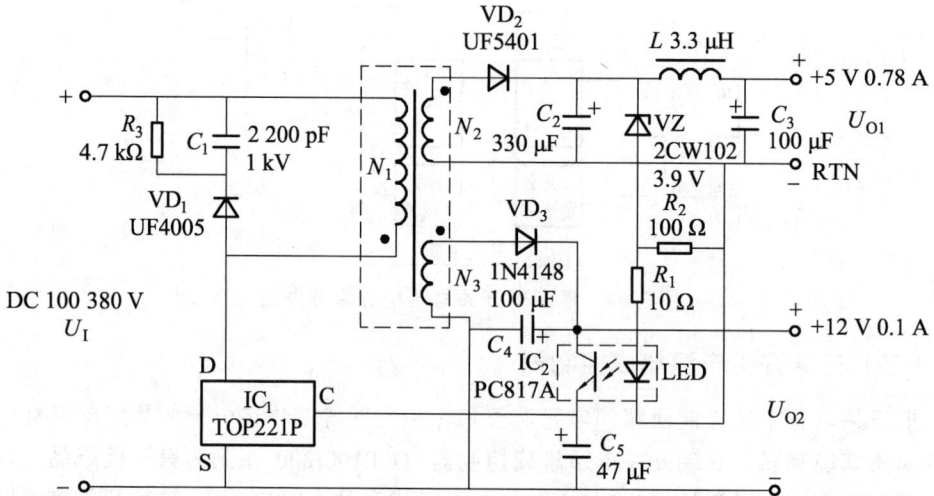

图 3-66　4W 开关电源

该开关电源的工作原理是：输入端的直流电压被集成控制器内的开关管斩波，再经高频变压器降压，得到高频矩形波电压，最后经过 VD_2、C_2、L、C_3 整流滤波，获得 +5 V 直流输出电压。变压器次级 N_3 上的交流电压经 VD_3、C_4 的整流和滤波产生 +12 V 的直流电压输出，同时向光电耦合器次级提供电源，使其发射极电流送至 TOP 221 P 的控制极调节其占空比 q。

电路中的滤波电感 L 采用穿心电感，也叫作"磁珠"（Magnetic Bead），其外形与塑封二极管类似，是一根外部用磁性材料封装的导线制成。

开关电源的稳压性能不如线性稳压，纹波电压大。在稳定性要求高且电流较小的电源组中可以加线性集成稳压器。

任务四　实用电路读图训练

图 3-67 所示为一个实用的扩音机电路，请进行读图训练，弄懂结构和原理，有兴趣的同学可动手制作出实际电路。该扩音机电路具有音量和音调控制，性能较好。

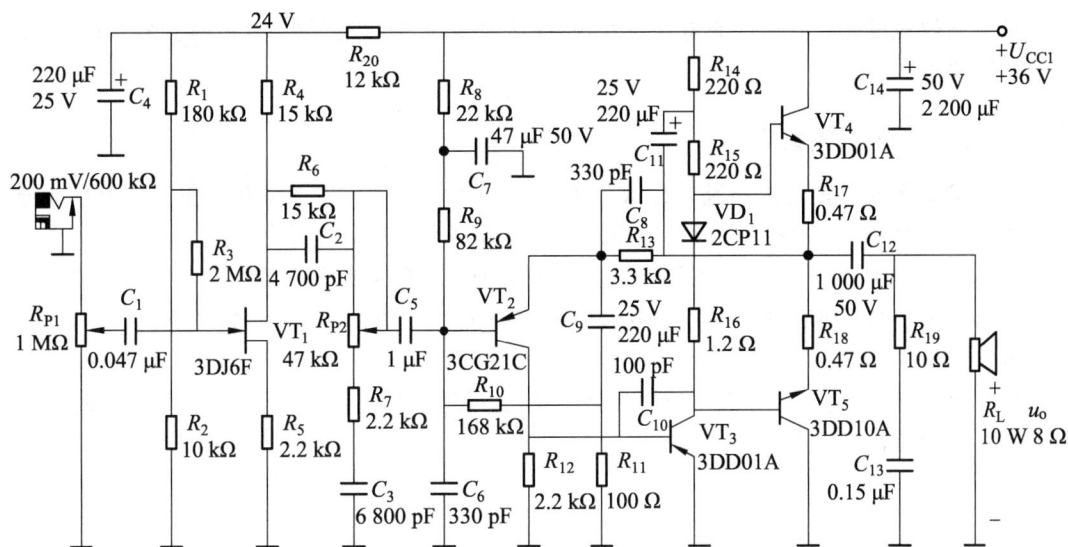

图 3-67　OTL 扩音机电路图

　　阅读比较复杂的电子电路图的顺序是：先看懂直流电源供电电路，再看懂交流通路，对信号从输入到输出的传输过程，建立大致的概念，接着根据电路各部分过程中的作用，将电路划分为几个单元电路，并分析各单元电路的功能。

一、电路的工作原理

　　为了简化电路结构，扩音机只有一个输入插口 B_1，录音机、收音机或电唱机送来的信号都可以从 B_1 输入到扩音机放大。信号送到扩音机后，先由电位器 R_{P1} 进行音量控制，将信号调节到大小适度，再输入到场效应管 VT_1 做前置放大。VT_1 的输出与音调控制电路相连，经 R_{P2} 进行音调调节后，最后将信号送到由 $VT_2 \sim VT_5$ 组成的互补对称式 OTL 电路进行功率放大，推动扬声器发声。

　　由原理分析可以看出，电路可以划分为四个主要单元，其结构框图如图 3-68 所示。下面简述各单元的功能。

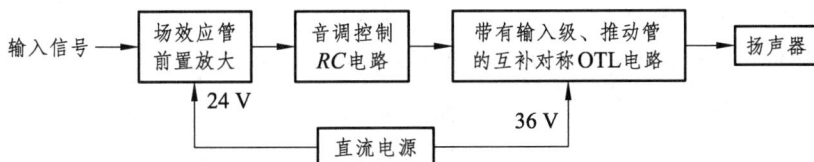

图 3-68　扩音机结构框图

二、各单元的功能

（一）直流电源

扩音机的电源部分由直流稳压电源组成，输出直流 36 V 给功率放大器供电，前置放大场效应管需 24 V 直流电源。24 V 直流电源是 36 V 经 R_{20} 降压得到的,C_4、C_{14} 是滤波电容。

(二)前置放大电路

扩音机的前置放大电路是由 VT_1 管构成的一级场效应管共源放大电路,其单元电路如图 3-69 所示。它具有很高的输入电阻,噪声也较小,与拾音器配合,使放大电路的输入电阻比拾音器内阻大得多,输入信号接近无损耗地经前置级放大,因此得到较好的音质。由于源极电阻 R_5 能够稳定静态工作点,但本级电压放大倍数较低,若所用的拾音器的输出信号较弱时,扩音机的整机电压放大倍数不够时,可用一只 10 μF 的电容器与 R_5 并联,以提高本级电压放大倍数。音量电位器 R_{P1} 的调节可以改变输入信号电压的幅值,控制音量的大小。

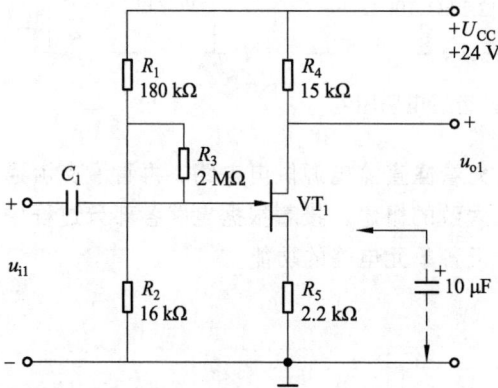

图 3-69　场效应管前置放大电路

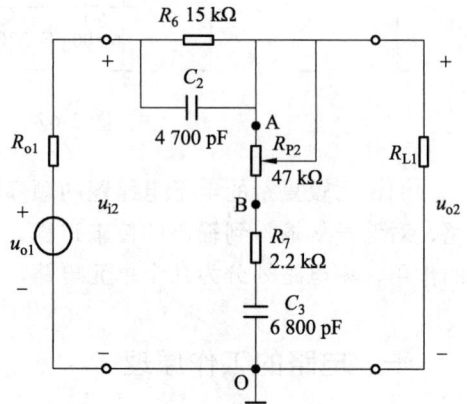

图 3-70　音调衰减电路

(三)音调控制电路

音调控制电路采用简单的衰减式音调控制电路,如图 3-70 所示。R_{P2} 为音调控制电位器,当把电位器 R_{P2} 调到 A 端时,因为 R_{P2} 的阻值极大,AO 支路可视为开路,该电路可简化成如图 3-71 所示电路。又因 C_2 的容抗随信号频率的升高而减少,设 $Z_1 = R_6 // \dfrac{1}{j\omega C_2} = \dfrac{R_6}{1 + j\omega C_2 R_6}$,阻抗的模 $|Z_1| = \dfrac{R_6}{\sqrt{1 + (R_6 C_2 2\pi f)^2}}$,在 R_6、C_2 一定下,f 越高,$|Z_1|$ 越小,信号越易通过,从而获得高音提升,而 f 越低,$|Z_1|$ 越大,低音受到衰减,突出高音,达到提升高音的目的。而当 R_{P2} 调到 B 端时,电阻 R_{P2} 被短路,R_7、C_3 起作用,输出电压 u_{o2} 就是 R_7 与 C_3 串联阻抗的电压值,如图 3-72 所示。信号频率 f 越高,$|Z_1|$ 越小,就可顺利通过阻抗 Z_1;f 越高,阻抗 $|Z_2| = \sqrt{R_7^2 + \left(\dfrac{1}{2\pi f C_3}\right)^2}$ 就越小,由输出端取出的电压就越低,体现高频衰减特性。当 f 高到一定值时,$|Z_2| = R_7$,达到最小,输出电压最小,若 $R_7 = 0$,即不接 R_7,则高频信号无输出,故 R_7 是为了限制最大衰减量而设置的。通过分析,电位器 R_{P2} 若调到 B 端,则对高频信号则呈现衰减特性。

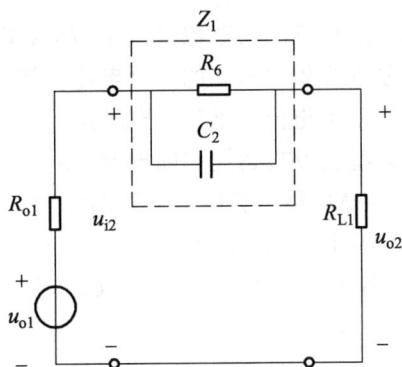

图 3-71 高音提升

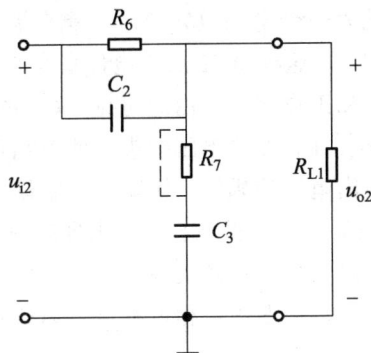

图 3-72 高音衰减

不论 R_{P2} 调到 A 或 B 端，对 C_2 而言，由于 C_2 较小，因此对中频信号，C_2 相当于开路，中频信号经 R_6、R_{L1} 输出，输出的中频电压器 $\dfrac{U_o}{U_{i2}} = \dfrac{R_{L1}}{R_6 + R_{L1}} < 1$，即 $U_o < U_{i2}$，说明输入信号经调音控制电路后，中频信号电压要衰减，故往往经后级电压放大电路来弥补。

（四）功率放大器

功率放大器采用互补对称输出的 OTL 电路，这种电路由不同的大功率晶体管 VT_4 和 VT_5 作为互补输出，如图 3-73 所示。为了稳定输出端 A 点的静态电位为 $U_{CC}/2 = 18$ V，电路中的 VT_2（见图 3-67）采用 PNP 型三极管，以便把它的发射极电阻 R_{13} 接在输出中点，形成很强的直流负反馈，C_8 是 R_{13} 的旁路电容。交流信号的级间负反馈通过 R_{13} 与 R_{11} 的分压，从输出端反馈到 VT_2 的发射极。采用交流负反馈目的是减少失真，增强电压放大倍数的稳定度。R_{17}、R_{18} 是功率管发射极电阻，VD_1、R_{16}、R_{17}、R_{18} 的作用在前面内容里已讨论，在此不做介绍。R_{19}、C_{13} 组成扬声器阻抗补偿电路，以抵消扬声器的感抗成分，使其接近纯电阻负载。VT_3 是推动管，VT_2 是功放输入极，起电压放大作用，由 VT_2 接入直流、交流级间负反馈，以改善放大电路的性能。VT_3 为互补对称功放电路的推动管，实现电压放大。此推动级的特点是带有自举电路，由图 3-73 中的 R_{14} 和 C_{11} 组成，其原理及功能简述如下：

静态时，A 点电位 $V_A = \dfrac{U_{CC}}{2}$，H 点的直流电位 $V_H = U_{CC} - I_{14}R_{14} < U_{CC}$，电容 C_{11} 被充电，电容 C_{11} 上的电压 $U_C = V_H - V_A = \dfrac{1}{2}U_{CC} - I_{14}R_{14}$，由于 R_{14} 很小，I_{14} 很小，故 $U_C \approx U_{CC}/2$。

动态时，若推动管 VT_3 的输出电压幅值较大且为正半周时，VT_4 管饱和导通，VT_5 截止，为了分析问题方便，忽略 R_{17}、R_{18}，则 A 点电位 $V_A \approx U_{CC}$，其动态电位抬高了许多，达最大值，若不接自举电容 C_{11}，则使 u_{BE4} 下降，i_{b4} 减小，i_{c4} 减小，使 VT_4 管子的工作点向截止区移动，根本不能进入饱和区，因此不能够保证输出功率最大。由于自举电容 C_{11} 的容量较大，因此，在有交流信号输入时，电容两端电压是个常数，

可视为一个电源 $U_{CC}/2$，不受交流信号的影响，故 H 点的动态电位 $V_H = U_C + V_A \approx 3U_{CC}/2$，这样将 H 点的电位举高，保证 $u_H > u_A$，从而提供足够大的基极电流，使 VT$_4$ 达饱和工作状态。由此可见，C_{11} 的作用是举高了 H 点电位，举高的电压足以补偿电阻 R_{14}、R_{15} 上的电压损失，使 VT$_4$ 的基极电位足以提供 VT$_4$ 达饱和的电流，从而提高了输出电压的幅值，使输出功率最大。R_{15} 是 VT$_3$ 的集电极负载电阻。图 3-67 中，C_6、C_8、C_{10} 都是防振电容，用来抑制放大器可能出现的高频自激。C_6 是输入旁路电容，用来去除信号的高频尖峰，C_{10} 是 VT$_3$ 反馈电容，用来破坏自激幅值条件，C_6 是级间反馈电容，主要用作相位补偿，以破坏自激相位条件。

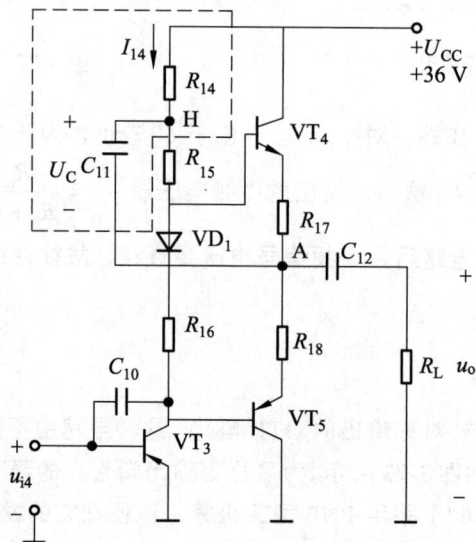

图 3-73　推动级带有自举电路的功率放大器

【例 3-5】 某扩音机的输出级采用 OCL 功放电路，在输入信号幅度一定，电源 U_{CC} 不变的情况下，换一个阻值较小的扬声器，音量会怎样变化？

依据 OCL 电路中射极输出器带载能力强的特点，换扬声器（R_L）时输出电压幅值 U_{om} 不变，由 $P_o = U_{om}^2/2R_L$ 可看出，R_L 变小，输出功率 P_o 增大，所以音量提高。

但要注意，输出最大功率 P_{om} 越大，最大管耗 $P_{cm} \approx 0.2P_{om}$ 也越大，降低管子寿命。若 P_{cm} 超过管子的允许管耗 P_{om} 时，三极管将烧毁。由此可见，负载取值的大小与功放管、电源有关，三者要配合适当，否则要重选功放管，或采用变压器耦合方式。

项目小结

集成运算放大器是发展最早、应用很广泛的一种模拟集成电路，其内部由多级放大电路直接耦合而成。它是一种能放大直流信号的高倍放大电路，输入级电路用的是差动放大电路。

差动放大电路的主要特点是结构对称，两管的发射极具有大电阻或恒流源。差动放大电路具有很高的差模电压放大倍数和很低的共模电压放大倍数，能抑制零漂和共模输入信号，能放大差模信号。 差动放大电路还可根据实际需要灵活地构成"双端输入双端输出""双端输入单端输出"等四种电路方式。

集成运算放大器加入深度负反馈后，可获得非常好的线性特征。根据理想运放的参数，可得出运放在线性放大状态下的两点结论，即"虚短"和"虚断"。根据这两点结论推出：反相放大器的放大系数为 $A_f = \dfrac{-R_F}{R_1}$；同相放大器的放大系数为 $A_f = 1 + \dfrac{R_F}{R_1}$，当 $R_F = 0$ 或 $R_1 = \infty$ 时，$A_f = 1$，为电压跟随器。

集成运放在线性状态下可作为信号运算电路用，如加法运算、减法运算、积分运算等。还可作为信号处理用，如用作有源滤波器等。

利用运算放大器，还可做成比较电路、矩形波振荡器、三角波发生器和锯齿波发生器等电路。

集成功率放大器能使放大电路小型化，加上少量外部元件，可构成性能良好的音频放大器，使用方便，工作稳定，适用电压范围广。

三端式集成稳压电源应用广泛，它体积小，使用方便，还能在较大范围内灵活调节输出电压，也可以做成双路对称电源。这种集成稳压电源的优点是稳压效果好，外部电路简单。但需要体积大而笨重的工频电源变压器，其调整管的管耗大，需要加积体积较大的散热片。

开关电源是目前许多电子设备广泛采用的直流电源。它利用改变方波占空比的方式调节输出电压的平均值，其调整管分别工作在截止区或饱和区，管耗小，散热片体积大大减小，但输出电压的纹波系数较大。

思考与练习

3-1 选择题

1. 差放电路抑制零点漂移的效果取决于（　　）。

　　A. 两个晶体三极管的放大倍数　　　　B. 两个晶体三极管的对称程度

　　C. 各个三极管的零点漂移　　　　　　D. 无正确答案

2. 理想运放的两个重要结论是（　　）。

　　A. 虚短与虚地　　　B. 虚断与虚短　　　C. 断路与短路　　　D. 虚断与虚地

3. 集成运放一般分为两个工作区，它们分别是（　　）。

　　A. 正反馈与负反馈　　　　　　　　　B. 线性与非线性

　　C. 虚断和虚短　　　　　　　　　　　D. 断路与短路

4. （　　）输入比例运算电路的反相输入端为虚地点。

　　A. 同相　　　　　B. 反相　　　　　C. 双端　　　　　D. 差动

5. 各种电压比较器的输出状态有（　　）。

　　A. 一种　　　　　B. 两种　　　　　C. 三种　　　　　D. 四种

6. 国产集成运放应用最多的封装形式是（　　）。

　　A. 扁平式　　　　B. 圆壳式　　　　C. 双列直插式　　　D. 椭圆式

7. 功放电路易出现的失真现象是（　　）。

　A. 饱和失真　　　B. 截止失真　　　　C. 交越失真　　　D. 双向失真

8. 功放首先考虑的问题是（　　）。

　A. 管子的工作效率　　　　　　　　B. 不失真问题

　C. 管子的极限参数　　　　　　　　D. 散热

9. 甲乙类互补功放电路如图 3-74 所示，图中二极管 VD_1、VD_2 的是为了克服（　　）所设。

　A. 饱和失真　　　B. 截止失真　　　　C. 交越失真　　　D. 双向失真

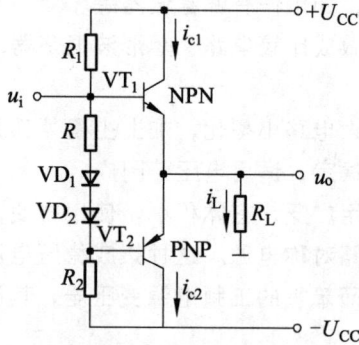

图 3-74　习题 3-1（9）用图

10. 串联型稳压电路中的放大环节所放大的对象是（　　）。

　A. 基准电压　　　　　　　　　　　B. 采样电压

　C. 基准电压与采样电压之差　　　　D. 输出电压

3-2　判断题

1. 差动式放大电路有四种接法，输入电阻取决于输入端的接法，而与输出端无关。　　　　　　　　　　　　　　　　　　　　　　　　　　　　　（　　）

2. 差动放大电路单端输出方式比双端输出方式共模抑制特性好。　　　（　　）

3. 集成运放使用时不接负反馈，电路中的电压增益称为开环电压增益。（　　）

4. "虚短"就是两点并不真正短接，但具有相等的电位。　　　　　　（　　）

5. "虚地"是指该点与"地"点相接后，具有"地"点的电位。　　　（　　）

6. 微分运算电路中的电容器接在电路的反相输入端。　　　　　　　　（　　）

7. 放大电路通常工作在小信号状态下，功放电路通常工作在极限状态下。（　　）

8. 在功率放大电路中，输出功率越大，功放管的功耗越大。　　　　　（　　）

9. 功放电路的最大输出功率是指在基本不失真情况下，负载上可能获得的最大交流功率。　　　　　　　　　　　　　　　　　　　　　　　　　　　（　　）

10. 直流电源是一种能量转换电路，它将交流能量转换为直流能量。　（　　）

3-3　简答题

1. 零点漂移现象是如何形成的？哪一种电路能够有效地抑制零漂？

2. 差动放大电路有何优点？在多级阻容耦合放大电路中，为什么不考虑零漂？

3. 差动放大电路采用双端输出或单端输出方式，对温漂和共模信号的抑制有何不同?

4. 集成运放一般由哪几部分组成? 各部分的作用如何?

5. 如何区分晶体管工作在甲类、乙类还是甲乙类工作状态? 乙类放大电路效率为什么比甲类高?

6. 为消除交越失真, 通常要给功放管加上适当的正向偏置电压, 使基极存在微小的正向偏流, 让功放管处于微导通状态, 从而消除交越失真。那么, 这一正向偏置电压是否越大越好呢? 为什么?

7. 串联型稳压电路由哪几部分组成?

8. 何谓线性稳压器? 三端集成稳压器有何主要特点?

9. 开关稳压电源有哪些主要优点? 为什么它的效率比线性稳压电源高?

10. 开关稳压电路主要由哪几部分组成? 各组成部分的作用是什么?

3-4 为了获得较高的电压放大倍数, 又可避免采用高的电阻 R_F, 将反向比例运算电路改为如图 3-75 所示的电路, 若 $R_F \gg R_4$, 试证:

$$A_{uf} = \frac{u_o}{u_i} = -\frac{R_F}{R_1}\left(1 + \frac{R_3}{R_4}\right)$$

3-5 在上题中: ① 已知 $R_1 = 50\ k\Omega$, $R_2 = 33\ k\Omega$, $R_3 = 3\ k\Omega$, $R_4 = 2\ k\Omega$, $R_F = 100\ k\Omega$, 求电压放大倍数 A_{uf}; ② 如果 $R_3 = 0$, 要得到同样的电压放大倍数, R_F 应为多大?

3-6 求图 3-76 所示电路的 u_o 与 u_i 的运算关系式。

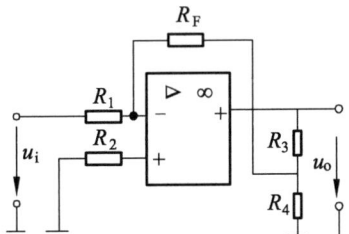

图 3-75 习题 3-4 用图

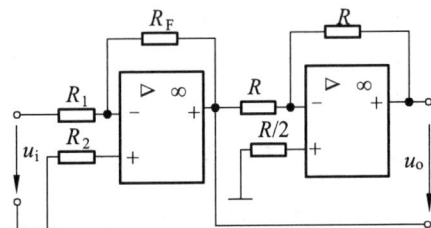

图 3-76 习题 3-6 用图

3-7 在图 3-77 所示的电路中, 已知 $R_F = 2R_1$, $u_i = -2\ V$, 试求输出电压 u_o。

3-8 求如图 3-78 所示电路中的输出电压与输入电压的关系式。

3-9 图 3-79 所示是用两个运算放大器构成的差动放大电路, 试求 u_o 与 u_{i1}、u_{i2} 的运算关系式。

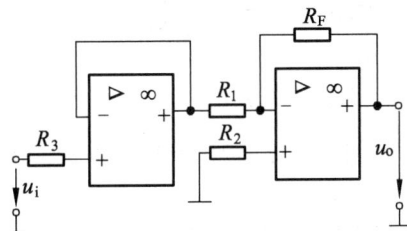

图 3-77 习题 3-7 用图

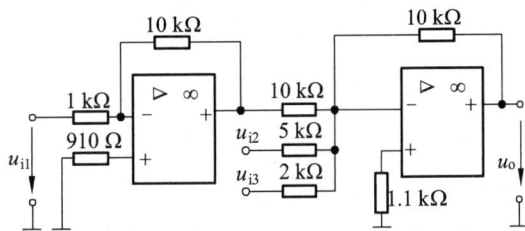

图 3-78 习题 3-8 用图

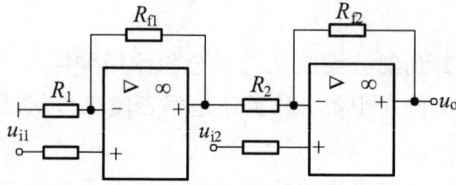

图 3-79　习题 3-9 用图

3-10　已知 $u_{i1} = 1.5\ \text{V}$，$u_{i2} = 1\ \text{V}$，计算图 3-80 所示电路的输出电压 u_o。

3-11　在图 3-81 所示的积分电路中，$R_1 = 10\ \text{k}\Omega$，$C_F = 1\ \mu\text{F}$，$u_i = -1\ \text{V}$，求从 0 V 上升到 10 V（10 V 为电路输出最大电压）所需时间；超过这段时间后，输出电压呈现怎样的规律？要使电压上升时间增大到 10 倍，可通过改变哪些参数来达到？

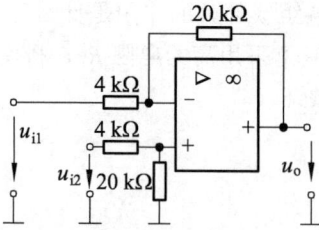

图 3-80　习题 3-10 用图

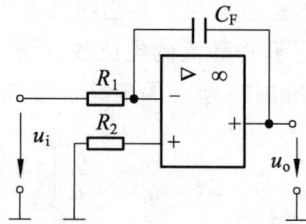

图 3-81　习题 3-11 用图

3-12　按下列各运算关系式画出运放电路，并计算各电阻值：

（1）$u_o = -3u_i$；$R_F = 50\ \text{k}\Omega$；

（2）$u_o = -(u_{i1} + 0.2u_{i2})$；$R_F = 100\ \text{k}\Omega$；

（3）$u_o = 5u_i$；$R_F = 20\ \text{k}\Omega$；

（4）$u_o = -0.5u_i$；

（5）$u_o = \dfrac{1}{2}u_{i2} - u_{i1}$；$R_F = 10\ \text{k}\Omega$；

（6）$u_o = -200\int u_i \mathrm{d}t$；$C_F = 0.1\ \mu\text{F}$；

3-13　在图 3-81 所示的电路中，若 $R_1 = 50\ \text{k}\Omega$，$C_F = 1\ \mu\text{F}$，u_i 的波形如图 3-82 所示，试画出输出电压波形。

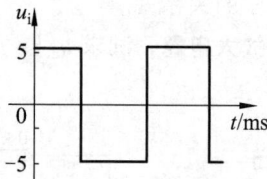

图 3-82　习题 3-13 用图

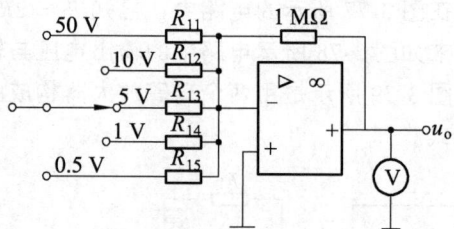

图 3-83　习题 3-14 用图

3-14　图 3-83 所示为用集成电路制成的五挡电压测量电路，输出端接有满程为 5 V 的电压表，试计算 $R_{11} \sim R_{15}$ 的阻值。

3-15　图 3-84 所示为一基准电压电路，求其输出电压 u_o 的调节范围。

3-16　图 3-85 所示为一电阻测量电路，图中的伏特表参数同题 3-14，当伏特表满程时，电阻 R_F 的值为多少？

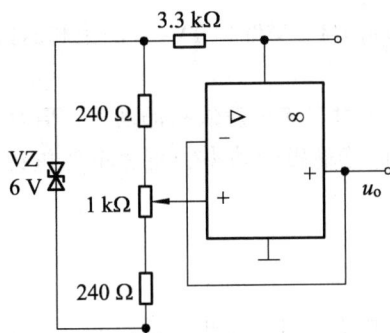

图 3-84 习题 3-15 用图

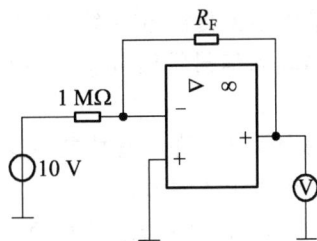

图 3-85 习题 3-16 用图

3-17 如图 3-86 所示,已知电源电压为 12 V,稳压管的稳定电压 $U_Z = 6$ V,正向压降为 0.7 V,输入电压 $u_i = 6\sin\omega t(\text{V})$,试画出参考电压 U_R 分别为 + 3 V 和 − 3 V 时输出电压波形。

3-18 图 3-87 所示为一报警装置,可对某一参数(如温度、压力等)进行实时监控,u_i 为传感器送来的信号,U_R 为参考电压,当 u_i 超过正常值时,报警指示灯亮,试说明其工作原理。图中二极管 VZ 和电阻 R_3、R_4 有什么作用?

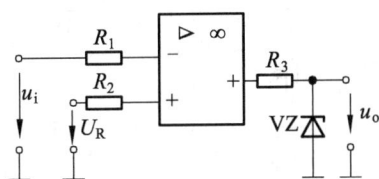

图 3-86 习题 3-17 用图

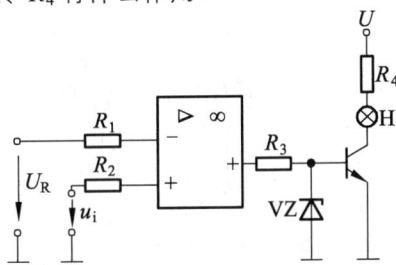

图 3-87 习题 3-18 用图

3-19 图 3-88 所示接法的复合管中,试判断哪些接法是正确的,若不正确,请改正过来,并说明类型及 β 为多少?

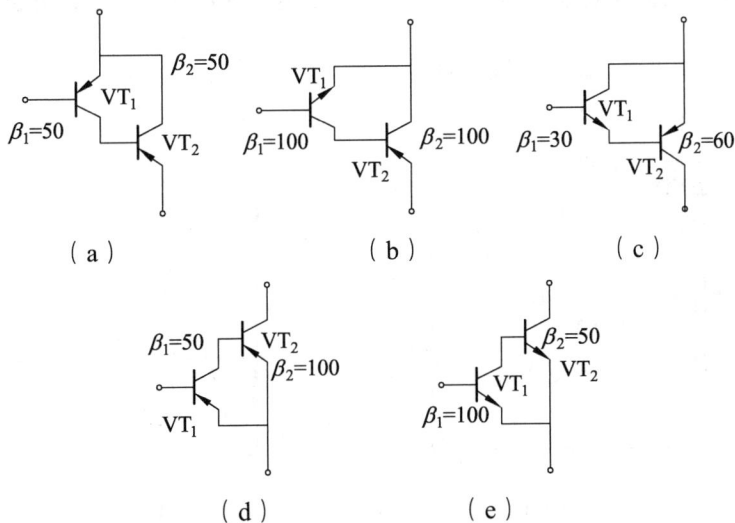

(a)　　　　　　　(b)　　　　　　　(c)

(d)　　　　　　　(e)

图 3-88 习题 3-19 用图

3-20 在图 3-89 电路中，设射极输出管 $A_u = 1$，VT_1 和 TV_2 管的饱和压降可忽略。试求：

（1）最大不失真输出功率、最大输出功率时直流电源供给的功率、管耗和效率。

（2）当输入信号幅值 $U_{im} = 10\ V$ 时，电路输出的功率、直流电源供给的功率和效率。

（3）每个管子允许的管耗是多少？

（4）每个管子的耐压是多少？

3-21 功率放大电路如图 3-90 所示，VT_1 和 TV_2 管的饱和压降 $U_{CE(sat)} = 2\ V$，试求：

（1）最大不失真输出功率，此时的管耗及效率。

（2）根据极限参数选择该电路的功放管。

（3）电路中 A 点静态电位为多少？如何调整？

（4）若输出波形出现交越失真，又如何调整？

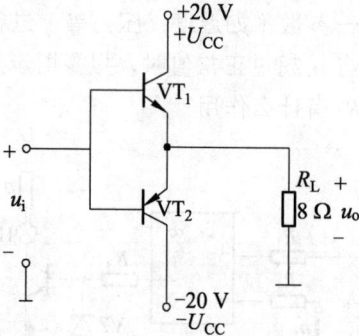

图 3-89　习题 3-20 用图

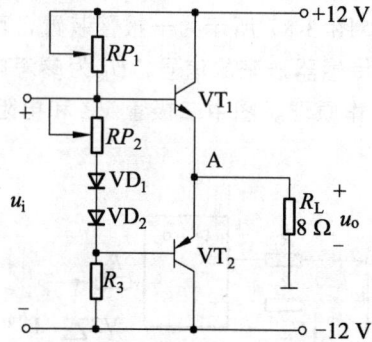

图 3-90　习题 3-21 用图

3-22 如图 3-91 所示 VT_2 和 TV_4 的饱和压降 $U_{CE(sat)} = 1\ V$。试求：

（1）该电路的最大不失真功率及此时的效率。

（2）静态 A 的电位是多少？如何调整？

（3）若用示波器观看输出电压 u_o 的波形，如图 3-91（b）所示，分析产生这种波形的原因。

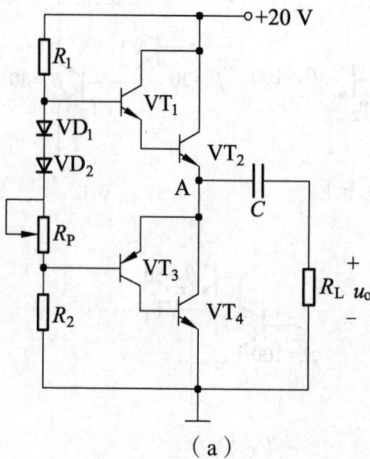

（a）

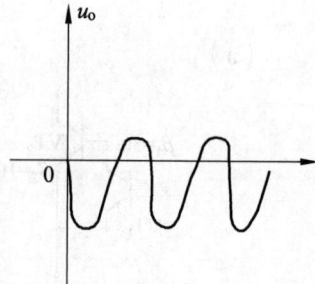

（b）

图 3-91　习题 3-22 用图

3-23 一个含有集成运放大器的稳压电源电路如图 3-92 所示。稳压管 VZ 的稳定电压 $U_Z = 6$ V，$R_1 = R_2 = 1$ kΩ，$R_P = 2$ kΩ，运放 A 的最大输出电流 $I_A = 5$ mA。

（1）试标出运算放大器输入端的极性；

（2）说明当 U_i 降低时该电路的稳压过程；

（3）试求输出电压的调节范围；

（4）若调整管饱和压降 U_{CES} 为 2 V，为使电路正常工作，U_i 最小应为多少？

（5）若要求最大负载电流 $I_{omax} = 500$ mA，试选择调整管 VT_2 参数（ β、I_{CM}、$U_{(BR)CEO}$、P_{CM} ）。

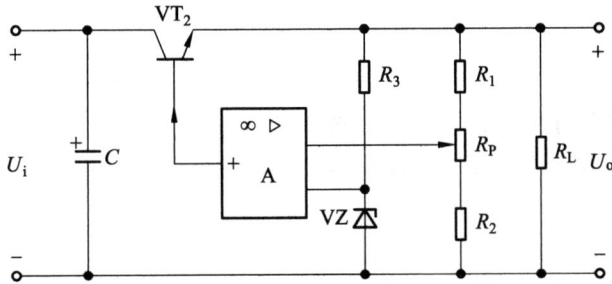

图 3-92　习题 3-23 用图

3-24 一个输出固定的电路如图 3-93 所示。试回答下列问题：

（1）输出电压 U_o 的值；

（2）标出三端稳压器的引脚编号；

（3）稳压器的输入电压 u_i ；

（4）变压器次级电压有效值 U_2；

（5）C_1、C_0 有何作用？

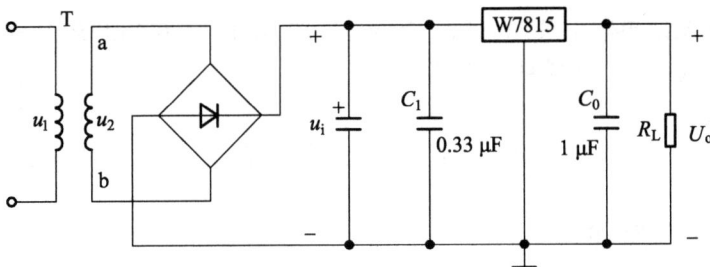

图 3-93　习题 3-24 用图

3-25 电路如图 3-94 所示，合理连线，组成 + 5 V 直流稳压电源。

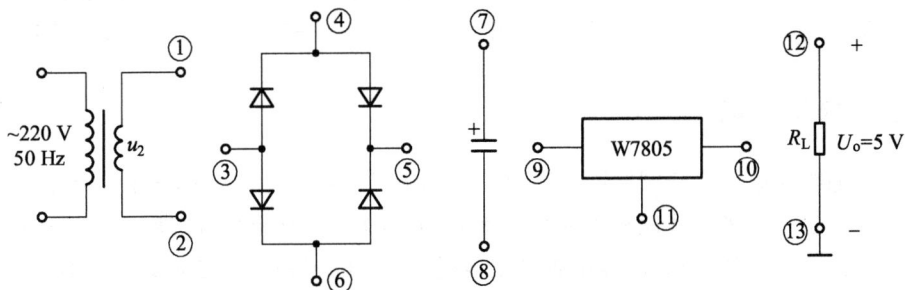

图 3-94　习题 3-25 用图

实用电路设计与制作——可调集成稳压电源的制作

一、预习内容

认真复习可调集成稳压电源的电路结构与原理。

二、训练目标

（1）进一步熟悉集成稳压器的结构与应用。
（2）能设计制作一个实用的直流稳压电源。
（3）提高动手能力和电路设计能力。

三、所需器材与元件

（1）示波器 1 台。
（2）万用表 1 块。
（3）小木盒或塑料盒（约 100 mm × 100 mm）1 个。
（4）元件：
LM317 1 块；左右散热片 1 块（尺寸约为 50 mm × 50 mm × 20 mm）；1 A 全桥 1 块；220 V/18 V 变压器 1 只（15 W 左右）；5 kΩ 多圈电位器 1 只；240 Ω 电阻 1 只；2 200 μF/50 V 电解电容 1 只；0.33 μF/50 V 瓷片电容 1 只；0.1 μF/50 V 瓷片电容 1 只；带插头的电源线 1 条；小接线柱 2 只。
（5）工具：
电烙铁 1 把；螺丝刀 2 把；手电钻 1 只；其他常用工具及导线若干。

四、电路及原理

由 LM317 构成的可调电源如图 1 所示，图中 R_P 采用多圈电位器，可旋转 11 圈左右，便于进行电源细调。其他元件作用前面内容已述及。变压器次级交流电压为 18 V，经整流滤波后的直流电压可达 26 V 左右，因此 LM317 的输出电压为 1.25 ~ 20 V。

五、技训内容

由于电路简单，则印刷线路板很小（敷铜板尺寸约为 2 mm × 4 mm），可以直接用小刀刻制，也可在多用线路板上制作，参考线路如图 2 所示，做好后，用手电钻钻出插元件的孔，孔径为 1 mm，焊接时只把电桥、3 个电容和 1 个 240 Ω 电阻焊在印刷线路板上。

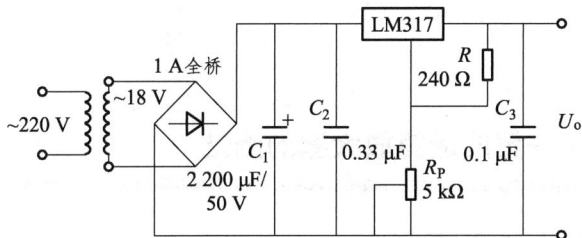

图 1 可调直流电影源　　　　　图 2　印刷线路参考图

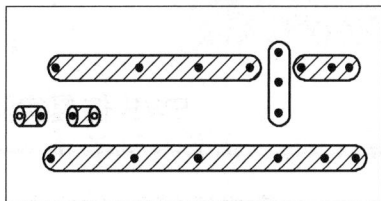

LM317 应固定在散热片上装在盒子的外部后面，多圈电位器应固定在盒子前部，旋钮朝外。两个接线柱固定在盒子前面，变压器装在盒内，用螺栓固定好。这几个元件都要用引线接到印刷线路板上，所有焊点要焊接牢靠。外壳所用的盒子可以自己用木板或其他材料制作（有条件的可以再在盒子前部加装一个 30 V 的小电压表头），并将专用插头线接至变压器，以便连接交流电源。做好后检查无误再接上 220 V 交流电源，用万用表直流电压挡测输出电压 U_o，并将 R_P 调至最小，测量输出电压的最小值（标准值为 1.25 V），再逐步调大 R_P，注意 U_o 的上升，测量输出电压最大值（约 20 V），并用示波器观察输出电压波形是否为一直线。再将 U_o 调至 5 V，接入负载电阻 20 Ω/2 W，注意看万用表的数值有没有变化，观察电源的带负载能力。应注意，由于负载大，接入时间不能长，测量完马上断开，以免元件过热。

该电源装好后性能很好，可以用在收音机、随身听、数字万用表、玩具等各种电子制品上，是一种方便、实用的小电器。

六、思考与小结

（一）结果分析

（二）思考题

1. 想一想，所做的电源能用在什么地方？

2. 还能做出其他类型的电源吗？

七、收获与体会

应用实践二

EWB 仿真实验——集成运算放大器的测试

一、集成运算放大器的运算功能测试

（一）目的

掌握反相比例运算电路、反相加法运算电路、减法运算电路及积分运算电路的原理及使用方法，加深对运算放大器特性和运算电路的理解。

（二）电路结构与运算规律

图 1～图 5 分别构成比例、加法、减法、积分、微分电路。其运算规律如下：

（1）反相比例运算：$u_o = -(R_f / R_1) \times U_i$

（2）反相加法运算：$u_o = -(R_f / R_1) \times U_1 - (R_f / R_2) \times U_2 - (R_f / R_3) \times U_3$

（3）减法运算：$u_o = -(R_f / R_1) \times (U_1 - U_2)$

（4）积分运算：$u_o = -\left(\int u_i dt\right) / RC$

（5）微分运算：$du_o = -RC du_i / dt$

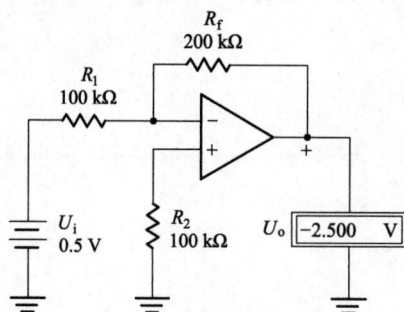

图 1 反相比例运算电路

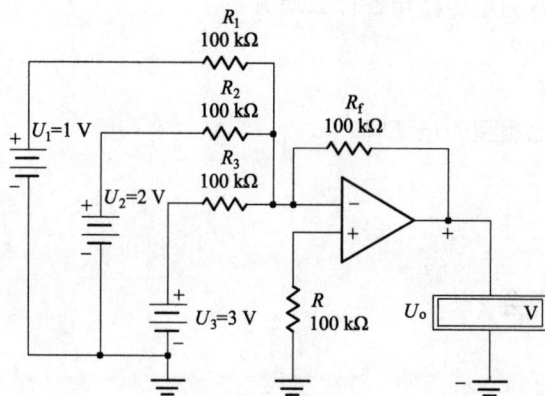

图 2 反相加法电路

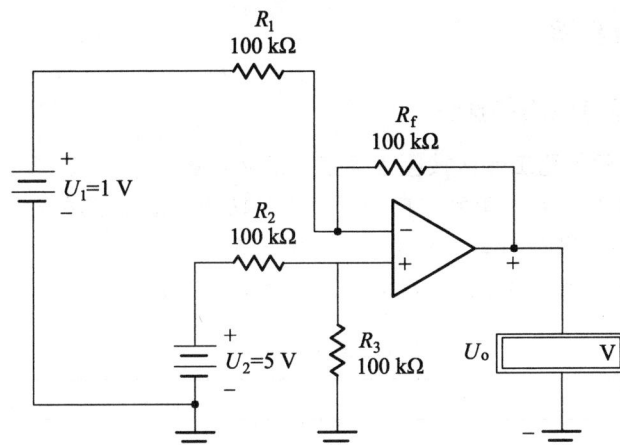

图 3 减法运算电路

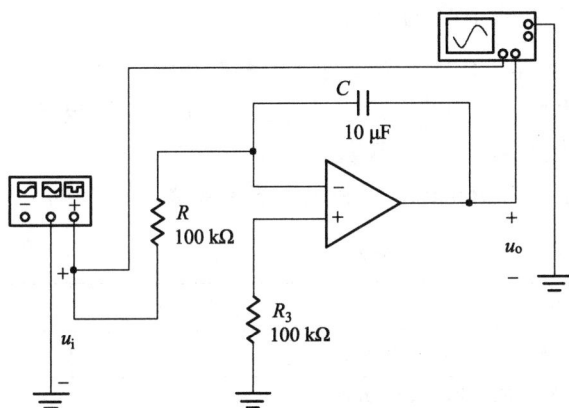

图 4 积分电路

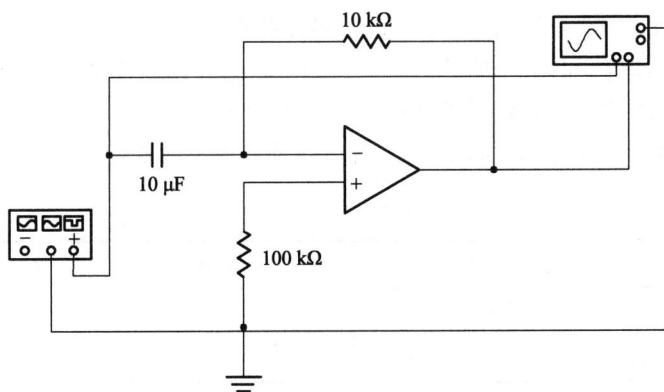

图 5 微分电路

二、内容与步骤

（一）比例运算电路的测试

（1）在 EWB 的电路工作区按图 1 连接电路并存盘。

（2）按下操作界面右上角的"启动／停止"按钮，接通电源。

（3）观察电路输出端的电压表读数，并填入表 1 中。

（4）将输入电压改为 2 V，再将电压表读数填入表 1 中。

表 1 反相比例运算

电路参数	U_i/V	U_o 计算值/V	U_o 测量值/V
$R_1 = 100\ \mathrm{k\Omega}$	0.5		
$R_f = 500\ \mathrm{k\Omega}$	2		

（二）反相加法运算电路的测试

（1）在 EWB 的电路工作区按图 2 连接电路并存盘。

（2）按下操作界面右上角的"启动／停止"按钮，接通电源。

（3）观察电路输出端的电压表读数，并填入表 2 中。

（4）将反馈电阻改为 200 kΩ，再将电压表读数填入表 2 中。

表 2 反相加法运算

U_i /V	电路参数	U_o 计算值/V	U_o 测量值/V
$U_1 = 1\ \mathrm{V}$ $U_2 = 2\ \mathrm{V}$ $U_3 = 3\ \mathrm{V}$	$R_1 = R_2 = R_3 = R_f = 100\ \mathrm{k\Omega}$		
	$R_1 = R_2 = R_3 = 100\ \mathrm{k\Omega},\ R_f = 200\ \mathrm{k\Omega}$		

（三）减法运算电路的测试

（1）在 EWB 的电路工作区按图 3 连接电路并存盘。

（2）按下操作界面右上角的"启动／停止"按钮，接通电源。

（3）观察电路输出端的电压表读数，并填入表 3 中。

（4）将反馈电阻改为 200 kΩ，再将电压表读数填入表 3 中。

表 3 减法运算

U_i/V	电路参数	U_o 计算值/V	U_o 测量值/V'
$U_1 = 1\ \mathrm{V}$	$R_1 = R_2 = R_f = 100\ \mathrm{k\Omega}$		
$U_2 = 5\ \mathrm{V}$	$R_1 = R_2 = 100\ \mathrm{k\Omega},\ R_f = 200\ \mathrm{k\Omega}$		

（四）积分运算电路的测试

（1）在 EWB 的电路工作区按图 4 连接电路并存盘。

（2）双击信号发生器图标，选择输入信号波形按钮为矩形波。

（3）按下操作界面右上角的"启动／停止"按钮，接通电源。

（4）如图6所示设置示波器参数，观察并记录电路输入端、输出端的电压波形，并记入表4中。

（5）将电容改为 20 μF，再次观察电路输入端、输出端的电压波形，并记入表 4 中。

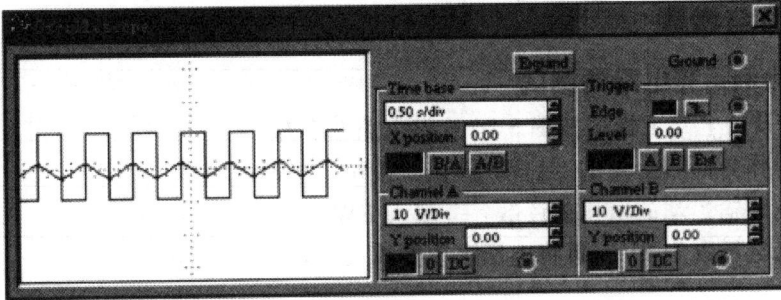

图 6　积分电路的输入输出波形

表 4　积分运算

u_i 波形		
u_o 波形	$R = 100\ \text{k}\Omega$，$C = 10\ \mu\text{F}$	
	$R = 100\ \text{k}\Omega$，$C = 20\ \mu\text{F}$	

（五）微分运算电路的测试

（1）在 EWB 的电路工作区按图5连接电路并存盘。

（2）双击信号发生器图标，选择输入信号波形为三角波的按钮。

（3）按下操作界面右上角的"启动／停止"按钮，接通电源。

（4）观察并记录电路输入端、输出端的电压波形，并记入表5中。

（5）将电容改为20 μF，再次观察电路输入端、输出端的电压波形，并记入表5中。

表 5　微分运算

u_i 波形	
u_o 波形	$R = 100\ \text{k}\Omega,\ C = 10\ \mu\text{F}$
	$R = 100\ \text{k}\Omega,\ C = 20\ \mu\text{F}$

三、思考

将本实验中的理想运放换为 LM324，重按实验内容与步骤测试，并与理想运放测试结果比较，有何不同？为什么？

应用实践三

线上/线下实验——集成运算放大器构成的基本运算电路

一、实验目的

（1）熟悉运算放大器的外形及功能。

（2）掌握应用运算放大器组成基本运算电路的方法。

（3）掌握测量和分析运放的输入与输出关系的方法。

微课 集成运算放大器构成的基本运算电路的调试

二、实验仪器

（1）模拟电路实验箱 1 台。

（2）直流稳压电源 1 台。

（3）数字存储示波器 1 台。

（4）函数信号发生器 1 台。

（5）数字万用表 1 块。

三、实验原理

运算放大器的应用非常广泛，它可以构成各种基本数学运算电路，在许多控制系统和测量电路里都有重要作用。

根据运算放大器的开环放大倍数很大（一般在 $10^4 \sim 10^8$ 数量级）及输入电阻 r_i 很高（一般为数十兆欧）的特点，可推得两条重要的结论：

$$u_+ \approx u_-$$
$$i_+ \approx i_-$$

上式称为"虚短"和"虚断"。利用这个特点，在运算放大器的外部适当配接简单的电路，就可以得到具有如下运算关系的电路。

（一）反相比例运算

如图 1（a）所示，输入输出电压的关系为

$$u_o = -\frac{R_f}{R_1} u_{i1}$$

（二）反相加法运算

如图 1（b）所示，输入输出电压的关系为

$$u_o = -\left(\frac{R_f}{R_1} u_{i1} + \frac{R_f}{R_2} u_{i2} \right)$$

（三）同相比例运算

如图 1（c）所示，输入输出电压的关系为

$$u_o = \left(1 + \frac{R_f}{R_1} \right) u_{i1}$$

（四）减法运算

如图 1（d）所示，输入输出电压的关系为

$$u_o = \frac{R_f}{R_1} \left(u_{i2} - u_{i1} \right)$$

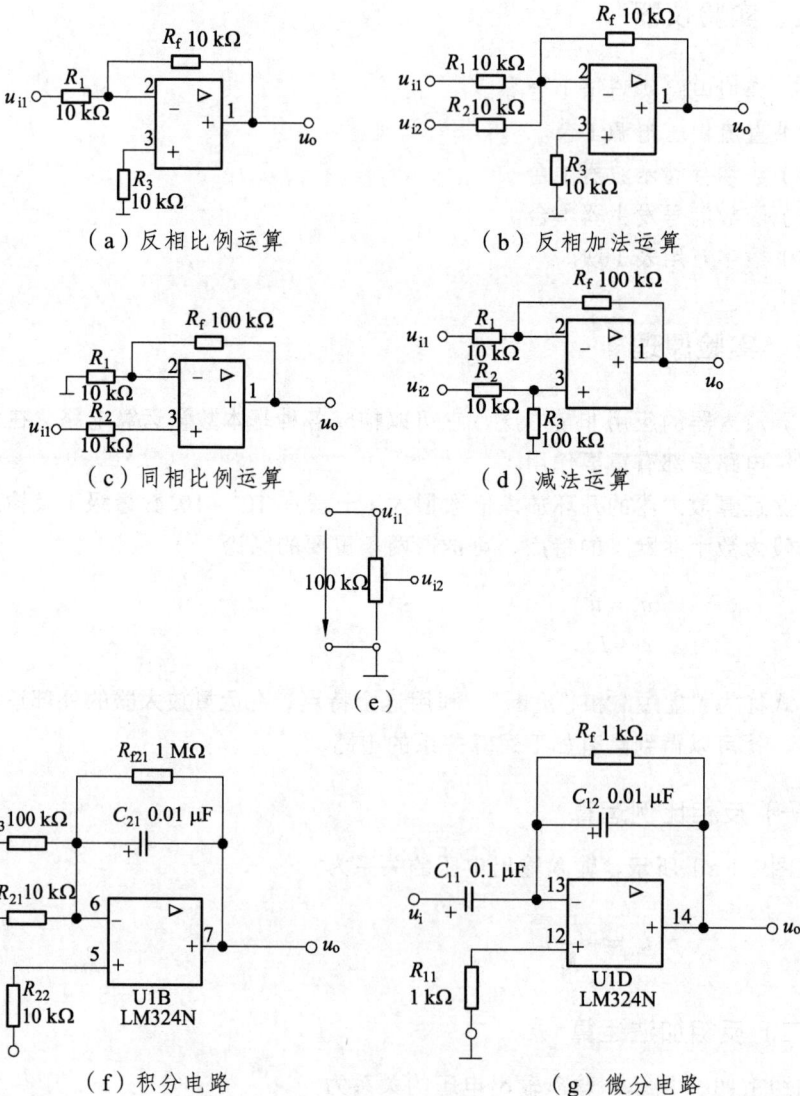

（a）反相比例运算　　　　　　（b）反相加法运算

（c）同相比例运算　　　　　　（d）减法运算

（e）

（f）积分电路　　　　　　（g）微分电路

图 1　基本运算电路

（五）积分电路（三角波发生器）

图 1（f）所示为三角波发生器电路，把方波发生器输出的正负对称方波作为三角波发生器的输入信号 u_i，则三角波发生器可产生同频的三角波形（R_{f21} 电阻是外接电路调零用的，此处无用）。由于集成运放的同相输入端通过 R 接地，$u_P = u_N = 0$，为"虚地"。

输出电压与电容上的电压的关系为

$$u_o = -u_c$$

而电容上电压等于其电流的积分，故

$$u_o = -\frac{1}{C}\int i_C dt = -\frac{1}{RC}\int u_i dt$$

求解 t_1 到 t_2 时间段的积分值：

$$u_o = -\frac{1}{RC}\int_{t_1}^{t_2} u_i dt + u_o(t_1)$$

式中，$u_o(t_1)$ 为积分起始时刻的输出电压，即积分运算的起始值，积分的终值是 t_2 时刻的输出电压。

（六）微分电路

图 1（g）为一微分电路，它是积分的逆运算电路，电路中 C_{12} 起相位补偿作用，防止自激振荡。当输入信号为三角波时，输出应为方波。

电容两端的电压 $u_C = u_i$。因而

$$i_R = i_C = C\frac{du_i}{dt}$$

输出电压

$$u_o = -i_R R = -RC\frac{du_i}{dt}$$

输出电压与输入电压的变化率成比例。

四、实验步骤

（一）熟悉 LM324 集成运放芯片的功能、外引线分布，并判断好坏

（1）LM324 的端子排列图如图 2 所示。

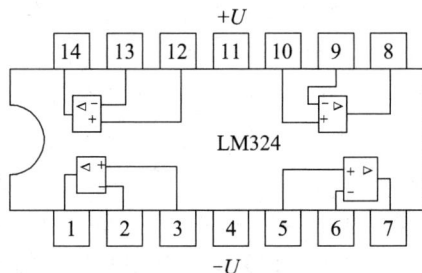

图 2　的端子排列图

（2）LM324 的各端子功能如表 1 所示。

表 1　LM324 端子功能表

端子	功能
4	正电源端 + U（5~15 V）
11	负电源端 - U（-15~0 V）
3、5、10、12	同相输入端 U_+
2、6、9、13	反相输入端 U_-
1、7、8、14	输出端 U_o

LM324 是一个四基本运算放大器组合的集成芯片，四个运放电源共用，功能各自独立。

（3）用万用表粗测 LM324，判断其好坏。

先用 $R \times 1\ k\Omega$ 挡测 + U、- U 两个电源引线，不能是短路；用 $R \times 1\ k\Omega$ 挡测各引线之间的阻值，都应足够大，一般阻值在数十千欧以上。

（二）反相比例运算电路的连接和测试

（1）将模拟电路实验箱的直流电源的±12 V 电源分别接至集成运放的 4 号和 11 号端子，电源地线接至实验板上的地端。

（2）按实验描述中的图 1（a）连接电路（使 $R_f = 10\ k\Omega$）。

（3）调节函数信号发生器，使其输出为 $f = 1\ kHz$ 的正弦信号，并将其接至反相比例运算电路的输入端，即输入信号 u_{i1}。分别取 u_{i1} 幅值等于 0.1 V 和 0.3 V，测出相应的 u_o 幅值，记入本次实验报告中的表 1。

（4）改变反馈电阻阻值使 $R_f = 100\ k\Omega$，其他各电阻值及输入各量不变，重测 u_o 幅值，记入本次实验报告中的表 1 中。

（三）反相加法运算电路的连接和测试

（1）按实验描述中的图 1（b）连接电路（使 $R_f = 10\ k\Omega$），注意将双路电源的地线连至实验板上的地端，将稳压电源的±12 V 电源再分别接至集成块的 4 号和 11 号端子。

（2）将函数信号发生器输出端连至实验箱的 100 $k\Omega$ 电位器的两端，连接方式如图 1（e）所示，形成 u_{i1} 和 u_{i2} 两个交流信号，分别连至图 1（b）所示电路中。

（3）将函数信号发生器信号频率调至 1 kHz，幅度调至 $U_{i1} = 0.3$ V，$U_{i2} = 0.2$ V。

注：这里 u_{i1} 和 u_{i2} 用电位器分压得到，可保证 u_{i1} 和 u_{i2} 两个正弦交流信号完全同频同相，这样可利用电阻毫伏表测出两个正弦信号的有效值，直接进行比例加减运算，若用两个信号发生器来产生 u_{i1} 和 u_{i2}，则不能保证两个信号完全同频同相。尤其当两个信号的相位不同时，只能按相量图计算，不能把两个有效值直接相加。

（4）测出相应的 u_o 幅值，记入本次实验报告中的表 2。

（5）改变反馈电阻阻值，使 $R_f = 100\ k\Omega$，其他各电阻值及输入各量不变，重测 u_o 幅值，记入本次实验报告中的表 2 中。

（四）同相比例运算电路的测试

（1）按实验描述中图1（c）连接电路。

（2）调节函数信号发生器，使其输出为 $f = 1$ kHz、$U_{i1} = 0.3$ V 的正弦信号，将函数信号发生器输出接至电路的输入端，测出 U_o 的有效值，记入本次实验报告中的表3。

（五）减法运算电路的连接与测试

（1）按图1（d）连接电路。

（2）调节函数信号发生器，使其输出 $f = 1$ kHz 的正弦信号。

（3）再按图1（e）连接到 100 kΩ 的电位器上，产生两个同频同相的交流信号 u_{i1} 和 u_{i2}，分别接至减法器的两个输入端，幅值分别为 $U_{i1} = 0.3$ V，$U_{i2} = 0.2$ V 再测出 U_o，记入本次实验报告中的表4。

（六）积分电路测试

（1）按图1（f）连接电路，输入信号 u_i 从 $R_{21} = 10$ kΩ 处输入。

（2）将方波发生器的输出接至积分电路的输入 u_i，并将 u_i 接至踪示波器的 CH1 输入端，将积分电路的输出 u_o 接至示波器的 CH2，观察输入、输出电压波形。

（3）输入信号 u_i 从 $R_{23} = 100$ kΩ 处输入，观察输入、输出电压波形。

（七）微分电路测试

（1）按图1（g）接线，将方波信号接至输入端，用双踪示波器观察 u_i 和 u_o 波形。

（2）再输入三角波，用示波器观察输出波形（应为方波）。

五、实验注意事项

（1）爱护实验设备，不得损坏各种零配件。不要用力拉扯连接线，不要随意插拔元件。

（2）实验前应先将稳压电源空载调至所需电压值后，关掉电源再接至电路，实验时再打开电源。改变电路结构前也应将电源断开，应保证电源和信号源不能出现短路。

（3）集成运放的正、负电源不能接反，各管端子必须准确使用。

（4）接元件时必须切断电源，不可带电操作。

（5）通过登录实验网址"http://www.ceeolab.com"注册并进行线上实验。也可通过配套实验室进行线下实验。

《集成运算放大器构成的基本运算电路》实验报告

班级_____ 姓名_____学号_____成绩 _____

一、根据实验内容填写下列表格

表 1　反相比例运算电路测试

电路参数 $f = 1$ kHz	U_i/V	U_o/V 测量值	U_o/V 理论计数值
$R_f = 100$ kΩ	0.1 V，1 kHz		
	0.3 V，1 kHz		
$R_f = 10$ kΩ	0.1 V，1 kHz		
	0.3 V，1 kHz		

表 2　反相加法运算电路测试

电路参数	U_i	U_o 测量值	U_o 理论计算值
$R_f = 10$ kΩ	$U_{i1} = 0.3$ V $U_{i2} = 0.2$ V		
$R_f = 100$ kΩ	$U_{i1} = 0.3$ V $U_{i2} = 0.2$ V		

表 3　同相比例运算电路测试

测试条件	U_i	U_o 测量值	U_o 理论计算值
$R_f = 100$ kΩ $R_1 = 10$ kΩ	0.3 V		

表 4　减法运算电路测试

U_i	U_o 测量值	U_o 理论计算值
$U_{i1} = 0.3$ V $U_{i2} = 0.2$ V		

二、根据实验内容完成下列简答题

1. 怎样检测 LM324 集成运放芯片质量的好坏？

2. 使用 LM324 集成运放芯片做实验时，能否将正、负电源接反？

3. 在做反相比例运算实验时发现实验结果和理论值之间不相符，试分析可能出现的问题。

项目四　正弦波振荡器

思维导图

项目四英文版本

正弦波振荡器

- 预备知识
  - 正弦波振荡器结构
    - 放大电路
    - 正反馈
    - 选频网络
    - 稳幅网络
  - 振荡条件
    - 振幅平衡条件：$|AF|=1$
    - 相位平衡条件：$\varphi_a+\varphi_f=2n\pi$
    - 起振条件：$|AF|>1$
  - 选频电路
- 正弦波振荡器分类
  - RC正弦波振荡器
    - RC串并联网络 $f_s=\dfrac{1}{2\pi RC}$
    - 选频电路
    - 串联谐振回路
    - 并联谐振回路
    - LC谐振回路 $f_s=\dfrac{1}{2\pi\sqrt{LC}}$
    - 电路结构：RC串并联网络
    - 振荡频率
    - 特点：电路结构简单、电路形式多、频率调节方便、应用于频率较低的场合、输出波形较好
  - LC正弦波振荡器
    - 变压器耦合式
      - 电路结构
      - 稳幅措施
      - 振荡频率
      - 特点：容易起振、常易起振、调频容易、输出电压大、可调阻抗匹配、需谐波同名端、振荡频率在几兆赫兹以下
      - 结构特点：集电极C、发射极E与基极B、基B、发射极E同接E同接E
    - 三点式
      - 集电极C、基极B、基极B同接E 极性也相反
      - 电容三点式（考毕兹）
        - 组成：CE与BE间接电容、CB间接电感
        - 特点：输出波形较好
        - 振荡频率
        - 缺点：调频不方便，用于频率调节范围小的场合
      - 电感三点式（哈特莱）
        - 组成：CE与BE间接电感、CB间接电容
        - 特点：容易起振、调频方便
        - 振荡频率
        - 缺点：输出波形中含有较次谐波成分、振荡频率大几十兆赫兹以上、用于收音机、信号发生器等改变波频率的场合
  - 石英晶体振荡器
    - 压电效应
    - 振荡频率及电抗特性
    - 石英晶体振荡电路：串联型、并联型
    - 特点
    - 电抗特性
      - 小于串联谐振频率：晶体呈容性
      - 大于串联谐振频率、小于并联谐振频率：晶体呈感性
      - 小于串联、并联谐振频率之间：晶体呈感性
    - 振荡频率等于晶体的固有频率
- 改进
  - 克拉波
    - 结构特点：考毕兹振荡器基础上增加一个电容
    - 特点：适用于对频率、波形比较稳定、波形要求平稳、频率稳定度高
    - 输出信号可达千兆赫
  - 西勒
    - 结构特点：考毕兹振荡器基础上增加一个电容、波形稳、频率稳定度高
    - 特点：输出幅度可达千兆赫
    - 输出信号频率可调，用于宽带可变频振荡器

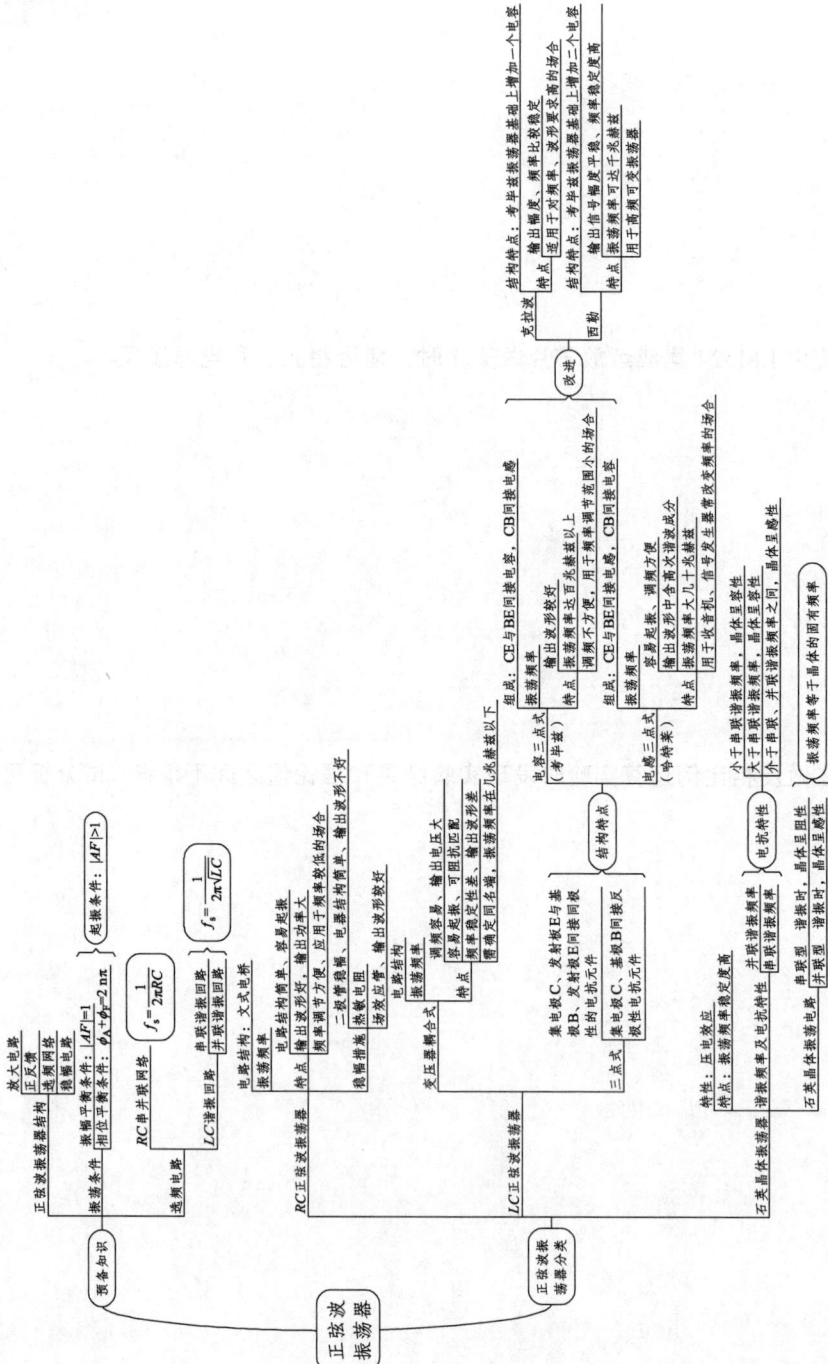

图 4-1　项目四思维导图

了解正弦波振荡器的工作原理与分类，掌握其结构和起振条件，了解正弦信号的产生过程及选频电路的作用；

会正确设计与使用 LC 振荡器、RC 振荡器和石英晶体振荡器等；

通过学习让学生建立系统的观念、发展的观念、工程的观念和创新的观念，培养学生科学的思维方式和不断进取的精神。

任务一　振荡器基本原理

一、正弦波振荡器的结构及自激振荡的条件

微课　正弦波振荡器的结构及自激振荡的条件　　　动画　振荡电路（1）；振荡电路（2）

在前面项目中已经介绍过负反馈放大器，当负反馈为深度负反馈时，放大器也会产生自激振荡问题，其原因是电路中存在电抗元件，会产生附加相移，使放大器的相移在某些频率上产生倒置，使负反馈变为正反馈，形成自激振荡，破坏了放大电路的正常工作，因此必须加以消除。但对于振荡器来讲，正是要利用上述自激振荡产生交流波形。所以放大器和振荡器在对待自激振荡的问题上是截然相反的两种态度。放大器的主要目的是放大输入信号，并要想办法消除自激振荡。而振荡器则是要充分利用自激振荡，想方设法满足自激振荡条件。因此，正弦波振荡器主要的结构就是基本放大器加上正反馈网络，无须外接输入信号。图 4-2 所示电路就是正弦波振荡器的结构框图。还要强调说明，加入正反馈只是一个必要条件，并不是充分条件。电路要形成振荡还必须满足其他条件。

（一）正弦波振荡器的电路组成

正弦波振荡器是由放大器和反馈网络组成的闭环系统，为了保证得到单一频率的正弦波，系统中要有选频电路；为了使振荡器输出稳定还往往加有稳幅电路。正弦波振荡器的组成框图如图 4-2 所示，如果选频网络由 RC 组成，称为 RC 正弦波振荡器；如果由 LC 组成，则称为 LC 振荡器。

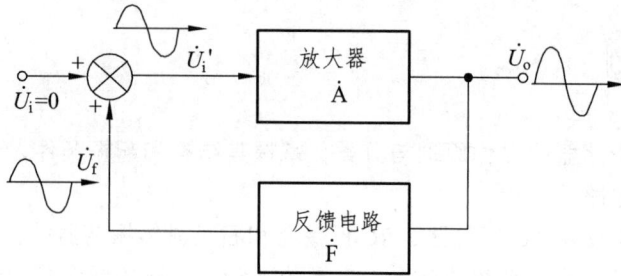

图 4-2　正弦波振荡器的结构框图

（二）自激振荡的条件

在图 4-2 所示电路中，假设放大器输入端的正弦电压 $\dot{U}_i'$ 经放大使输出端产生正弦电压 $\dot{U}_o$。若 $\dot{U}_o$ 经反馈网络输出的反馈电压 $\dot{U}_f$ 等于 $\dot{U}_i'$，即 $\dot{U}_f$ 与 $\dot{U}_i'$ 同相、同幅度，则输出电压仍然是 $\dot{U}_o$。这时无须外加输入信号，即 $\dot{U}_i = 0$，电路仍可稳定持续地输出一个正弦波，即形成振荡。这种状态下，$\dot{U}_o$、$\dot{U}_f$ 与 $\dot{U}_i'$ 的关系为

$$\frac{\dot{U}_f}{\dot{U}_i'} = \frac{\dot{U}_o}{\dot{U}_i'} \times \frac{\dot{U}_f}{\dot{U}_o} = \dot{A}\dot{F} = 1$$

可见，$\dot{A}\dot{F} = 1$ 就是能够形成正弦振荡的条件。而 $\dot{A}\dot{F} = 1$ 这个表达式包含了两个条件：一是相位平衡条件；二是幅度平衡条件。

相位平衡条件是指放大器的相移 Φ_A 与反馈网络的相移 Φ_F 之和为 π 的偶数倍，即

$$\Phi_A + \Phi_F = 2n\pi \quad (n = 0、1、2、3\cdots)$$

幅度平衡条件是指放大器的放大倍数 $\dot{A}$ 与反馈网络的反馈系数 $\dot{F}$ 的乘积的模等于 1，即

$$|\dot{A}\dot{F}| = 1$$

幅度平衡条件 $|\dot{A}\dot{F}| = 1$ 只能表示振荡器已处于稳幅振荡状态。但电路在初始状态时 $\dot{U}_o = 0$，则电路会处于零状态不能起振，这时需要加一个外来激励信号使输出电压达到某一定值，才能形成正弦振荡，这就是他激振荡器。若振荡器需要一开机就能自动起振，这就是自激振荡器。这种振荡器在振荡建立的初期，必须使反馈信号的幅度大于原输入信号的幅度，即反馈信号一次比一次大才能使振荡幅度逐渐增大，形成自激振荡。因此振荡器起振的条件应当为 $|\dot{A}\dot{F}| > 1$。可见振荡器中必须要有放大器才行。

当振荡建立后，还必须利用稳幅环节（一般都包含在反馈网络中）使 $\dot{A}\dot{F}$ 的值降为 1，才能使建立的振荡得以维持下去。

（三）自激振荡的建立过程

实际的振荡器都是在接通电源时，立即自动起振。道理很简单，在打开电源的瞬间，电路中各点的电位和电流都在一个瞬间从零跳到某个值，这个跳变的信号正是振荡的起源，它包含了非常丰富的频率成分，其中必有一个频率与振荡器选频电路的谐振频率 f_0 相同，则选频电路对这个频率信号产生最强的反应，即输出幅度最大，而其他频率的信号都被选频电路衰减下去。尽管选出的谐振频率的信号最初时也很弱，但它被放大输出，经正反馈再回到输入，再放大输出，如此反复，使其幅度越来越大，增加到一定值时，放大电路进入非线性区域，放大倍数下降，使 $|\dot{A}\dot{F}|$ 的值也下降为 1，达到平衡条件，最终使输出的交流信号稳定在某个值上，这个过程是非常迅速的。当然，若 $|\dot{A}\dot{F}|$ 的值过大，有可能使放大器的三极管进入饱和区或截止区，造成输出信号的波形失真。因此，振荡电路一般还要加稳幅电路，即外接非线性元件构成稳幅电路，保证振荡器输出的幅度稳定，波形不失真。

综上所述，正弦波振荡器的结构必须包括基本放大电路、反馈网络、选频网络和稳幅电路四部分，许多振荡器电路的选频网络和反馈网络是合在一起的。正弦振荡电路的幅度条件有三种情况：一是若 $|\dot{A}\dot{F}|<1$，则电路不能起振；二是若 $|\dot{A}\dot{F}|\gg1$，则电路容易起振，但有可能引起输出波形失真；三是若 $\left|\dot{A}\dot{F}\right|$ 稍大于 1，则电路能起振，起振后经稳幅电路容易满足幅度平衡条件，且波形不失真。幅度条件是容易满足的，并且电路中的 A 和 F 一般都可以方便地调整。

二、RC 串并联网络和 LC 谐振回路的选频特性

（一）RC 串并联网络的选频特性

由 RC 构成的选频网络如图 4-3 所示。图中：

$$Z_1 = R_1 + \frac{1}{\mathrm{j}\omega C_1}$$

$$Z_2 = R_2 /\!/ \frac{1}{\mathrm{j}\omega C_2} = \frac{R_2}{1 + \mathrm{j}\omega R_2 C_2}$$

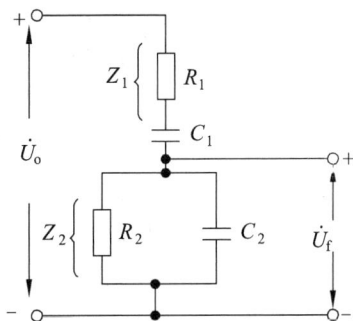

图 4-3　RC 串并联网络

输出电压 $\dot{U}_f$ 与输入电压 $\dot{U}_O$ 之比定义为 RC 并联网络传输系数，记为 $\dot{F}$，则

$$\dot{F} = \frac{\dot{U}_f}{\dot{U}_O} = \frac{Z_2}{Z_1 + Z_2} = \frac{R_2 /(1 + j\omega R_2 C_2)}{R_1 + (1/j\omega C_1) + R_2 /(1 + j\omega R_2 C_2)}$$

$$= \frac{1}{\left(1 + \dfrac{R_1}{R_2} + \dfrac{C_2}{C_1}\right) + j\left(\omega R_1 C_2 - \dfrac{1}{\omega R_2 C_1}\right)}$$

通常使 $R_1 = R_2 = R$，$C_1 = C_2 = C$，则上式可简化为

$$|\dot{F}| = \frac{1}{3 + j\left(\omega RC - \dfrac{1}{\omega RC}\right)}$$

其模值为

$$|\dot{F}| = \frac{1}{\sqrt{3^2 + \left(\omega RC - \dfrac{1}{\omega RC}\right)^2}}$$

相角为

$$\Phi = -\arctan\frac{\omega RC - \dfrac{1}{\omega RC}}{3}$$

显然，$\dot{F} = \dfrac{1}{3}$ 为其最大值，此时 $\omega RC = \dfrac{1}{\omega RC}$，即 $\omega = \dfrac{1}{RC}$，同时相角 $\Phi = 0$。RC 串并联网络呈电阻性，这时的电路称为谐振状态。我们把此时的角频率记为 ω_0，频率记为 f_0。则谐振时 $\omega = \omega_0 = 2\pi f_0 = \dfrac{1}{RC}$，即 $f = f_0 = \dfrac{1}{2\pi RC}$。

当 f 不等于 f_0 时，传输系数 $|\dot{F}| < \dfrac{1}{3}$，相移 Φ 不为零。因此 RC 串并联网络具有明显的选频特性。

RC 串并联网络的频率特性如图 4-4 所示。图 4-4（a）所示为幅频特性，图中可以看出，在频率 f 等于 f_0 处，$|\dot{F}|$ 达到峰值，f 偏离 f_0 时，$|\dot{F}|$ 值迅速下降，最终趋近于零。图 4-4（b）为相频特性，在频率 f 等于 f_0 处，相移 Φ 为零，偏离 f_0 时，相移 Φ 不为零，最终趋近于±90°。

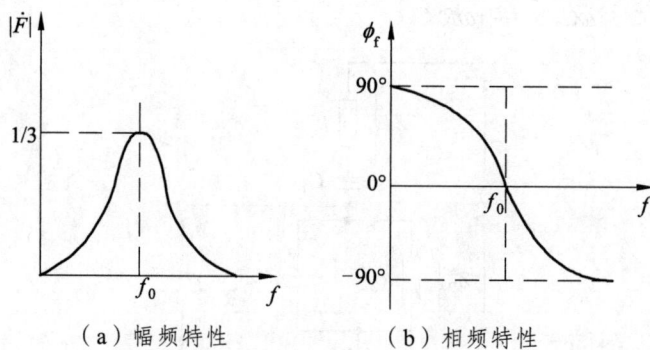

（a）幅频特性　　　　　（b）相频特性

图 4-4　RC 串并联网络的频率特性

（二）LC 谐振回路的频率特性

1. LC 串联谐振电路

根据在电工学中学过的有关电路的特性可知，电感 L 和电容 C 构成的电路中阻抗大小与外加电压的角频率 ω（$\omega = 2\pi f$）有关。感抗 ωL 随频率的增高而增大，容抗 $1/\omega C$ 随频率的增高而减小，而且 L、C 上的电压和电流的相位也不同。

L、C 串联电路如图 4-5（a）所示，图中 $\dot{U}$、$\dot{I}$ 分别为回路的总输入电压和输入电流，$\dot{U}_L$ 是 L 的端电压，$\dot{U}_C$ 是 C 的端电压。$\dot{U}_L$ 和 $\dot{U}_C$ 是反相的，电路的总阻抗为 $Z = R + j\omega L - j/\omega C = R + j(\omega L - 1/\omega C)$。式中虚部为零时，输入电压与电流同相，电路形成串联谐振，此时令角频率 $\omega = \omega_0$，则有

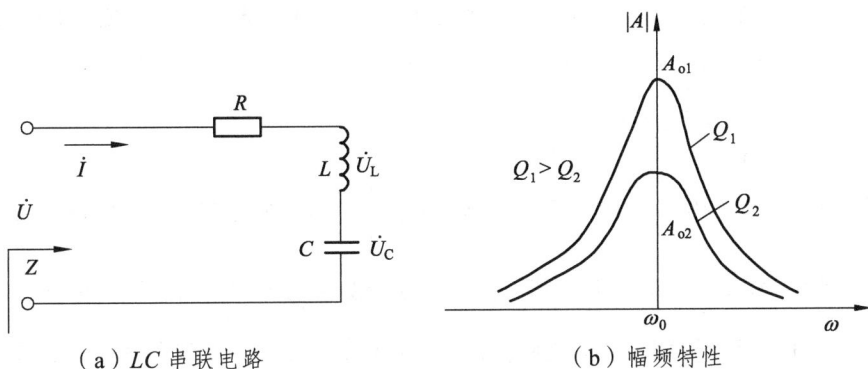

（a）LC 串联电路 （b）幅频特性

图 4-5 　LC 串联谐振电路

即
$$\omega_0 = \frac{1}{\sqrt{LC}}$$
$$f_0 = \frac{1}{2\pi\sqrt{LC}}$$

上式表示，谐振频率 f_0 只和 L、C 的数值有关，因此 f_0 也叫作固有频率。串联谐振时电路中电流达到最大，电感和电容上的电压幅度相等（$|\dot{U}_C| = |\dot{U}_L|$）且达到峰值。有很强的选频效果。其幅频特性曲线（也叫作钟形曲线）如图 4-5（b）所示。

$Q = \dfrac{\omega_0 L}{R}$ 为谐振回路的品质因数，Q 是 LC 谐振回路的一项重要指标。谐振时 $|\dot{U}_C| = |\dot{U}_L| = Q|\dot{U}|$。$Q$ 越大，选频效果越好，即钟形曲线越陡峭。一般情况下因 R 很小，故 $Q \gg 1$，Q 数值可达几百以上。

2. LC 并联谐振电路

在 LC 并联回路中，通常把电感线圈的损耗电阻及回路损耗电阻等效为一个总电阻 R，R 与 L 串联后再同 C 并联构成并联谐振回路，如图 4-6 所示。图中 $\dot{U}$、$\dot{I}$ 分别为回路的总输入电压和输入电流，$\dot{I}_L$ 是电压电路的电流，$\dot{I}_C$ 是电容支路的电流。

频率较低时，容抗很大，感抗很小，LC 并联电路的阻抗很小并呈感性。当频率很高时，感抗很大，容抗很小，LC 并联电路的阻抗也很小，但呈容性。显然 LC 并联回

路的总阻抗是角频率 ω 的函数，并且存在一个最大值。同样可求出并联谐振频率为

$$f_0 \approx \frac{1}{2\pi\sqrt{LC}}$$

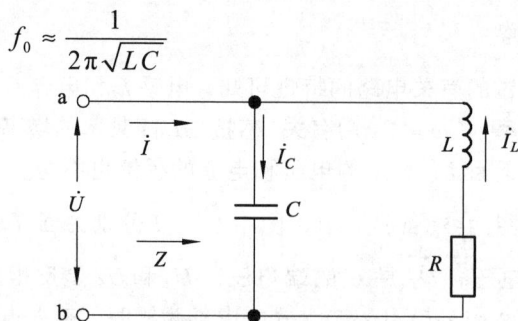

图 4-6 LC 并串联谐振电路

上式表示 LC 并联谐振频率与串联谐振频率的计算形式基本一样，并联谐振时电路的总电压与总电流同相。电路在谐振时，用电路分析方法可以得出结论：

$$\left|\dot{I}_C\right| = \left|\dot{I}_L\right| = Q\left|\dot{I}\right|$$

因 Q 特别大，则输入电流 $\dot{I}$ 近似为零；$\left|\dot{I}_L\right| \approx \left|\dot{I}_C\right|$ 且方向相反，其幅度远远大于输入电流 $\dot{I}$，即 $\left|\dot{I}_L\right|$ 和 $\left|\dot{I}_C\right|$ 可以是 $\left|\dot{I}\right|$ 的几十倍、几百倍乃至成千上万倍。这时电感和电容支路的电流只在回路内周期性循环流动。这个特点对分析 LC 正弦波振荡电路是非常有用的。因为这种状态下可以认为 LC 并联回路内的电流已形成振荡。外加的电压 $\dot{U}$ 和很小的电流 $\dot{I}$ 只是用来弥补 R 上的微小损耗，以保持回路内的电流稳定持续地振荡下去。

任务二　RC 正弦波振荡器及 LC 正弦波振荡器

微课 RC 桥式振荡器

由电阻 R 和电容 C 作为选频电路构成的正弦波振荡器称为 RC 振荡器。由电感 L 和电容 C 构成选频电路的正弦波振荡器称为 LC 振荡器。

一、RC 桥式振荡电路

在很低频率的正弦振荡器中，L、C 的数值都要取得很大，尤其 L 的数值很大时，所用的电感线圈的体积和重量增大、品质因数下降并且难以起振。所以在几百千赫兹以下的低频信号振荡电路中，广泛采用 RC 振荡器，因其电阻的结构简单，体积和阻值几乎无关，能克服 LC 正弦振荡器在低频时的缺点。

常用的 RC 振荡器有桥式、移相式和双 T 网络式等几种类型。本节只介绍 RC 桥式振荡电路。

（一）RC 文氏电桥振荡器的电路结构

用 RC 串并联网络兼作正反馈网络和选频网络，再加上一个适当的放大器即可构成一个正弦波振荡器。这个放大器采用一个运算放大器构成同相放大器，将其输出电压接到 RC 串并联网络的输入端，再将 RC 串并联网络的输出端接到放大器的同相输入端，即可构成一个正反馈放大电路，如图 4-7 所示。该电路就是 RC 桥式振荡电路，也叫作文氏电桥振荡器。

图中的 RC 选频网络的 R_1C_1 和 R_2C_2 是电桥的两臂，构成正反馈网络，反馈电阻 R_f 和 R_3 构成文氏电桥的另外两臂，是作为稳幅环节的负反馈电路，振荡器的主要条件由这两个反馈电路决定。

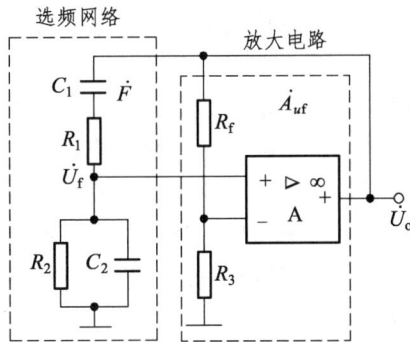

图 4-7　文氏电桥振荡器

一般情况下，为了电路分析设计与调试方便，通常取 $R_1 = R_2$，$C_1 = C_2$，以下分析都按这个取值进行。

（二）起振条件与振荡频率

图 4-7 中，RC 串并联网络的输出信号 $\dot{U}_f$ 直接加在运算放大器的同相输入端，则运算放大器的输出电压 $\dot{U}_o$ 与 $\dot{U}_f$ 同相。$\dot{U}_o$ 又加在 RC 串并联网络的输入端，当 RC 串并联网络在谐振状态时相移为零，因此电路满足相位平衡条件，即 $\Phi_A + \Phi_F = 2n\pi$。同时 RC 串并联网络在谐振时其反馈系数为 $|\dot{F}| = \dfrac{1}{3}$，则同相放大器的放大倍数 A_{uf} 只要略大于 3 就能满足幅度平衡条件。由于同相放大器的放大倍数 $A_{uf} = 1 + \dfrac{R_f}{R_3}$，所以只要 R_f 略大于 $2R_3$ 即能满足起振条件，显然这是很容易做到的。实用中常把 R_f 作为可调电阻来调整 A_{uf} 的值。

以上起振条件都是在 RC 串并联网络谐振状态下（即 $f = f_0$ 时）满足的，其他频率信号的相移和幅度都不能满足振荡条件，因此电路只能产生一个单一频率的信号。集成运算放大器的参数可以按理想状态取值，即图 4-7 中的同相放大器的输入阻抗为无穷大，输出阻抗为零，则它们对 RC 串并联网络的阻抗无任何影响，所以电路的振荡

频率就是 RC 串并联网络的谐振频率 f_0，即 $f_0 = \dfrac{1}{2\pi RC}$。

若取 $R_1 = R_2 = 10 \text{ k}\Omega$，$C_1 = C_2 = 0.1 \text{ μF}$，则

$$f_0 = \frac{1}{2\pi RC} = \frac{1}{2\pi \times 10^4 \times 10^{-7}} \approx 159 \text{ Hz}$$

（三）稳幅措施

根据上面分析可知，为了使电路能从初始状态起振，希望 A_{uf} 大于 3，A_{uf} 越大，电路越容易起振。但这样容易使输出波形失真，形成削顶波形。若 A_{uf} 较小（即 $A_{uf}<3$），一是电路不易起振，二是起振后由于温度变化和元件参数的离散性会使振荡条件被破坏使振荡器停振，因此需要有一个自动稳幅电路来控制振荡器稳定工作。稳幅电路应能根据振荡器的输出幅度强弱自动改变负反馈信号的强弱（即自动调控 A_{uf}）。一个简单的方法是利用外接二极管的非线性特点来达到自动稳幅的目的。

如图 4-8 所示电路，反馈电阻 R_f 上并联了两个对向的二极管，用二极管电阻的非线性状态来达到自动稳幅的目的。例如，当振荡输出幅度过大时，二极管导通电流大，动态电阻值下降，使负反馈增强，电路放大倍数下降，可使输出幅度下降，防止振荡幅度继续上升；反之，二极管也能阻止振荡幅度下降，完全达到了自动稳幅的目的。

用两个对向的二极管是为了对输出电压的正负半周都能起反馈作用，因此，若要使输出电压的正负半周对称，两个二极管应选用一致的参数。另外，为了提高温度稳定性，两只二极管应选用硅管。

图 4-8 中的稳幅电路结构简单、实用，但输出波形不太理想，故该电路只能用于对输出波形要求不太高的地方。若要求更好的效果，可采用场效应管电路进行稳幅。另外还可用热敏电阻等元件构成稳幅电路。该项内容本文不再做专门介绍，请读者自行参阅其他有关资料。

最后应当指出，频率越高，R、C 的取值越小，当频率过高时，电阻、电容的数值必将很小。但电阻太小会使放大电路的负载加重，电容太小会因寄生电容的干扰使振荡频率不稳定。同时，普通集成运算放大器的带宽也有限。所以，RC 正弦波振荡器的振荡频率一般不能超过 1 MHz，更高频率的正弦波振荡器可采用 LC 正弦波振荡器。

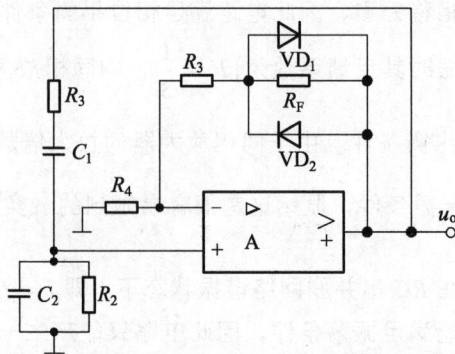

图 4-8　采取稳幅措施的文氏电桥振荡器

二、*LC* 正弦波振荡器

LC 正弦波振荡电路由电感电容构成选频网络，它适用高频振荡器，可以产生几十兆赫甚至上千兆赫以上的信号。频率很高时，由于普通运放的频带有限，常采用分立元件电路。

LC 正弦波振荡电路分为变压器反馈式、电感三点式和电容三点式等，它们一般都采用 *LC* 并联谐振回路作为选频网络。

（一）变压器反馈式 *LC* 振荡器

利用 *LC* 并联回路作为选频网络，再利用变压器作为反馈元件，可构成图 4-9 所示的变压器反馈式正弦波振荡电路。图中的放大电路是一个单管共射极放大电路，谐振时三极管 VT 集电极的 *LC* 并联回路相当于一个纯电阻，则 VT 的基极信号与集电极信号反相。根据图中变压器的同名端位置看出，次级绕组 N_2 引入了 180° 的相移，形成正反馈，满足了相位平衡条件，而幅度平衡条件一般都能满足。该电路的振荡频率约等于 *LC* 并联回路的谐振频率 f_0，即 $f_0 \approx \dfrac{1}{2\pi\sqrt{LC}}$。

对于其他频率的信号（即 $f \neq f_0$），因 *LC* 并联回路不是纯阻性，则会对信号产生附加相移，不能满足相位平衡条件。同时，*LC* 回路对这些信号的幅度也大大衰减，使其不能满足幅度平衡条件，所以电路只能输出单一频率的正弦波信号。

变压器反馈式正弦波振荡电路的优点是调频方便，输出电压大，容易起振，而且因变压器有改变阻抗的作用，所以便于满足阻抗匹配。但其缺点是频率稳定性不好，输出波形较差，实用中还要确定同名端，而且由于变压器的漏感和寄生电容等分布参数的影响，其振荡频率只能在几兆赫兹以下。若要设计更高频率的振荡器，则应采用三点式振荡器。

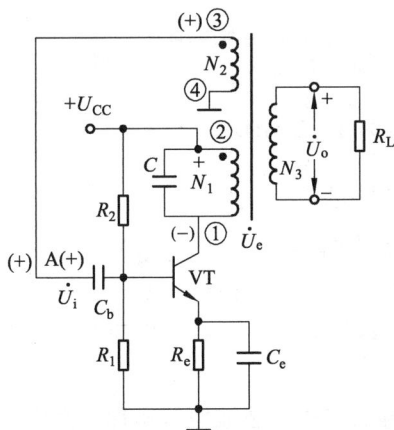

图 4-9　变压器反馈式正弦波振荡器

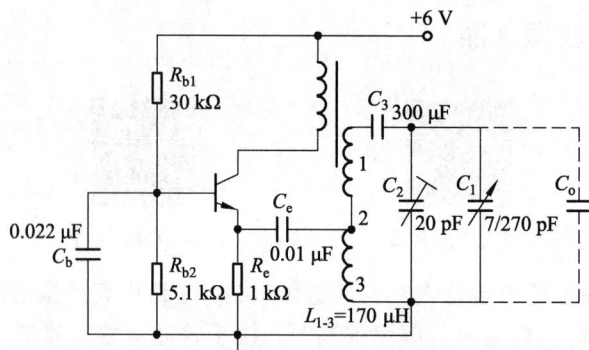

图 4-10　例 4-1 图

【例 4-1】 图 4-10 所示为一收音机的本机振荡电路。已知谐振回路的电感量 L 为 170 μH，微调电容 C_2 为 20 pF，C_o 为分布电容，取 10 pF，求振荡频率的可调范围。

解：图中的谐振回路由 $L_{1\sim3}$、C_3、C_2、C_1 和 C_o 组成，设 $C_1 + C_2 + C_o = C_P$，则

$$C_{Pmax} = C_o + C_2 + C_{1max} = 300(pF)$$
$$C_{Pmin} = C_o + C_2 + C_{1min} = 37(pF)$$

谐振回路的总电容 C 为

$$C = \frac{C_3 C_P}{C_3 + C_P}$$

所以

$$C_{min} = \frac{C_3 C_{Pmin}}{C_3 + C_{Pmin}} = 33 \ (pF)$$

$$C_{max} = \frac{C_3 C_{Pmax}}{C_3 + C_{Pmax}} = 150 \ (pF)$$

由此可得最低振荡频率：

$$f_{0min} = \frac{1}{2\pi\sqrt{LC_{max}}} = 1 \ (MHz)$$

最高振荡频率：$f_{0max} = \frac{1}{2\pi\sqrt{LC_{min}}} = 2 \ (MHz)$

所以，振荡频率的可调范围为 1～2 MHz。

（二）电感三点式 LC 振荡器

三点式振荡器是应用很广泛的一类 LC 振荡器，它不用区别线圈的同名端，而且制造工艺简单，振荡频率高，因此应用较为广泛。它分为电感三点式和电容三点式。三点式名称的由来是因为振荡器中 LC 并联谐振回路有三个端点分别与三极管的三个电极相连。

图 4-11（a）所示为电感三点式正弦波振荡电路。图中的电感线圈采用带中间抽头的自耦变压器，这样的线圈绕制方便，L_1 和 L_2 耦合紧，容易起振。

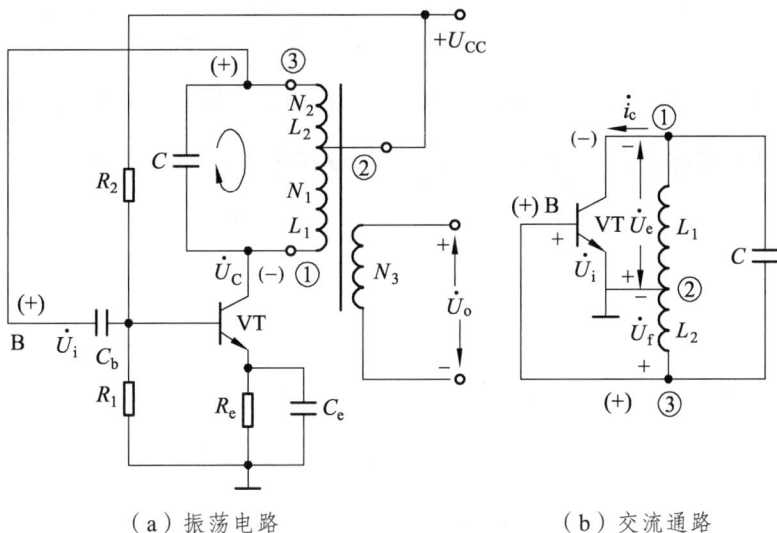

（a）振荡电路　　　　　　（b）交流通路

图 4-11　电感三点式正弦波振荡器

1. 电路结构说明

LC 并联回路中的电感线圈有上端、下端和中间抽头端三个端点，所以称它为电感三点式正弦波振荡电路，也称为哈特莱（Hartley）振荡器。

电路中三极管 VT 是放大元件，它和 R_1、R_2、R_e 等元件构成了共射极放大电路。R_1、R_2 为分压式偏置电路，R_e 为发射极电阻，它们可以稳定静态工作点。C_e 是旁路电路，用以提高交流电压放大倍数。C_b 为耦合电容，起到隔直作用。LC 并联谐振回路作为选频网络，代替了集电极电阻。输出信号经电感的③端反馈到 VT 的基极，电感的①端接 VT 的集电极，电感的②端接直流电压源。显然，电路中的反馈元件为 L_2。

2. 交流通路及相位条件

图 4-11（b）所示是振荡电路的交流通路，为分析方便，省略了 R_1 和 R_2，因为它们不影响相位。图中电感线圈的①端接 VT 的集电极，②端接 VT 的发射极，③端接 VT 的基极，故该电路为典型的电感三点式振荡电路。

首先分析一下电感线圈三个端点的相位关系：在谐振状态下，LC 并联回路内的电流比流入回路的电流（这里的 i_c 是输入电流）大许多倍（即 Q 倍，一般为几十倍或几百倍以上），可不考虑回路外界的影响。因此，电感中间抽头②端的瞬时电位必然在电感首尾两端的瞬时电位之间（即②端电位在①、③两端电位之间）。图 4-11 中电感的中间端②端交流接地，则电感的①端和③端的相位必然相反。这种情况我们可以形象地把电感线圈三个端点的电位关系看成一个"跷跷板"，②端相当于跷跷板的支点，①、③两端相当于跷跷板的两端，则①、③两点必然是一个高于支点，另一个低于支点，即相位相反（注：若电感的首端或尾端交流接地，则其他两个端点的相位相同）。

图 4-11 中，设 B 点瞬间极性为正（+），则 VT 集电极（①端）瞬间极性为负（−）。根据三端点电位的关系可知，③端瞬时性应为正（+）。该信号反馈到 B 点与原输入信号同极性，故为正反馈，满足相位平衡条件。

从图中也可明显地看到 $\dot{U}_o$ 与 $\dot{U}_i$ 反相，而 $\dot{U}_f$ 与 $\dot{U}_i$ 同极性。

显然，振荡器的输出信号频率约等于 LC 回路的谐振频率 f_0，即 $f_0 = \dfrac{1}{2\pi\sqrt{LC}}$。式中，$L$ 为回路总等效电感，$L = L_1 + L_2 + 2M$，M 是绕组 N_1 与 N_2 之间的互感，所以可得

$$f_0 = \frac{1}{2\pi\sqrt{(L_1 + L_2 + 2M)C}}$$

3. 幅值条件

因 LC 并联电路的 Q 值一般很大，谐振阻抗 Z_0 也很大，三极管的 β 值也比较大，该电路的起振条件是很容易满足的。一般情况下电路的 $\left|\dot{A}\dot{F}\right|$ 值会远大于 1，满足起振条件。另外还可以通过调节电感线圈抽头的位置来选取合适的 $\dot{F}$ 值。通常取绕组 N_2 的匝数为整个绕组匝数的 $\dfrac{1}{8}$ 到 $\dfrac{1}{4}$。

由于 LC 并联回路代替了三极管集电极电阻，则谐振时三极管的集电极阻值很大，使输出电压 $\dot{U}_o$ 及反馈电压 $\dot{U}_f$ 达到最大值。对其他频率的信号来说，LC 并联电路对其衰减很大，都不能满足幅度平衡条件，也就形不成振荡输出，故而电路只能输出单一频率的正弦波信号。

4. 电路特点

综上所述，电感三点式正弦波振荡电路的主要优点是容易起振，并且用可变电容能方便地调节振荡频率，所以它广泛用在收音机、信号发生器等需要经常改变频率的电路中，其振荡频率可达几十兆赫兹。缺点是不能很好地消除高次谐波，因为它的反馈电压在电感 L_2 上，频率越高，其感抗越大，不能将其短路。所以，其输出波形易含高次谐波，波形较差，一般用它产生几十兆赫兹或更低的频率。更高频率的振荡器可采用下述的电容三点式振荡电路。

（三）电容三点式正弦波振荡电路

电感三点式振荡电路由于反馈电压取自电感，故而波形不太好。要得到波形更好的正弦波，可考虑用电容来产生反馈电压，这样可短路掉高次谐波，使振荡波形变好。我们把电感三点式振荡电路中的电感和电容互为代换一下（即 L 换成 C，L_1 换成 C_1，L_2 换成 C_2），就形成图 4-12（a）所示的电路，该电路就叫作电容三点式正弦波振荡电路，又称为考毕兹（Colpitts）振荡电路。

1. 结构说明

图 4-12（a）中 LC 并联回路的电容支路采用两个电容 C_1 和 C_2 串联，这样在两个串联电容中间引入一个端点②，再从两个电容的另两端引出两个端点①和③，就构成了电容三点式振荡电路。选频网络仍是 LC 并联回路，反馈电压取自 C_2 两端。放大器

是分压式偏置电路的共射放大电路。C_b 为耦合电容，R_C 是为了给三极管 VT 集电极提供直流通路。

2. 交流通路及相位平衡条件

图 4-12（b）所示为振荡器的交流通路。图中明显看出，电容的三个端点分别接至三极管 VT 的三个电极，形成电容三点式电路。和电感三点式电路的分析方法相同，这里仍然可以形象地把两个串联电容三个端点的电位关系看成一个"跷跷板"，即②端接地相当于跷跷板的支点，①、③两端相当于跷跷板的两端，其电位必然是一个高于支点②，另一个低于支点②，这说明①、③两端的相位必相反。

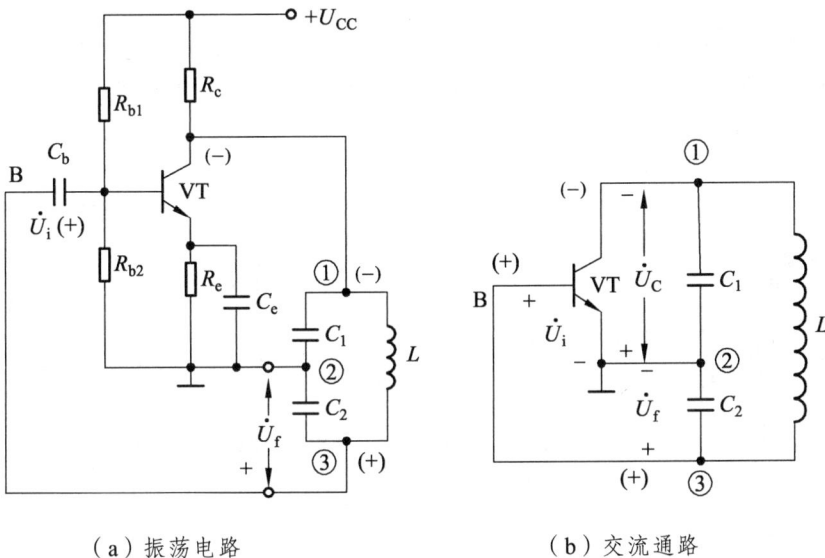

（a）振荡电路   （b）交流通路

图 4-12   电容三点式正弦波振荡器

图 4-12（b）中，设 B 点输入信号的瞬间极性为正（＋），则 VT 集电极（即①端）为负（－），而③端为正（＋），反馈到 B 点与原输入信号同相，满足相位平衡条件。

LC 并联谐振回路的总电容 $C = \dfrac{C_1 C_2}{C_1 + C_2}$。电路的振荡频率约等于 LC 并联的谐振频率，即

$$f_0 \approx \frac{1}{2\pi\sqrt{LC}} = \frac{1}{2\pi\sqrt{L\dfrac{C_1 C_2}{C_1 + C_2}}}$$

3. 电路的起振条件

同前面的分析一样，起振的幅值条件是容易满足的。电容两端的电压与其容量成反比。只要适当选择 C_1 与 C_2 的比值，就能得到足够大的反馈电压 $|\dot{U}_f|$。一般情况下使 $\dfrac{C_1}{C_2} \leqslant 1$。准确数值可通过具体实验调试确定。

4. 电路特点

电容三点式振荡电路中高次干扰谐波可以被 C_2 短路掉，所以输出波形较好。C_1 和 C_2 的容量能选得很小，甚至和三极管的极间电容的数值相近，所以振荡频率可设计得很高，能达到 $100\,\text{MHz}$ 以上。但同时也给振荡频率带来了不稳定因素，因极间电容对温度是不稳定的。另外，电容三点式振荡器的频率调节不方便，因调整电容 C_1 或 C_2 时，同时改变了反馈电压，影响到电路的起振条件。所以该电路适应于频率固定的电路。当然要想改变振荡频率也可以调整电感，或者在电感两端并接一个可调电容来调整频率，但受固定电容 C_1 和 C_2 的影响，这种调节方法的频率范围较小。

5. 电容三点式正弦波振荡器的改进

图 4-12 所示电路在振荡频率很高时，因为受三极管极间电容的影响，将使输出频率不稳定。改进的方法非常简单，即在电感 L 支路上串接一个电容 C，形成图 4-13（a）所示电路，这种电路仍是电容三点式振荡电路，又叫作克拉泼（Clapp）振荡器。

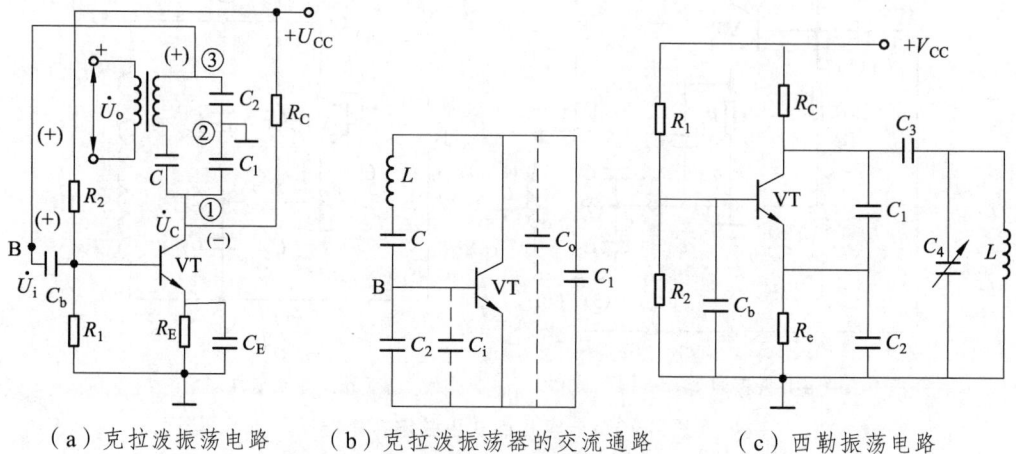

（a）克拉泼振荡电路　（b）克拉泼振荡器的交流通路　（c）西勒振荡电路

图 4-13　改进型电容三点式正弦波振荡电路

改进后的电路的交流通路如图 4-13（b）所示，图中的 C_i 和 C_o 表示三极管的极间电容，它们分别与 C_2、C_1 并联，这里把 C_1、C_2 的值取得比 C_o 和 C_i 大得多。则 C_o 和 C_i 的微小变化量基本上被 C_1、C_2 的相对大容量所淹没。对 LC 回路的谐振频率影响甚小。那么 C_1、C_2 太大了，谐振频率要降低，但实际中仍希望振荡器保持较高的频率，因此，只要将电感支路串联的电容 C 值取很小就可解决这个问题。LC 并联回路的总电容是 C_1、C_2 和 C 的串联等效电容。设总电容为 C'，则 $C' = \dfrac{1}{\dfrac{1}{C_1}+\dfrac{1}{C_2}+\dfrac{1}{C}}$。显然串联的结果是总电容小于最小的电容，即总电容主要取决于最小的电容，若 C 的值远远小于 C_1 和 C_2 的值，则 $C' \approx C$，所以改进型电容三点式振荡器的振荡频率为

$$f_0 = \frac{1}{2\pi\sqrt{LC'}} \approx \frac{1}{2\pi\sqrt{LC}}$$

上式表明，电路的振荡频率 f_0 基本上由 L 和 C 决定，三极管极间电容的影响极小，

所以频率非常稳定。因此该电路适合用于对波形和频率要求比较高的场合，比如用作电视机的本机振荡电路。

若在克拉泼振荡器的谐振元件电感 L 两端再并接一个小电容 C_4，就可构成西勒振荡器，如图 4-13（c）所示。该电路的振荡频率 f_0 近似为

$$f_0 \approx \frac{1}{2\pi\sqrt{L(C_3 + C_4)}}$$

西勒振荡器的振幅在工作频段内比较平坦，适于作为高频可变频率振荡器，其振荡频率可高达上千兆赫兹。

总结电感三点式和电容三点式振荡电路的特点，可以从交流通路中看出它们的共同特点：三极管的三个电极分别与谐振回路的三个端点连接，三个电极两两之间都接有一个电抗。与发射极相连的两个电抗是同性质的电抗，另一个电抗为反性质的电抗（接在基极与集电极间的电抗）。这样在发射极接地时，其两端电抗首尾两端点（集电极和基极）的相位相反（这相当于一个"跷跷板"，发射极就是支点，其他两极就像跷跷板的两个端点），这就是三点式振荡电路的电抗连接规则。满足这种接法，必然满足相位平衡条件，否则三点式振荡电路的连接是不正确的。

图 4-14 所示的四个交流通路中，（a）、（b）两图符合了上述规则，满足相位平衡条件，而（c）、（d）两图显然不符合上述规则，则不能满足相位平衡条件。

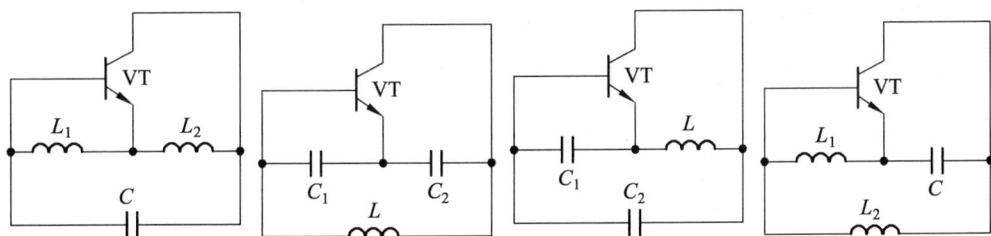

（a）能满足相位条件　b）能满足相位条件　（c）不能满足相位条件　（d）不能满足相位条件

图 4-14　三点式振荡器电路的几个交流通路

【例 4-2】　请判断图 4-15 所示各交流通路是否满足振荡器的相位平衡条件。

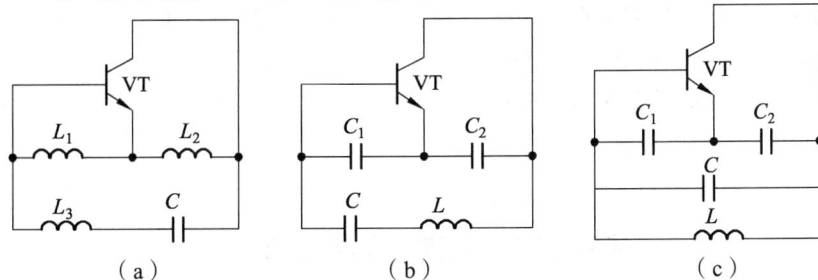

（a）　　　　　　　　（b）　　　　　　　　（c）

图 4-15　例 4-2 电路图

解：对于图 4-15（a），根据三点式振荡电路电抗连接规则，图中三极管发射极连接的两个电抗都是感抗，则连接集电极与基极的电抗必须是容抗才能满足相位平衡条件。而连接集电极与基极的支路是 L_3 与 C 的串联电路，这就要求 L_3 与 C 串联的等效电抗呈容性，即 $\frac{1}{\omega C} > \omega L_3$，或 $\omega < \frac{1}{\sqrt{L_3 C}}$。

整个 LC 回路的谐振角频率为

$$\omega_0 = \frac{1}{\sqrt{(L_1 + L_2 + L_3)C}} < \frac{1}{\sqrt{L_3 C}}$$

该式表明，回路在谐振状态时，L_3 和 C 的串联电抗肯定呈容性，符合电抗连接规则，满足振荡的相位平衡条件。

对于图 4-15（b），该图就是克拉泼振荡器的交流通路。三极管发射极的两个电抗都是容抗，因此要求 LC 支路的等效电抗呈感性，即 $\omega L > \dfrac{1}{\omega C}$，或 $\omega > \dfrac{1}{\sqrt{LC}}$。

回路谐振时，角频率为

$$\omega_0 = \frac{1}{\sqrt{L \dfrac{1}{\dfrac{1}{C_1} + \dfrac{1}{C_2} + \dfrac{1}{C}}}} > \frac{1}{\sqrt{LC}}$$

该式表明在谐振状态下，LC 串联支路肯定呈感性，符合三点式电抗连接规则，因此满足相位平衡条件。

对于图 4-15（c），该图中三极管 VT 的集电极和基极间连接的是 LC 并联回路，它必须呈感性才有可能形成振荡，即要求 $\omega L < \dfrac{1}{\omega C}$，或 $\omega < \dfrac{1}{\sqrt{LC}}$。

该三点式电路在谐振时频率应为

$$\omega_0 = \frac{1}{\sqrt{L\left(C + \dfrac{C_1 C_2}{C_1 + C_2}\right)}} < \frac{1}{LC}$$

显然电路在谐振时 LC 并联支路肯定呈感性，故电路满足相位平衡条件。

本节介绍的 LC 三点式振荡电路，都是采用分立元件做成单管放大器。其实也可用一般的集成运算放大器来作为 LC 振荡器，不过只适用于几百千赫兹以下的频率。当振荡频率更高时，就要采用宽带集成放大器或专用高频单片集成振荡器。要做成几兆赫兹的振荡器，可选用 μA733 宽带集成放大器。要做成频率高达 200 MHz 的振荡器，应选用高频率单片集成振荡器 E1648。若要频率稳定度更高的振荡器，则要采用石英晶体振荡器。

任务三　石英晶体振荡器

一、石英晶体的特性

由石英晶体构成的振荡器（简称晶振），广泛应用在高精度频率的振荡器中，如电子钟表电路、计算机的时钟信号电路、通信系统的射频振荡器等。

微课　石英晶体的特性

（一）频率稳定度问题

频率稳定度是衡量振荡器频率稳定程度的重要指标，用 $\frac{\Delta f}{f_0}$ 表示。Δf 代表频率偏移量，f_0 为谐振频率，该值越小越好。LC 谐振回路的品质因数 Q 对频率稳定度影响很大，Q 值越大则相频曲线在 f_0 附近越陡峭。因振荡器的频率是由相位平衡条件决定的，对于同样的相位变化，Q 值越大则对应的 $\Delta \omega$ 越小，则 $\frac{\Delta f}{f_0}$ 越小，频率稳定度也就越高。

我们经常看到或听到"石英钟"这个名字，那么钟表这个计时装置为什么和石英晶体联系上呢？大家都知道，一般的机械式手表基本上需要每天都校对时间，而现代常用的电子时钟系统基本上是在更换电池的时候才调一次时间（一般是半年到一年的时间）。可见，电子时钟的精度是很高的。电子时钟系统主要靠振荡器来产生计时脉冲，而对这个振荡器的频率稳定度要求非常高。比如万分之一的稳定度，我们听起来好像精度很高，但其意味着每 10 000 s 要误差 1 s，这样每天就要误差 8.6 s，一个月就要产生 4.5 min 左右的误差，这个误差离我们的要求显然太大了。而前面介绍过的振荡器中，稳定度最高的就是克拉泼振荡器，即使采取各种措施，稳定度最多也只能达到 10^{-5} 的数量级（即十万分之一的误差），而这对时钟系统来说还是不够的。所以时钟表系统的振荡器是不能用 LC 振荡器的，要采用稳定度更高的石英晶体振荡器。

石英晶体振荡器的频率稳定度一般为 $10^{-6} \sim 10^{-8}$，最高的可达 10^{-11}，因此晶体振荡器得到了广泛应用。

（二）石英晶体的结构

石英晶体的化学成分是二氧化硅（SiO_2），它可以按一定方位切成一定形状的薄片，在两个表面敷上一层银作极片，并引出两个电极，加上外封装就成为石英晶体谐振器（简称石英晶体），如图 4-16 所示。它是一种金属外壳的晶片。

（三）石英晶体的压电效应

当在晶体的两个极板上加一交变电场时，晶片会产生机械振动，反之，若在晶片两边加以机械压力，晶片相应方向上又会产生电场。这种机电转换的物理现象叫作压电效应。该晶体片具有一个固有的谐振频率，其频率的大小取决于晶体片的几何尺寸。当在两个电极上加入交变电压时，晶片会产生机械振动，而振动又产生交变电场。当外加交变电压的频率和晶体的固有频率相同时，振幅明显增大，交变电场也最大，此时的现象和 LC 谐振现象类似。由于晶片的温度稳定性好，所以其谐振频率相当稳定。

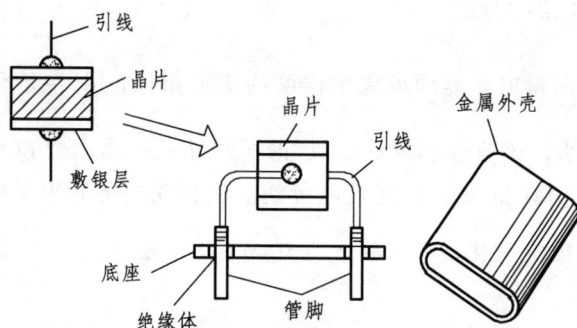

图 4-16　石英晶体振荡器

（四）石英晶体谐振器的符号和等效电路

石英晶体谐振器的符号如图 4-17（a）所示。由于石英晶体的压电谐振现象与 LC 谐振回路的谐振现象很类似，故可以把石英晶体谐振器等效为一个 RLC 串并联电路，如图 4-17（b）所示。图中 C_o 表示晶体在静态时的平板电容，L 模拟晶体振荡时的惯性，C 模拟晶体的弹性，晶体振动时的摩擦损耗用 R 来等效。C_o 的数值一般为几皮法至几十皮法，C 的数值很小，一般在 $0.000\,2 \sim 0.1\ \mathrm{pF}$。$L$ 的数值较大，有几十毫亨到几百亨。R 的数值一般为几十欧左右，因此该等效回路的品质因数 Q 很大，数值高达 $10^4 \sim 10^6$，这意味着晶体内部谐振时的循环电流可以是外电路电流的几万倍至几百万倍，这是 LC 谐振回路远远不能达到的。同时石英晶体的几何形状和尺寸都能做得很精确，故其频率稳定度极高。

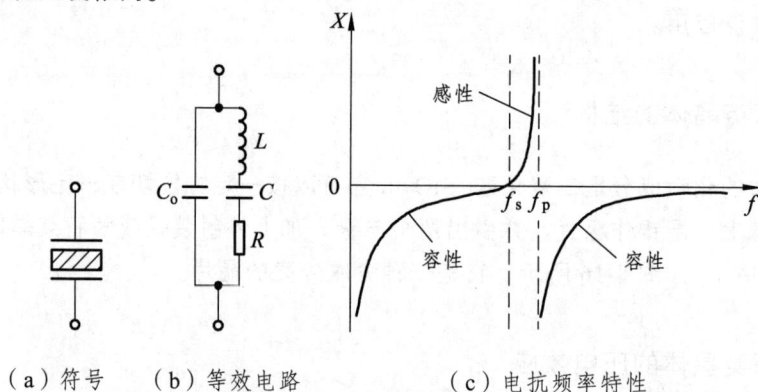

（a）符号　　（b）等效电路　　　　（c）电抗频率特性

图 4-17　石英晶体谐振器的符号、等效电路和电抗频率特性

（五）石英晶体谐振器的谐振频率和电抗频率特性

从图 4-17（b）所示石英晶体的等效电路看出，该电路有两个谐振频率，即 R、L、C 支路可产生串联谐振，其频率为

$$f_s = \frac{1}{2\pi\sqrt{LC}}$$

此时，R、L、C 支路的等效阻抗为纯电阻 R，阻值很小，由于 C_o 很小，容抗很大，故等效阻抗为 R，呈纯阻性。

另外，根据 LC 并联回路的特点，整个等效电路可产生并联谐振，其谐振频率为

$$f_p = \frac{1}{2\pi\sqrt{L\dfrac{CC_o}{C+C_o}}} = f_s\sqrt{1+\frac{C}{C_o}}$$

根据并联谐振的特性可知，此时石英晶体等效为一个很大的纯电阻，由上面表达式看出 $f_s < f_p$。石英晶体等效电路中，由于 $C \ll C_o$，所以 f_s 和 f_p 的数值非常接近。

设石英晶体在串联谐振时，R 约为 0，并联谐振时等效电阻接近无穷大，则可做出图 4-17（c）中所示的电抗频率特性图。图中表示：石英晶体的工作频率在 f_s 至 f_p 之间的极小范围内呈感性，在此小范围以外都呈容性。

通常可在石英晶体的两端并接一个小电容器 C_L 来进行频率微调，但该 C_L 的容量不宜过大，否则将影响稳定性。在石英晶体的外壳上通常标有频率数值，这个数值一般是指 $C_L = 30$ pF 时的 f_p。

二、石英晶体正弦波振荡电路

由于石英晶体谐振器有两个谐振频率 f_s 和 f_p，因此可用它构成两类正弦波振荡电路：一类是串联型晶体振荡电路，另一类是并联型晶体振荡电路。当晶体处于串联谐振时，晶体两端的等效电阻最小。利用这个特性，可以构成正反馈选频网络，形成串联型振荡。当晶体工作在 f_s 和 f_p 之间时，晶体两端呈电

微课 石英晶体正弦波振荡电路

感性，可用它与外接电容并联，形成并联振荡器。还可把外接电容分成两个串联电容而形成电容三点式正弦波振荡电路。这时外加电容和石英晶体的等效电容 C_o 并联，使石英晶体的 f_s 和 f_p 更加接近，所以谐振频率也非常稳定。

（一）串联型石英晶体正弦波振荡电路

串联型石英晶体振荡器电路如图 4-18 所示，其是由三极管 VT_1 和 VT_2 构成的两级放大电路，由石英晶体和 R_P 构成正反馈电路。当电路中的频率为 f_s 时，石英晶体便产生串联谐振，反馈支路呈纯阻性，阻抗最小。因此正反馈信号最大，能满足起振条件。还可以通过调节 R_P 来改变反馈信号的强弱，防止电路停振或失真。

该电路结构简单、调试方便。电路的振荡频率为石英晶体的固有频率 f_s，稳定度非常高，因此应用广泛。

（二）并联型石英晶体正弦波振荡电路

并联型石英晶体振荡器电路结构如图 4-19 所示。图中可把石英晶体看成一个等效电感，则该电路显然是一个改进型电容三点式正弦波振荡电路。振荡频率取决于石英晶体与 C_1、C_2 构成的回路的并联谐振频率，由于石英晶体只有在 f_s 与 f_p 之间呈感性，

电路才能形成电容三点式振荡，f_s 与 f_p 基本相等，故该电路的振荡频率基本取决于石英晶体的固有频率 f_s，即 $f_0 \approx f_s$，所以振荡频率很稳定。

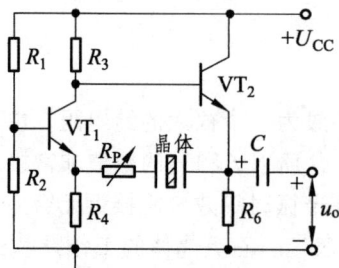

图 4-18 串联型石英晶体振荡器   图 4-19 并联型石英晶体振荡器

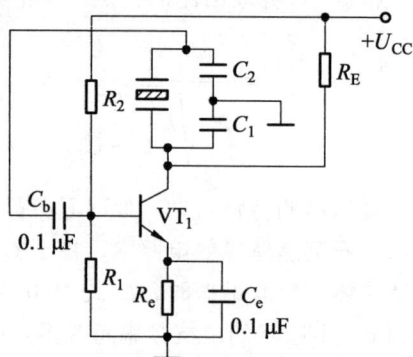

项目小结

带有选频网络的正反馈放大器可以构成正弦波振荡器。自激振荡的条件有两个：一个是相位平衡条件；一个是幅度平衡条件。

根据选频网络的元件性质不同，正弦波振荡器分为 RC 振荡器、LC 振荡器和石英晶体振荡器等。

各种正弦波振荡器的性能如下：

RC 桥式振荡器结构比较简单，适用于低频振荡器，波形失真小，调频范围宽，是应用最广泛的低频振荡器，适用频率一般为几百千赫兹或者以下。RC 移相式振荡器结构简单，但稳定性较差，适用于频率固定的小型低频测试等设备，适用频率一般为几赫兹至几十千赫兹。

LC 振荡器适用于高频振荡，频率稳定度可达 10^{-5}，一般振荡频率为几十兆至一百多兆赫兹，西勒振荡器的频率可高达几千兆赫兹，广泛应用在收音机和电视机的本机振荡电路中，通信系统中也广泛使用。

石英晶体振荡器适用于对频率稳定度要求特别高的电路中，振荡频率一般为几兆至一百兆赫兹，其频率稳定度高达 10^{-11}。在时钟系统和其他高精度电路中广泛应用。

思考与练习

4-1 选择题

1. 为了满足振荡的相位平衡条件，反馈信号与输入信号的相位差应该等于（   ）。

    A. 90°   B. 180°   C. 270°   D. 360°

2. 已知某振荡器中的正反馈网络，其反馈系数为 0.02，而放大器的放大倍数有下列几个值可取：5、20、50、70，为保证电路能起振且可获得输出信号波形，最合适的放大倍数是（　　）。

  A. 5   B. 20   C. 50   D. 70

3. 在正弦波振荡器中，正反馈网络的主要作用是（　　）。

  A. 保证振荡器满足振幅平衡条件

  B. 提高放大器的放大倍数，使输出信号足够大

  C. 一直处在非线性区

  D. 从非线性区过渡到线性区

4. 在正弦波振荡器中，放大器的主要作用是（　　）。

  A. 选频放大

  B. 减弱外界干扰

  C. 减小失真

  D. 使某一频率的信号在放大器工作时满足相位平衡条件而产生自激振荡

5. 在正弦波振荡器中，选频网络的主要作用是（　　）。

  A. 使振荡器输出一个单一频率的正弦波   B. 使振荡器输出较大信号

  C. 使振荡器有丰富的频率成分   D. 使振荡器满足振幅平衡条件

6. 对于电压型文氏电桥式 RC 振荡器，为了减轻放大器参数对 RC 串并联电路的影响，所引入的负反馈的类型，合适的是（　　）。

  A. 电压串联型   B. 电压并联型   C. 电流串联型   D. 电流并联型

7. 比较 RC 振荡器和 LC 振荡器的振荡频率，正确的说法是（　　）。

  A. 前者适用于高频而后者适用于低频

  B. 前者适用于低频而后者适用于高频

  C. 二者都适用于低频

  D. 二者都适用于高频

8. 石英晶体振荡器的主要优点是（　　）。

  A. 振荡频率高   B. 振荡频率稳定度高

  C. 振荡的幅度稳定   D. 振荡的波形失真小

9. 超外差收音机的本机振荡电路，是振荡频率为 $1 \sim 2.1\ \text{MHz}$ 的（　　）。

  A. RC 桥式振荡器   B. LC 振荡器

  C. 石英晶体振荡器   D. 积分式 RC 振荡器

10. 图 4-20 所示是 RC 正弦波振荡电路，当 R_1 出现短路时带来影响是（　　）当 R_f 出现开路时带来的影响是（　　）。

  A. 振荡器输出电压减小

  B. 没有任何影响

  C. Af < 3 振荡器停振

  D. Af > 1 运放将处于饱和状态，输出严重失调，近似方波

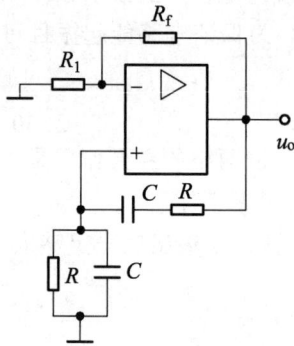

图 4-20　习题 4-1（10）用图

4-2　判断题

1. 从结构上看，正弦波振荡器是一个没有输入信号的带选频电路的正反馈放大器。　　　　　　　　　　　　　　　　　　　　　　　　　　　　　　（　　）

2. 只要满足相位平衡条件，且 $|AF| > 1$，则可产生自激振荡。　　　　（　　）

3. 负反馈电路不可能产生自激振荡。　　　　　　　　　　　　　　　（　　）

4. 只要具有正反馈，就能产生自激振荡。　　　　　　　　　　　　　（　　）

5. 振荡器和放大器一样，都是能量转换器，因此都需要外接输入信号才能工作。　　　　　　　　　　　　　　　　　　　　　　　　　　　　　　　　（　　）

6. 正弦波振荡器由放大电路和正反馈回路两部分组成，而且二者之一必须具有选频功能。　　　　　　　　　　　　　　　　　　　　　　　　　　　　（　　）

7. 实验室用信号发生器，频率范围为 20 Hz ~ 500 kHz，表波较好，可以选用 RC 振荡器。（　　）

8. 自激振荡电路中没有选频网络，就不可能产生正弦波振荡。　　　（　　）

9. 正弦波振荡电路中，只允许存在正反馈，不允许引入负反馈。　　（　　）

10. 串联型石英晶体振荡器电路中，石英晶体在电路中的作用等效为一个电感。　　　　　　　　　　　　　　　　　　　　　　　　　　　　　　　　（　　）

4-3　简答题

1. 正弦波振荡器平衡条件是什么？

2. 正弦波振荡器由哪几部分组成？各部分的作用是什么？

3. RC 振荡器为什么适用于低频振荡电路？频率过高时 RC 振荡电路有什么问题？

4. 何谓三点式 LC 振荡器，其结构有什么特点？

5. 画出电容三点式正弦波振荡器、电感三点式正弦波振荡器的交流通路，并比较两者之间的优、缺点。

6. 石英晶体振荡器阻抗特性有何特点？在并联型晶体振荡电路中，为什么石英晶体作为电感元件用？若将石英晶体作为电容元件使用行吗？

4-4　判断图 4-21 所示各电路能否满足自激振荡的相位条件。

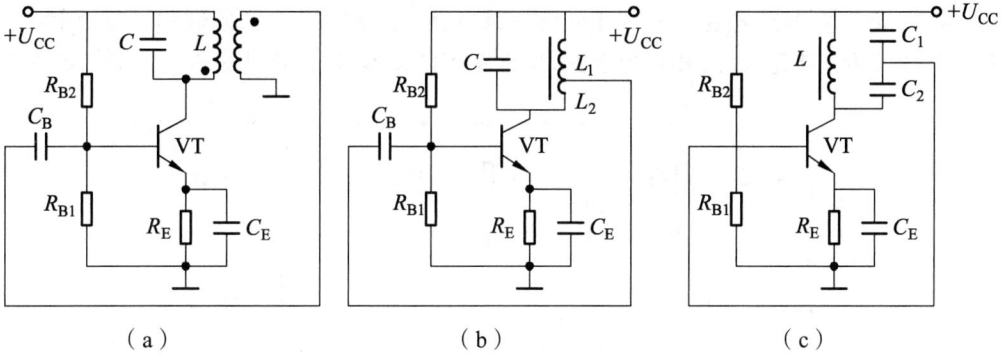

图 4-21　习题 4-4 用图

4-5 图 4-22 所示电路为某电视机中的本机振荡电路，请画出它的交流等效电路，计算振荡频率，并指出该图是何种振荡电路。

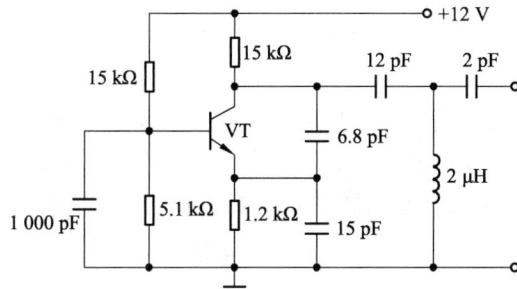

图 4-22　习题 4-5 用图

4-6 在图 4-23（a）、（b）中，请按正弦波振荡电路的连接规则正确连接 1、2、3、4 各点，并指出它们的电路类型。

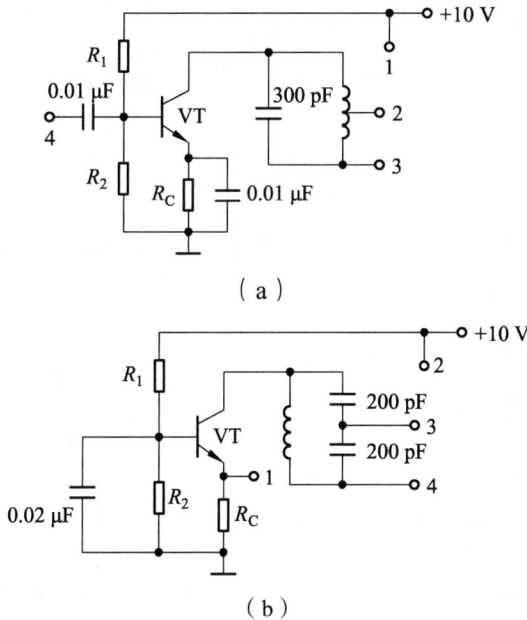

（a）

（b）

图 4-23　习题 4-6 用图

4-7 请将图 4-24 电路连接成正弦波振荡电路,试求:① R_f 的阻值和振荡频率;②若电路做好后连接无误,工作点也合适,但电路不能起振,可能是什么原因? 如何调整?

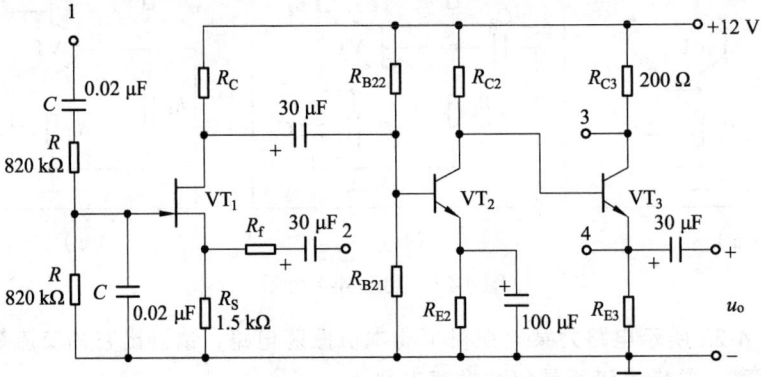

图 4-24 习题 4-7 用图

4-8 请设计一个振荡频率为 500 Hz 的 RC 桥式振荡器,选频网络的电容用 0.022 μF。

4-9 图 4-25 所示 RC 桥式正弦波振荡电路中,稳压二极管的稳压值为 ±6 V,R_1 为双连可调电阻,问:电路在不失真状态下,输出电压的最大值是多少? 让电路的振荡频率在 250 Hz 至 1 kHz 间可调,则电容器 C 的数值和双联可调电阻的阻值应取多大?

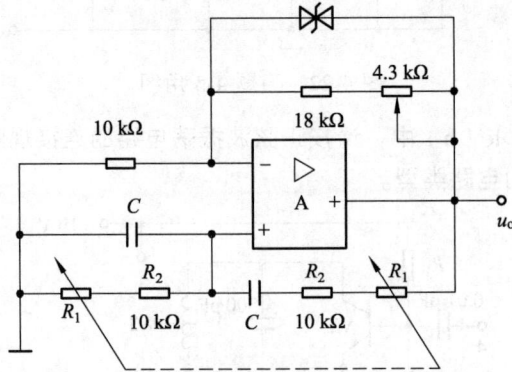

图 4-25 习题 4-9 用图

4-10 请分析图 4-26 所示各电路能否满足正弦波振荡的相位条件(不考虑耦合电容和射极旁路电容的相移)。

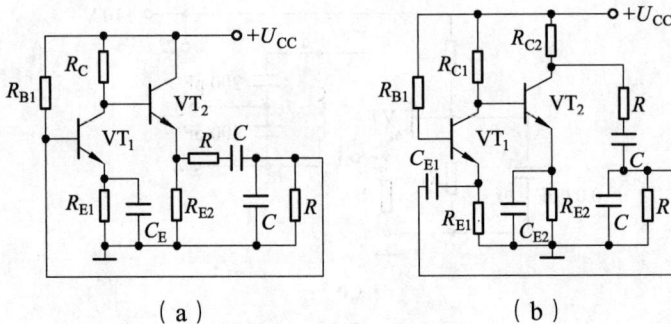

(a)   (b)

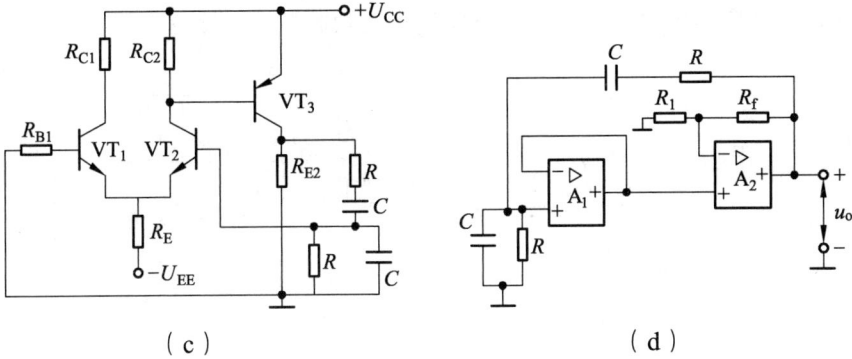

（c） （d）

图 4-26 习题 4-10 用图

4-11 在图 4-27 所示电路中，请按正弦波振荡的条件将石英晶体接在适当的位置。

4-12 在图 4-28 所示电路中，若要形成正弦波振荡，请分析：石英晶体应接在何处？ L、C_2 并联回路的谐振频率与石英晶体的谐振频率之间应当满足什么关系，电路才有可能振荡？

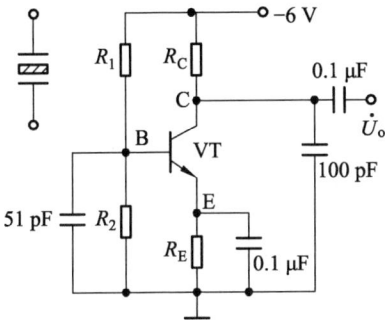

图 4-27 习题 4-11 用图

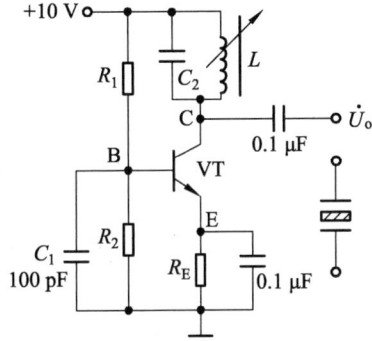

图 4-28 习题 4-12 用图

4-13 请用相位平衡条件判别图 4-29 所示的电路能否满足正弦波振荡条件。若能满足，则指出它们属于串联型还是并联型晶体振荡电路；若不能满足条件，则加以改正。C_E 为旁路电容，C_C 为耦合电容，它们的容量较大，在振荡频率下相当于短路。

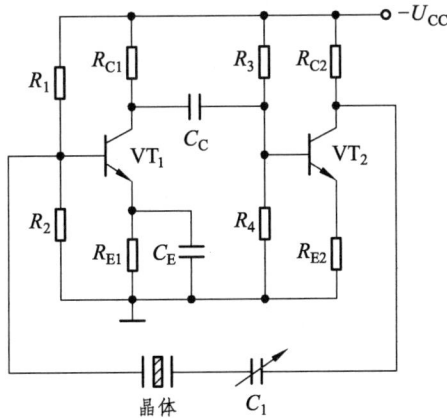

图 4-29 习题 4-13 用图

4-14 请按图 4-30 所示的两个电路图制作两款简易的门铃。

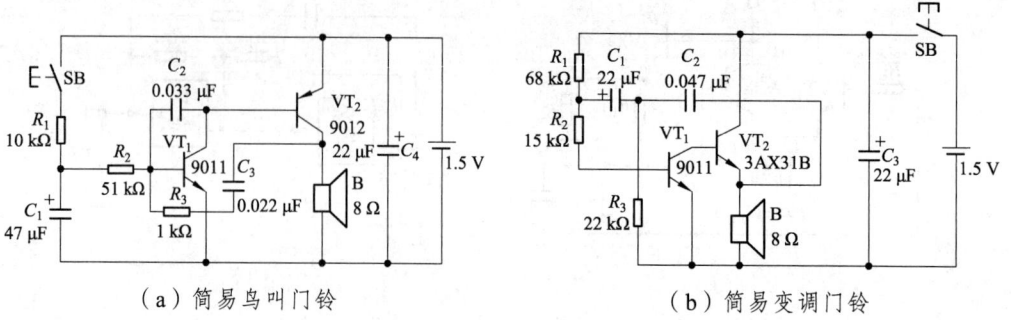

（a）简易鸟叫门铃　　　　（b）简易变调门铃

图 4-30　习题 4-14 用图

应用实践一

实用电路设计与制作

一、振荡器应用举例——音频断线报警器

小型便携式断线报警器如图 1 所示，电路由 VT_1、R_1、R_2、C_1、C_2 构成 RC 低频振荡器，VT_1 基极输入信号来自 C_3 的反馈信号，用漆包线将 a、b 连接（即 VT_1 管基极与地短路，短路位置应考虑电流小省电），此时振荡器停振，喇叭不响。若漆包线断开，电路立刻振荡，喇叭鸣响，发出报警信号。这种报警器电路简单，体积小，出门旅行乘火车时可将其放在旅行包中，引出漆包线系在行李架上，一旦行李包被盗，则立刻报警。图 1 中的振荡电路为互补型低频振荡电路。用该电路可做出各种用途的报警电路，读者可自己动手试一试。

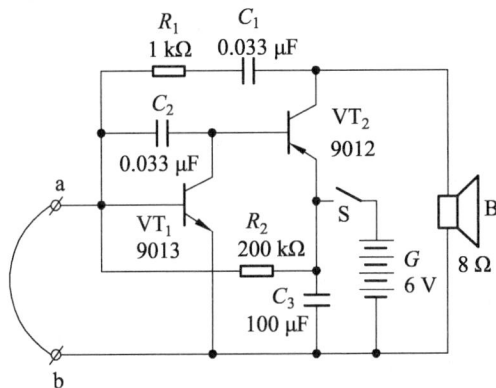

图 1　互补型低频振荡断线报警电路

二、无线话筒电路分析与制作

简易无线话筒电路如图 2 所示。图中话筒采用小型驻极体电容话筒，电感 L 可用 $\phi 0.8$ mm 的铜线在 $\phi 7$ mm 的圆杆上绕 6 匝再脱胎成长约 18 mm 的空心线圈。

图中 VT_1 对话筒产生的音频信号进行放大，VT_2 和 L、C_3、C_4 及三极管结电容构成高频振荡器（频率 90 MHz 左右）。当 VT_1 输出的音频信号加在 VT_2 的基极时，使 VT_2 的集电结电容随之而变，引起振荡频率变化，从而形成调频信号。该信号由线圈 L 向空间发射电磁波，有效距离可达 100 m 左右，若用调频收音机接收，可获得有趣的效果。调试时，打开话筒与收音机电源，可调节调频收音机的调谐旋钮，使其发出啸叫声即可。为避免话筒的发射频率与本地电台频率重叠，可把线圈拉长或缩短，改变辐射频率。由于第二级电路工作在高频状态，故 VT_2 应选择 9018 或 3DG8 等超高频三极管。电容 C_3、C_4 应选用高频瓷介电容。各元件间的连线要尽可能短。电池可采用 9 V 层叠式电池。

话筒做好后若不能正常工作，应首先检查电路是否起振，可将线圈暂时短路，用万用表测总电流应为 6 mA 左右，再去掉短路线，电流应上升至 10 mA 左右，才说明电路已经起振。此时用手触摸线圈，总电流还会稍有上升，则表示话筒电路工作正常。若去掉线圈的短路线后总电流不会上升，这表明电路没有起振，应仔细检查各元件及电路是否故障，认真排除。

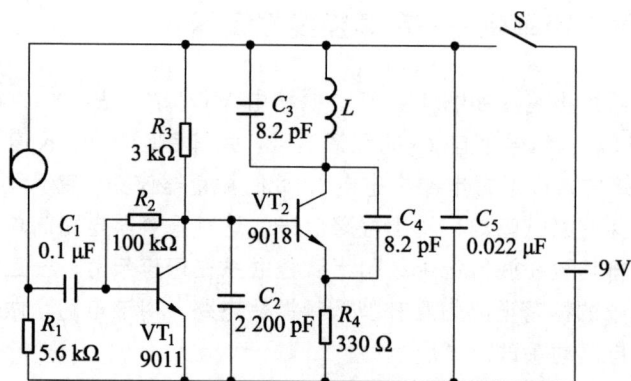

图 2　简易无线话筒电路

应用实践二

EWB 仿真实验——波形发生电路测试

一、RC 桥式正弦波振荡电路

（一）目的

（1）掌握运用集成运算放大器连接成 RC 桥式正弦波振荡电路的方法。

（2）掌握振荡器的幅度测试方法。

（3）观察 RC 参数对振荡频率的影响，掌握振荡频率的测试方法。

（二）电路

图 1 所示为 RC 桥式正弦波振荡电路。电路由同相放大器和正反馈网络两部分组成，同相放大器由运放、电阻 R_1 和 R_2 组成，正反馈网络由 RC 串并联网络组成。RC 串联支路、RC 并联支路、R_1 和 R_2 分别为文氏电桥的四个臂。当运算放大器具有理想特性时，振荡条件主要取决于这四个臂，其中电路的振荡频率 $f_0 = 1/(2\pi RC)$。二极管 VD_1、VD_2 和电阻 R_3 构成电路的自动稳幅环节。

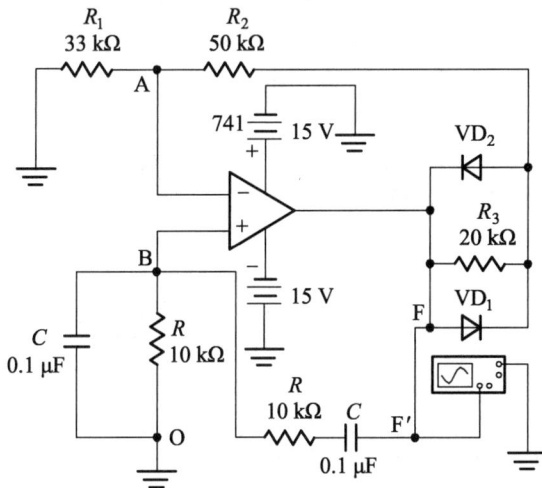

图 1　RC 桥式正弦波振荡电路

（三）内容与步骤

（1）在 EWB 的电路工作区按图 1 连接电路并存盘。

（2）按下操作界面右上角的"启动／停止"按钮，接通电源。

为便于观测波形，打开 Analysis/Analysis Options/Instruments 对话框，选择"Pause after each screen"选项，如图 2 所示。这样，示波器在显示波形到达屏幕右端时，分析会自动暂停。

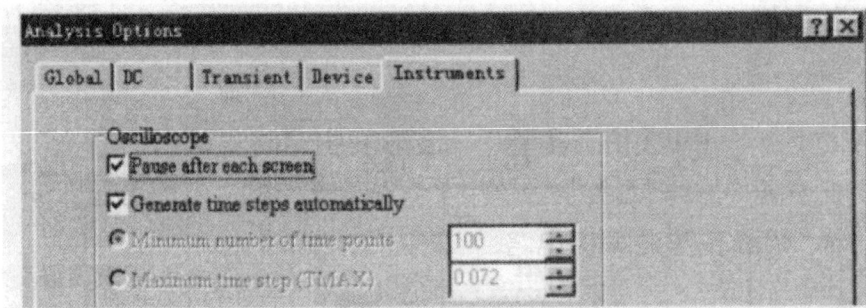

图 2　电路分析选项设置

（3）打开示波器，观察电路有输出波形吗？为什么？考虑如何调节电路参数才能使输出为不失真的正弦波？（提示：调节 R_2 的大小）

（4）观察 R、C 取值对振荡波形频率的影响，并将结果记入表 1 中。

表 1　振荡波的频率测试

	$R = 10\,\text{k}\Omega,\ C = 0.1\,\mu\text{F}$	$R = 1\,\text{k}\Omega,\ C = 0.1\,\mu\text{F}$	$R = 10\ \text{k}\Omega,\ C = 0.47\,\mu\text{F}$
f_0 的计算值			
f_0 的测试值			

（5）测试运放闭环电压放大倍数 A_{uf}，负反馈系数 F_- 和正反馈系数 F_+。

① 在输出不失真的条件下测试输出电压的值 $U_o =$ ＿＿＿V，记入表 2 中（提示：U_o 值在 F 点与 O 点间测量，其中 O 点为接地点）。

② 保持 R_2 的值不变，断开 F-F′ 间连线，将 RC 串并联网络从电路中断开。

③ 在 B-O 间加入与振荡输出频率相同的正弦信号源 U_i，调节 U_i 幅值，使运放输出电压 U_o 与振荡时输出电压的值相同。用电压表测试 U_i 和 U_{f-} 值记入表 2 中（提示：U_{f-} 值在 A 点与 O 点间测量，U_i 值在 B 点与 O 点间测量）。

④ 保持 RC 串并联网络与运放电路的断开状态，用与振荡输出频率和输出电压值均相同的信号加于 RC 串并联网络的 F′-O 间，用电压表测 B-O 的电压 U_{f+} 并将结果记录在表 2 中。

表 2　振荡电路反馈性能测试

测量值	U_i/V	
	U_{f-}/V	
	U_o/V	
	U_{f+}/V	
计算值	$A_{uf} = U_o/U_i$	
	$F_- = U_{f-}/U_o$	
	$F_+ = U_{f+}/U_o$	

（四）思考

将本实验电路中的稳幅环节删除，会对电路输出有什么影响？

二、三角波发生电路

三角波发生电路如图 3 所示，自拟实验步骤完成以下测量内容。

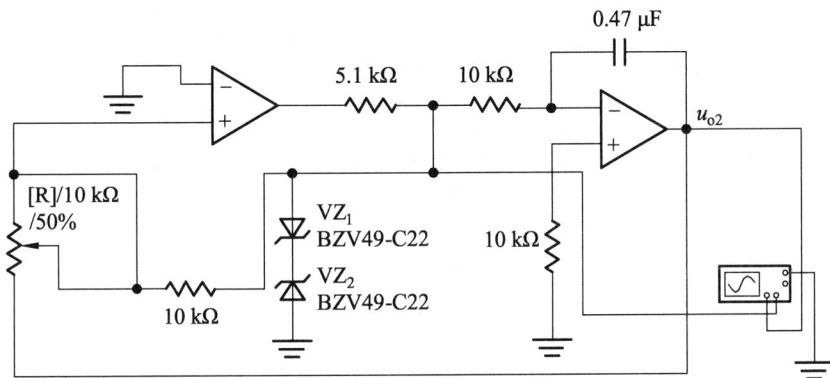

图 3　三角波发生电路

（1）用示波器测试并画出 u_{o1} 与 u_{o2} 的波形。

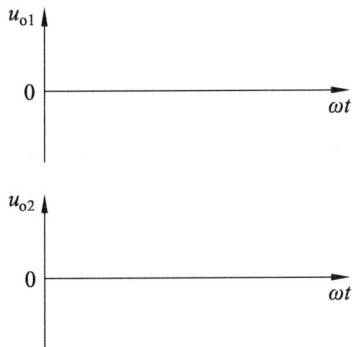

图 4　画 u_{o1} 与 u_{o2} 波形

（2）计算振荡频率 $f_o =$ _____；

　　用示波器测试振荡频率 $f_o =$ _____。

（3）用示波器测试 u_{o2} 的幅值 = _____ V。

（4）如何改变输出信号的频率，可以调整哪些元件参数？请用 EWB 仿真实现。

三、方波产生电路

方波发生电路如图 5 所示。请同学思考该电路参数设置是否恰当？自拟实验步骤完成以下测量内容。

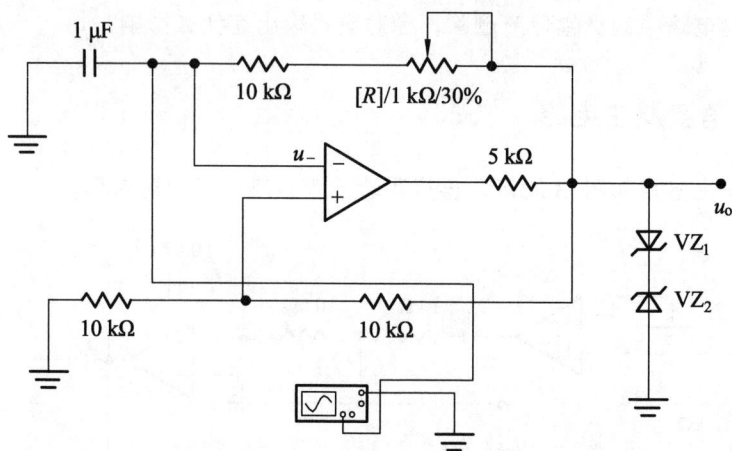

图 5 方波发生电路

（1）画出 u_- 与 u_o 的波形。

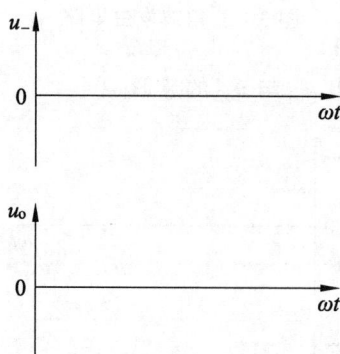

图 6 画 u_- 与 u_o 波形

（2）计算振荡频率 $f_0 =$ _____；

用示波器测试振荡频率 $f_0 =$ _____。

③ 用示波器测量 u_o 的幅值为 _____V。

④ 如何改变输出信号的频率，可以调整哪些元件参数？请用 EWB 仿真实现。

⑤ 在该电路的基础上如何改进，可以构成占空比可调的矩形波产生电路？请用 EWB 仿真实现。

四、锯齿波发生电路

锯齿波发生电路如图 7 所示。请同学用 EWB 仿真并将所设置的元器件参数记入表 3 中，自拟实验步骤完成以下内容。

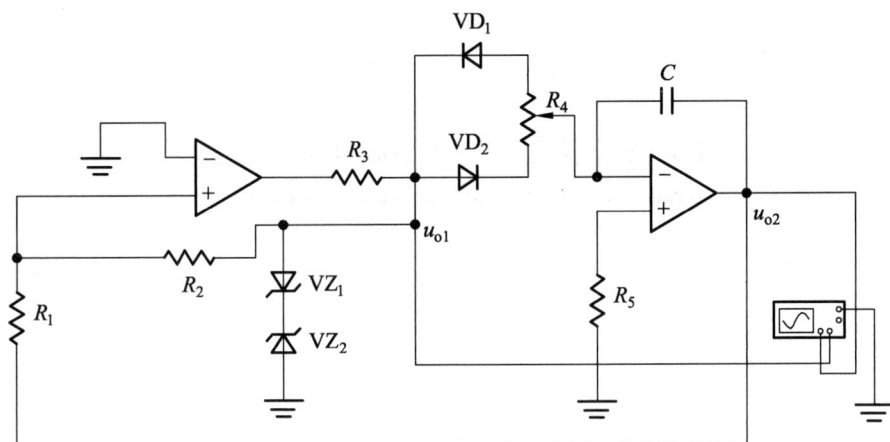

图 7 锯齿波发生电路

表 3 锯齿波产生电路元器件参数设置

元器件	R_1/Ω	R_2/Ω	R_3/Ω	R_4/Ω	R_5/Ω	$C/\mu F$	VD_1 型号	VD_1 型号	VZ_1 型号	VZ_2 型号
参数										

（1）用示波器测试并画出 u_{o1} 与 u_{o2} 的波形。

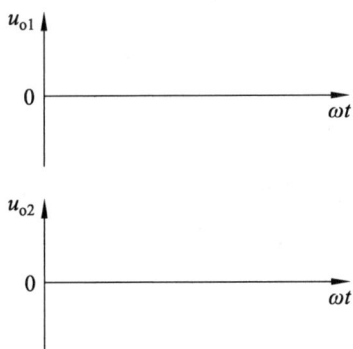

图 8 画 u_{o1} 与 u_{o2} 波形

（2）计算振荡频率 $f_0 = $ _____；

用示波器测试振荡频率 $f_0 = $ _____。

（3）用示波器测试 u_{o2} 的幅值为_____V。

（4）为了改变输出信号的频率，可以调整元件_____等参数，请用 EWB 仿真实现。

线上/线下实验——正弦波信号发生器

一、实验目的

（1）验证 RC 选频网络的选频特性。

（2）连接实际电路加深对振荡器的理解。

（3）掌握调试测量正弦波振荡器参数的方法。

微课 RC 振荡器
组成与测试

二、实验仪器与设备

（1）模拟电路实验箱 1 台。

（2）直流稳压电源 1 台。

（3）数字存储示波器 1 台。

（4）函数信号发生器 1 台。

（5）数字万用表 1 台。

三、实验原理

（一）RC 选频网络的特性

RC 串并联网络如图 1 所示，它具有选频特性，若在网络的两端加上正弦交流信号 u_o，在网络中可输出电压 u_f，则该网络的传输系数 $F = u_f/u_o$。

根据 RC 串并联阻抗的特点，可得

$$F = \frac{\dfrac{R}{1+\mathrm{j}\omega RC}}{R + \dfrac{1}{\mathrm{j}\omega C} + \dfrac{R}{1+\mathrm{j}\omega RC}} = \frac{1}{3 + \mathrm{j}\left(\omega RC - \dfrac{1}{\omega RC}\right)}$$

式中，当 $\omega RC = \dfrac{1}{\omega RC}$，即 $\omega = \omega_0 = \dfrac{1}{RC}$ 时，$F = \dfrac{1}{3}$ 为最大值，而且传输系数为实数，即 u_f 与 u_o 同相。此时，输入信号 u 的频率称为中心频率 f_0，$f_0 = \dfrac{\omega_0}{2\pi}$。显然，在此频率信号作用下，输出电压 u_f 幅度最大，说明该网络具有选频特性。

RC 选频网络的特点是适用于较低频率的信号。因其调频不太方便，一般用于频率固定且稳定性要求不高的电路里。

（二）RC 桥式正弦振荡器

由集成运放构成的 RC 桥式正弦振荡器，如图 2 所示。该电路由集成运放组成的同相比例运算电路和 RC 选频网络构成。同相比例电路的负反馈支路，由 R_p 和 R_1 等构成。由 RC 串联支路、RC 并联支路、支 R_p 路和 R_1 四条支路分别构成了电桥的四个桥臂。因此该电路也叫文氏电桥振荡电路。

1. 起振条件

当 $f = f_0$ 时，RC 串并联正反馈网络的反馈系数 $F = \dfrac{1}{3}$，因为振荡器振荡的幅度平衡条件为 $|AF| = 1$，因此只要运放电路的放大倍数 $A = 3$ 即可维持振荡。起振时 A 应大于 3，这是很容易做到的，因为运放的放大倍数 $A = 1 + \dfrac{R_f}{R_1}$（R_f 等于 R_2 加上 R_p），因此，只要 R_f 略大于 $2R_1$ 即可。

由于电路在 $f = f_0$ 时，RC 串并联选频网络的传输系数为纯实数，即运放 6 号端子的输出信号 u_o 与 3 号端子的反馈信号 u_+ 同相，因此也满足相位条件。

2. 振荡频率

$$f_0 = \frac{1}{2\pi RC} = \frac{1}{2\pi \times 10\,(\mathrm{k}\Omega) \times 0.1\,(\mu\mathrm{F})} \approx 160\ \mathrm{Hz}$$

3. 稳幅措施

当同相比例电路的放大倍数 A 的值远大于 3 时，放大电路工作在非线性区，输出波形将产生严重失真。因此在负反馈支路中加入两个对向并联的二极管 VD_1 和 VD_2，当振荡幅度加大时，二极管正向电阻下降，使负反馈增强，放大倍数下降，起到自动稳幅的作用。

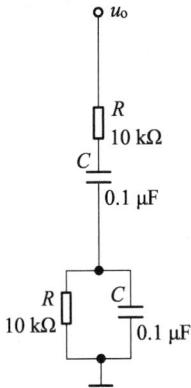

图 1　RC 串并联网络　　　　　图 2　RC 桥式正弦波振荡器

四、实验步骤

（一）测量 RC 选频网络的参数

（1）按实验原理中图 1 搭建 RC 串并联网络。

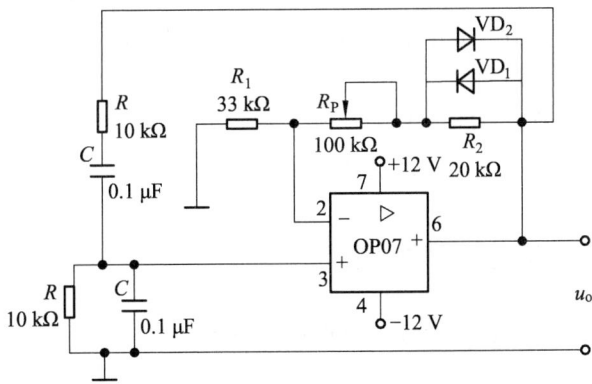

（2）函数信号发生器输出 1 kHz 正弦波信号，将正弦波信号接至 RC 串并联网络 u_o

端，作为串并联网络输入电压 u_o，把网络的输出电压 u_f 接至示波器，反复调信号发生器的频率，直到 u_f 达到最大值为止，记录此频率为串并联网络中心频率 f_0，将测试数据填入本次实验报告中的表 1，根据表 1 数据画出幅频特性曲线。

（3）将串并联网络输入信号 u_o 接至示波器的另一通道，观察 u_f 与 u_o 的幅度关系、相位关系和频率 f_0。

（二）测量放大电路的放大倍数

（1）连接模拟电路实验箱正弦波信号发生器模块的 A_1-A_2。

（2）调整信号发生器的信号频率为 1 kHz，幅度为 0.2 V，将信号源接入 B 点，信号发生器接地点与正弦波信号发生器模块的接地点连接在一起，调节 R_P，使放大电路的放大倍数 $A > 3$。

（3）用示波器测量输入、输出信号的幅度大小，填入本次实验报告中的表 2，根据所测数据计算放大倍数。

（三）调试并测量桥式正弦振荡器

（1）按实验描述中图 2 接线，并将稳压电源的 ±12 V 电压接入 0P07 的 7 端和 4 端，电源的零端接电路中的地端。

（2）用示波器观察振荡器的输出波形，调节 R_P 使 u_o 为不失真的正弦波，并在示波器上测试电路的振荡频率 f_0，记入本次实验报告中的表 3，再将函数信号发生器的原输出频率在示波器上与振荡器的输出频率相比较，然后将此值与理论值进行比较。将集成运放同相输入端（3 端子）接入示波器，观察波形将截图上传至实验报告中。

（3）调节 R_P 使 u_o 变化，用示波器监视波形不失真。用示波器或者毫伏表测试 u_o 有效值的最大值、最小值，将结果填入本次实验报告中的表 4。分析振荡器的输出电压与负反馈强弱的关系。

（4）断开 VD_1、VD_2，调节 R_P 使 u_o 失真。然后接入 VD_1、VD_2 观察 u_o 波形变化。将变化波形图上传至本次实验报告中。

五、实验注意事项

（1）爱护实验设备，不得损坏各种零配件。不要用力拉扯连接线，不要随意插拔元件。

（2）实验前应先将稳压电源空载调至所需电压值后，关掉电源再接至电路，实验时再打开电源。改变电路结构前也应将电源断开，应保证电源和信号源不能出现短路。

（3）集成芯片的正负电源不要接反，各管脚连接要准确。

（4）在示波器上比较两信号幅度时，要使示波器两个通道的电压衰减器和微调控制器的位置相同。

（5）通过登录实验网址"http://www.ceeolab.com"注册并进行线上实验，也可通过配套实验室进行线下实验。

《正弦波信号发生器》实验报告

班级＿＿＿＿＿＿ 姓名＿＿＿＿＿ 学号＿＿＿＿＿＿＿ 成绩 ＿＿＿＿＿＿

一、根据实验内容填写下列表格

表 1 RC串并联选频网络幅频特性

f/Hz	20	40	60	80	100	120	140	160	180	200	220	240	260
U_o/mV													
f_0/Hz													

表 2 同相比例运算放大电路放大倍数

U_i	U_o	A

表 3 振荡器参数的测试

u_0 幅度	测试值 f_0	计算值 $f_0' = \dfrac{1}{2\pi RC}$	误差 $\dfrac{f_0' - f_0}{f_0} \times 100\%$

表 4 U_o值与负反馈强弱的关系

U_o	U_o/V	负反馈强弱
最大值		
最小值		

二、根据实验内容完成下列简答题

1. 正弦波信号发生器的输出信号频率如何改变？

2. 分析二极管自动稳幅的原理。

3. 分析输出信号频率产生误差的主要原因。

附录一 综合实训

——HX118-2型七管半导体调幅收音机组装与调试

一、实训目的

（1）熟悉通信设备整机的组成、工作原理。
（2）通过收音机的安装、焊接及调试，了解电子产品的生产制作过程。
（3）掌握电子元器件的识别及质量检验。
（4）学会利用工艺文件独立进行整机的装焊和调试，并达到产品质量要求。
（5）能按照行业规程要求，撰写实训报告。
（6）训练动手能力，培养职业道德和职业技能，培养工程实践观念及严谨细致的科学作风。

二、实训仪表及工具

（1）万用表1块（测试用）。
（2）练习焊接用的印刷板1块。
（3）收音机散件1套。
（4）尖嘴钳1把。
（5）剥线钳1把。
（6）螺丝刀1把。
（7）剪刀1把。
（8）锉刀1把。
（9）电烙铁1把。
（10）焊锡、松香若干。

三、收音机元器件

（一）收音机元器件介绍

收音机所用的可变电容的种类很多，这里使用的是差容双联CBM223P。磁性天线的磁棒尺寸为 55 mm × 12.5 mm × 4.5 mm，线圈的绕法及圈数如附图1-26所示。线圈全部用 $\phi 0.13$ 的高强度漆包线绕制，中波振荡线圈 B_2 的磁帽为红色，3只中频变压器中均带有谐振电容器，第一中频变压器 B_3 中的磁帽为黄色，第二中频变压器 B_4 中的磁帽为白色，第三中频变压器 B_5 中的磁帽为黑色。三极管全部为NPN型硅材料塑封管，其中 V_1~V_4 均选用 9018H；V_5 选用 9014C，它们的 β 值应该在 150~200；V_6、V_7 均选用 9013H，它们的 β 值不要小于 100。二极管为 1N4148，电阻全部为 1/8WC3 碳膜电阻，电容 C_4、C_{10}、C_{14}、C_{15} 是电解电容器，其余均为元片电容器。元器件及结构件清单如附表 1-1 所示。

附表 1-1　元器件及结构件清单

元器件清单		
位号	名称规格	外形
R_1	电阻 100 kΩ	R_1 100 kΩ 棕黑黄
R_2	2 kΩ	R_2 2 kΩ 红黑红
R_3	100 Ω	R_3 100 Ω 棕黑棕
R_4	200 kΩ	R_4 20 kΩ 红黑橙
R_5	150 Ω	R_5 150 Ω 棕绿棕
R_6	62 kΩ	R_6 62 kΩ 蓝红橙
R_7	51 Ω	R_7 51 Ω 绿棕黑
R_8	1 kΩ	R_8 1 kΩ 棕黑红
R_9	680 Ω	R_9 680 Ω 蓝灰棕
R_{10}	51 kΩ	R_{10} 51 kΩ 绿棕橙
R_{11}	1 kΩ	R_{11} 1 kΩ 棕黑红
R_{12}	220 Ω	R_{12} 220 Ω 红红棕
R_{13}	24 kΩ	R_{13} 24 kΩ 红黄橙
W	电位器 5 kΩ	电位器 1 个
C_1	双连 CBM223P	双联 CBM223P 1 个

续表

元器件清单		
位号	名称规格	外形
C_2、C_5、C_6 C_7、C_8、C_9、C_{11}、C_{12}、C_{13}	元片电容 0.022 μF	9 只
C_3	元片电容 0.01 μF	
C_{14}、C_{15}	电解电容 100 μF	
C_4 、C_{10}	电解电容 4.7 μF	
磁棒	B5×13×55	
B_1	天线线圈	
B_2	振荡线圈（红）	
B_3	中周（黄）	
B_4	中周（白）	
B_5	中周（黑）	
B_6	输入变压器（蓝绿）	
B_7	输出变压器（红）	
V_{D1}、V_{D2}、V_{D3}、V_{D4}	二极管 IN4148	
V_1、V_2、V_3、V_4	三极管 9018H	
V_5	三极管 9014C	

续表

位号	名称规格	外形
V_6、V_7	三极管 9013H	
Y	21/4 扬声器 8	
结构件清单		
位号	名称规格	外形
1	前框 1 个	
2	后盖 1	
3	周率板 1 个	
4	调谐盘 1 个	
5	电位盘 1 个	
6	印制板 1 个	
7	正极片 2 个	
8	负极簧 2 个	
9	拎带 1 根	
10	沉头螺钉（M2.5×5）	双联螺钉 2 个
11	自攻螺钉（M2.5×5）	机芯自攻螺钉 1 个
12	电位器螺钉（M1.7×4）	
13	连接线： 正极导线（9 cm）1 根； 负极导线（10 cm）1 根； 扬声器导线（10 cm）2 根	

（二）收音机元器件检测

1. 变压器的测试

这里主要测试变压器的直流电阻和绝缘电阻。

1）直流电阻检查

由于变压器的直流电阻很小，一般用万用表 $R \times 1\,\Omega$ 挡来测量绕组的电阻值，可判断绕组有无短路或断路现象。对于某些晶体管收音机中使用的输入、输出变压器，由于它们体积相同，外形相似，可根据其线圈直流电阻值进行区分。

一般情况下，输入变压器的直流电阻值较大，初级多为几百欧，次级为一两百欧；输出变压器的初级多为几十至上百欧，次级多为零点几至几欧。

2）绝缘电阻的测量

变压器各绕组之间以及绕组和铁芯之间的绝缘电阻可用 500 V 或 1 000 V 兆欧表（摇表）测量，也可用万用表 $R \times 10K$ 挡，测量时，表头指针应不动（相当电阻为∞）。

例：超外差收音机振荡线圈和中频变压器如附图 1-1 所示，其中左边三个抽头线圈叫作初级，右边两个抽头为次级，中间的虚线和箭头表示可调磁帽。检查中频变压器和振荡线圈好坏的方法如附图 1-2 所示，主要是测量次级和初级线圈的电阻值，另外还要测一下初、次级之间的电阻值，应为∞。初、次级对铁芯外壳电阻值也应为∞。

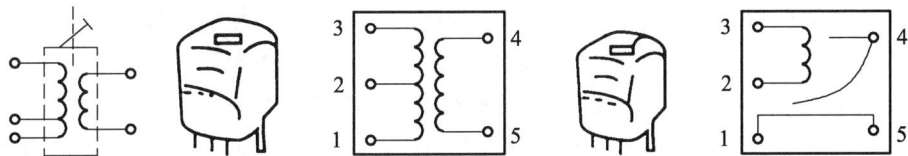

附图 1-1　收音机振荡线圈和中频变压器

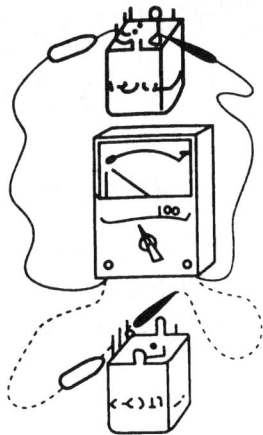

附图 1-2　收音机振荡线圈和中频变压器的测试

输入变压器如附图 1-3 所示，其中左边两个抽头线圈是初级，右边四个抽头线圈是次级。输入变压器有两个次级线圈，作用是给功放管提供倒相电压，其测试内容和方法与上述相似，不再赘述。

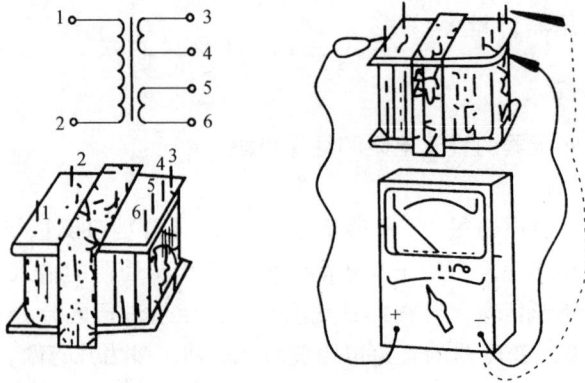

附图 1-3　输入变压器及测试

　　注：一般输出变压器的匝数少，电阻小，而输入变压器的匝数多，电阻也较大，这两种变压器的次级电阻都比其次级大。

2. 电容检测

1）电容器的开路、短路检测

　　容量大于 100 F 的电容器选用万用表（指针式）$R \times 100$ 挡检测，如附图 1-4 所示；容量为 10 pF~0.01 μF 的电容器选用万用表 $R \times 1K$ 挡检测；容量 10 pF 以下的电容器，选用万用表 $R \times 10K$ 挡检测。在表棒接通的瞬间，表针首先朝顺时针方向（向右）摆动，然后又慢慢地向左回归至∞位置的附近，此过程为电容器的充电过程。若在上述检测过程中表针无摆动，说明电容器已断路。若表针向右摆动并返回后，表针显示 Ω 值较小，说明电容器严重漏电。若表针没有回归，接近于 0 Ω，说明电容器已被击穿。

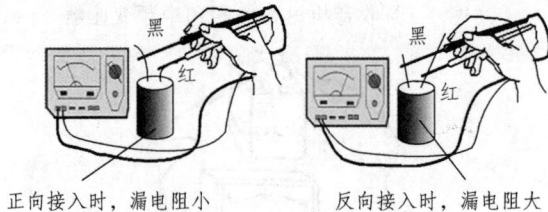

正向接入时，漏电阻小　　　　反向接入时，漏电阻大

附图 1-4　电解电容器的测试

　　检测容量小于 6 800 pF 的电容器时，由于容量太小，充电时间很短，充电电流很小，检测时无法看到表针的偏转，所以不能判断它是否开路，可用具有测量电容功能的数字万用表来测量。在检测这类小电容器时，表针若偏转了一个较大角度，说明电容器漏电或击穿。

2）绝缘电阻（漏电电阻）的测量

　　用万用表进行电容器的开路、短路检测时，当表针静止时所指的电阻值就是该电容器的绝缘电阻（漏电电阻）。在测量中如表针距无穷大较远，表明电容器漏电严重，不能使用。有的电容器在测漏电电阻时，表针退回到无穷大位置，又顺时针摆动，这表明电容器漏电更严重。一般要求漏电电阻 $R \geq 500 \text{ k}\Omega$，否则不能使用。

3）可变电容器的测量

　　对可变电容器主要是测其是否发生碰片（短接）现象，选择万用表的电阻 $R \times 1 \text{ }\Omega$

挡，将表笔分别接在可变电容器的动片和定片的连接片上，当旋转电容器动片到某一位置时，若发现有表针指零现象，说明可变电容器的动片和定片之间有碰片现象，应予以排除后再使用，如附图 1-5 所示。

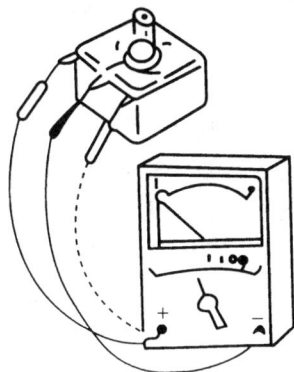

附图 1-5　可变电容器的测量

3. 电阻检测

1）阻值固定的电阻器质量判别方法

首先看电阻器表面有无烧焦、引线有无折断现象。若电阻内部或引线有毛病以致接触不良时，用手轻轻摇动引线会发现松动现象；用万用表的欧姆挡测量时，会发现指示不稳定。

再用万用表电阻挡测量电阻器的阻值。合格电阻器的电阻值稳定在允许的误差范围内，如果万用表测得的结果超出误差范围或阻值不稳定，则不能选用。

使用电阻噪声测量仪测量电阻噪声，如果噪声电压很小，则可判别电阻质量较好。

2）电位器的质量判别

电位器是由可调电阻器加上一个开关组成，并做成同轴联动形式，如收音机中的音量旋钮和电源开关就是一个电位器。一个 4.7 kΩ 的小型带开关电位器如附图 1-6 所示。

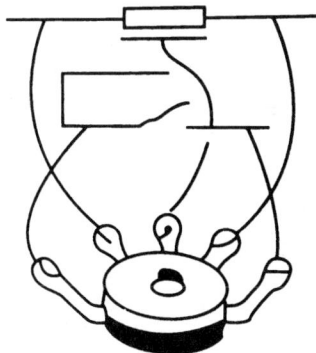

附图 1-6　带开关的电位器

用万用表欧姆挡测量电位器的两个固定端的电阻，并用标称值核对阻值。如果万用表指示的阻值比标称值大得多，表明电位器已坏；如果指示的数值来回摆动，则表明电位器内部接触不良。

测量滑动端与固定端的阻值变化情况。移动滑动端，如果阻值从最小到最大之间连续变化，最小值接近 0 甚至为 0，最大值接近标称值，则说明电位器是好的；如果万用表指示的阻值变化是间断的或不连续的，则说明电位器滑动端接触不良，应不选用。

4. 三极管检测

1）判断三极管的好坏与基极

若不清楚三个极的位置，可首先假设一个是基极，因基极与集电极和发射极是两个同向的 PN 结，先用一个表笔放在假设的基极上，用另一支笔分别碰另外两个极，看看指针偏转幅度如何，再把表笔反过来测一遍，若其中的一次对两极都导通（阻值较小），另一次对两极全截止（阻值很大），则表明假设的基极正确，同时全导通的那一次，若是黑表笔在基极，表示该管为 NPN 管，反之为 PNP 管。

若两次测量不是上述情况，说明假设的基极不对，再设另一极为基极，进行同样测试，直至找出基极，若每次都测不出基极，说明管子已坏。

2）判断集电极 c 和发射极 e

基极开路时，用万用表电阻挡测集电极与发射极间的电阻时，无论正反向，阻值都很大，说明三极管是好的。为了找出集电极 c，可先假设某个极为 c，用一个 10 kΩ 左右的电阻接在 c-b 间，再用万用表电阻挡的 ×1K 挡去测 c-e 间电阻（NPN 管时黑表笔放在 c，PNP 管时红表笔放在 c），若测得的阻值明显比不接电阻时小，说明假设正确；否则将另一极当作 c 再测一次。

若无电阻时，可用手指捏紧 c-b 两极代替外接电阻，但注意不要把 c-b 两极碰到一起。

3）用万用表的 h$_{FE}$ 挡测三极管的 β 值

h$_{FE}$ 挡上有两列小插孔，每列三个孔，其中一列用于 NPN 管，另一列用于 PNP 管，三个孔上都标有 e、b、c 符号，把三极管对应的三个管脚插入三个孔，表针指示的刻度表示出 β 值的大小。

5. 二极管检测

用万用表电阻挡可以检测二极管好坏并找出正负极，检测时用 ×100 挡或 ×1K 挡。具体测量方法如附图 1-7 所示。电阻值较小时，黑表笔端接的二极管的正极，红表笔端接的是二极管的负极。

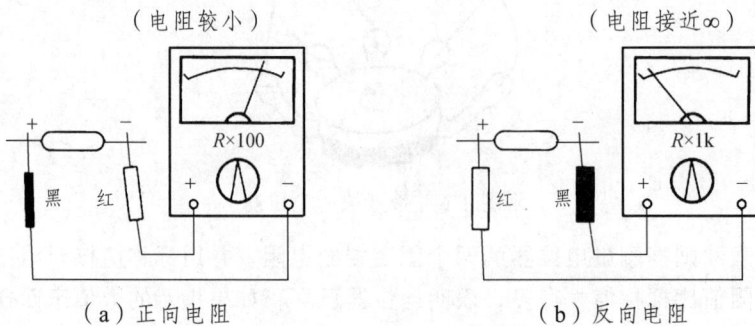

（a）正向电阻　　　　　　　　　（b）反向电阻

附图 1-7　二极管质量检测及极性判别方法

收音机元器件检测如附表 1-2 所示。

附表 1-2　收音机元器件检测

	测量内容	万用表量程
电阻 R	电阻值	×10、×100、×1K
电容 C	电容绝缘电阻	×10K
三极管 h_{fe}	晶体管放大倍数 9018H（97-146） 9014C（200-600）、9013H（144-202）	h_{fe}
二极管	正、反向电阻	×1K
中周	红 4Ω　黄 2Ω 0.3Ω 0.4Ω 4Ω 0.3Ω 白 1.8Ω　黑 2Ω 3.8Ω 0.4Ω 4.5Ω 1Ω 初次级为无穷大	×1
输入变压器（蓝色）	90Ω 90Ω 220Ω	×1
输出变压器（红色）	0.9Ω 0.4Ω 1Ω 0.9Ω 0.4Ω 自耦变压器无初次级	×1

注：磁性天线的初级线圈阻值为 5Ω，次级线圈阻值为 1Ω。

四、焊接组装技术

（一）组装焊接前的准备工作

在焊接前应做好搪锡、元器件的引脚成形、元器件的插装等准备工序。

1. 搪锡

搪锡的目的是提高焊件可焊性，即预先在元器件、导线端头和各类线端子上挂一层薄而均匀的焊锡。手工焊接前可用电烙铁搪锡。

搪锡的方法：先用小刀或砂纸刮去元器件引脚和导线端头表面的氧化层（因为金属表面的氧化物对锡的吸附力很小），清洁烙铁头，然后加热引线和导线端头，加入适量焊锡丝，用烙铁头带动融化的焊锡来回移动，完成搪锡，如附图 1-8 所示。

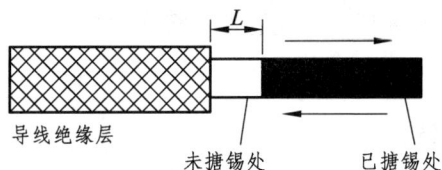

附图 1-8　电烙铁搪锡示意图

注意：经过搪锡处理的元器件和导线端头根部离搪锡处要留有一定距离，导线留 1 mm，元器件留 2 mm 以上。

2. 元器件焊前加工准备

1）元器件引脚成形

为便于焊接，在安装前采用手工或专用模具把元器件引脚弯曲成一定的形状，可以使元器件在印制板上的插装排列整齐，如附图 1-9 所示。

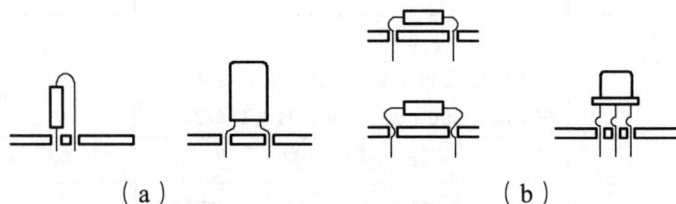

（a）　　　　　　　　　　　　　　　（b）

附图 1-9　元器件引线弯曲成形

其中，附图 1-9（a）比较简单，适合于手工装配；附图 1-9（b）适合于机械整形和自动装焊，特别是可以避免元器件在机械焊接过程中从印制板上脱落。通常引脚成形尺寸都有具体标准要求：引脚弯曲的最小半径不得小于引脚线径的 2 倍。弯曲处不能出现直角，否则会使弯折处的导线截面积变小，电气特性变差。引脚弯曲处距离元器件引脚根部不小于 2 mm。

2）元器件的插装

元器件插装有卧式（水平）和立式（垂直）两种。立式安装是指元器件的轴线方向与印制电路板垂直，卧式安装是指元器件的轴线方向与印制电路板平行，如附图 1-10 所示。

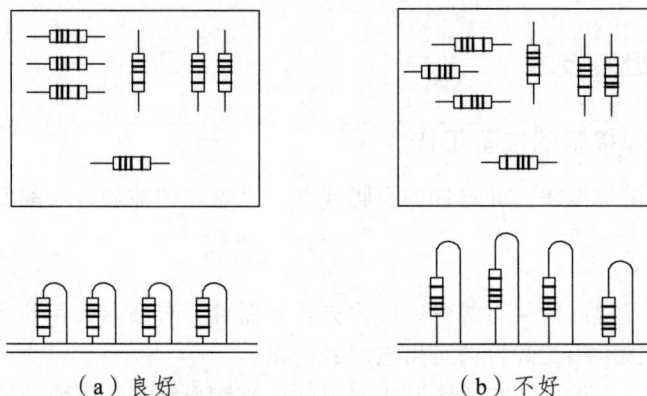

（a）良好　　　　　　　　　　　　（b）不好

附图 1-10　元器件的插装

立式插装适合于机壳内空间小、元器件紧凑的产品。单面板上卧式插装小功率元器件要平行紧贴板面；在双面板上，元器件离板面间隙约 1~2 mm，通常元器件功率越大，间隙越大。

（二）焊接工具与材料

在电子产品制造过程中广泛应用的焊接技术是锡焊。它是将焊件和熔点比焊件低的焊料，共同加热到锡焊温度，焊料熔化并浸润焊接面，依靠二者原子的扩散形成焊件的连接。在大规模电子产品生产中，常用浸焊、波峰焊、再流焊等自动化焊接工艺。

电子技术实训一般采用手工焊接，以下介绍手工焊接工具与材料。

1. 电烙铁

在电子线路的焊接中，电烙铁是手工施焊的主要工具。电烙铁的选用应根据被焊物体的实际情况而定，一般重点考虑加热形式、功率大小、烙铁头形状等。

电烙铁按加热方式可分为外热式（见附图 1-11）和内热式（见附图 1-12）两大类。手工焊接常选用 20~45 W 外热式电烙铁。

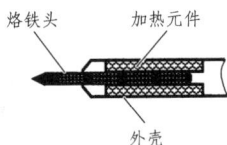

附图 1-11　外热式电烙铁的外形与结构　　　附图 1-12　内热式电烙铁的外形与结构

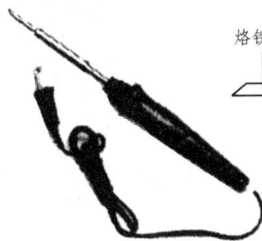

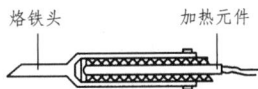

新烙铁在使用之前，先用锉刀将其表面镀层去净并露出铜头，接通电源，待烙铁头部温度达到松香的熔解温度（约 150 ℃）时，将烙铁头插入松香，使其表面涂敷上一层松香。脱离松香再与锡丝接触，使烙铁头表面涂敷一层光亮的焊锡，长度约 5~10 mm。

2. 焊料和助焊剂

焊料是易熔金属，熔点应低于被焊金属。焊料按成分可分为锡铅焊料、银焊料、铜焊料等。在一般电子产品装配中，主要采用锡铅焊料（俗称焊锡），其熔点比较低，由 63%的锡、37%的铅组成，共晶焊锡的熔点为 183℃。

焊料熔化时，通过"润湿""扩散""冶金结合"三个过程，在被焊金属表面形成合金与被焊金属连接在一起。

助焊剂是一种促进焊接的化学物质，它可破坏氧化膜，净化焊接面，使焊点光滑、明亮。一般使用中性助焊剂（如松香等）。

在手工电烙铁焊接中，采用管状松香芯焊锡丝。它是将焊锡制成管状，在其内部充加助焊剂而制成，如附图 1-13 所示。管状松香芯焊锡丝的外径有 0.6 mm、0.8 mm、1.0 mm、1.2 mm、1.6 mm、2.3 mm、3 mm、4 mm、5 mm 等多种规格，选用时应使焊锡丝的直径略小于焊盘的直径。

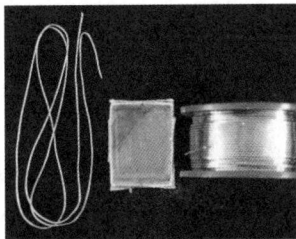

附图 1-13　焊料和助焊剂

（三）手工焊接的基本要领

焊接不良会使电路不通或元器件损坏，不仅会给调试带来很大困难，而且会严重影响电子装置工作的可靠性。为此要注意以下几点：

（1）烙铁：到鼻子的距离应该不少于 20 cm，通常以 30 cm 为宜。电烙铁有三种握法，如附图 1-14 所示。

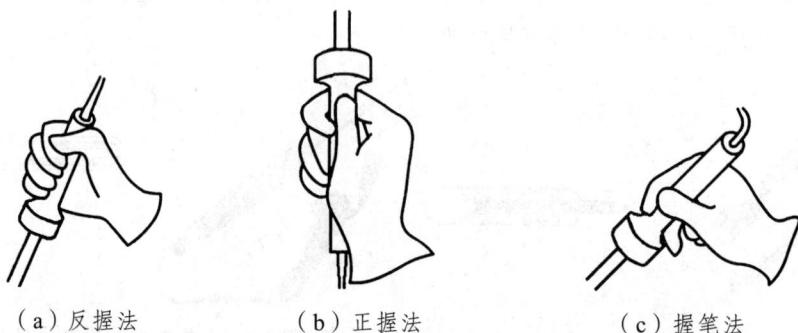

（a）反握法　　　　　（b）正握法　　　　　（c）握笔法

附图 1-14　握电烙铁的手法示意

反握法的动作稳定，长时间操作不易疲劳，适于大功率烙铁的操作；正握法适于中功率烙铁或带弯头电烙铁的操作；在操作台上焊接印制板等焊件时，一般多采用握笔法。

（2）焊锡丝一般有两种拿法，如附图 1-15 所示。由于焊锡丝中含有一定比例的铅，而铅是对人体有害的一种重金属，因此操作时应该戴手套或在操作后洗手，避免食入铅尘。

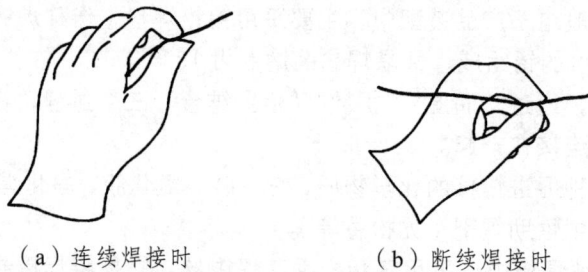

（a）连续焊接时　　　　　（b）断续焊接时

附图 1-15　焊锡丝的拿法

（3）焊接操作的 5 个步骤：准备施焊、加热焊件、送入焊丝、移开焊丝、移开烙铁，如附图 1-16 所示。

步骤一：准备施焊。

如附图 1-16（a）所示，左手拿焊丝，右手握烙铁，进入备焊状态。要求烙铁头保持干净，无焊渣等氧化物，并在表面镀有一层焊锡。

步骤二：加热焊件。

如附图 1-16（b）所示，烙铁头靠在两焊件的连接处，加热整个焊件全体，时间为 1~2 s。对于在印制板上焊接元器件来说，要注意使烙铁头同时接触两个被焊接物。例如，图中的导线与接线柱、元器件引线、焊盘要同时均匀受热。

步骤三：送入焊丝。

如附图 1-16（c）所示，焊件的焊接面被加热到一定温度时，焊锡丝从烙铁对面接触焊件。注意：不要把焊锡丝送到烙铁头上。

步骤四：移开焊丝。

如附图 1-16（d）所示，当焊丝熔化一定量后，立即向左上 45° 方向移开焊丝。

步骤五：移开烙铁。

如附图 1-16（e）所示，焊锡浸润焊盘和焊件的施焊部位以后，向右上 45° 方向移开烙铁，结束焊接。从第三步开始到第五步结束，时间也是 1~2 s。

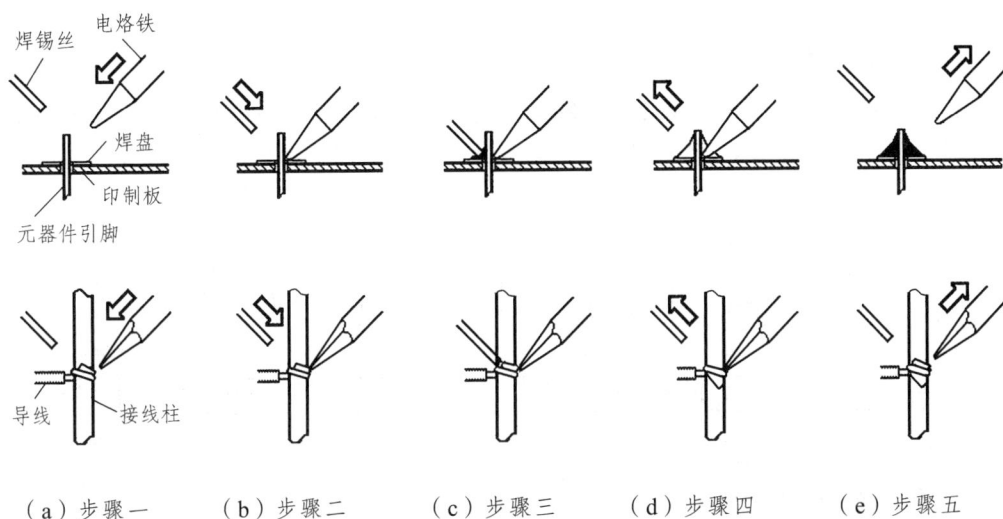

（a）步骤一　　（b）步骤二　　（c）步骤三　　（d）步骤四　　（e）步骤五

附图 1-16　锡焊五步操作法

在焊接时，要掌握好温度和焊接时间，焊锡量要适中。在焊接时应根据不同的焊件，控制焊接的时间，从而控制焊点的温度。烙铁温度过低或焊接时间过短，不但易造成假焊，而且焊点不光亮。烙铁温度过高或焊接时间太长会烫坏元器件、导线和印刷电路板。所以应根据被焊件的形状、性质、特点等来确定合适的焊接时间，一般经验是电烙铁头温度比焊料熔化温度高 50 ℃较为适宜。

电烙铁使用以后，一定要稳妥地插放在烙铁架上，并注意导线等其他杂物不要碰到烙铁头，以免烫伤导线，造成漏电等事故。

（四）焊点的要求

良好的焊点要求焊料用量恰到好处，表面圆润，有金属光泽，典型焊点的外观如附图 1-17 所示。焊锡太少，焊点不牢，但用量过多，将在焊点上形成焊锡的过多堆积，这不仅有损美观，也容易形成假焊或造成电路短路。因此，在焊接时烙铁头上的沾锡多少是要根据焊点大小来决定，一般以能包住被焊物体并形成一个圆滑的焊点为宜。

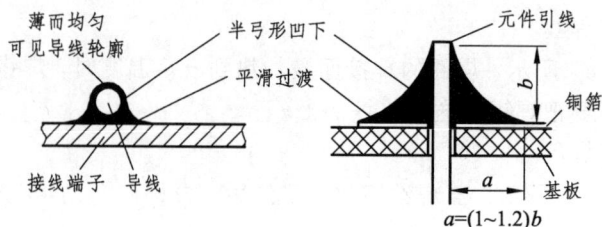

附图 1-17 典型焊点的外观

五、超外差收音机原理

（一）超外差收音机基本原理

现代广播接收机，无论收音机还是录音机，不管是调幅还是调频，几乎都采用了超外差原理。超外差 HX118-2 收音机是由天线、输入回路、本机振荡器、变频器、中频放大器、检波器、低频电压放大器、功率放大器等部分组成，如附图 1-18 所示。

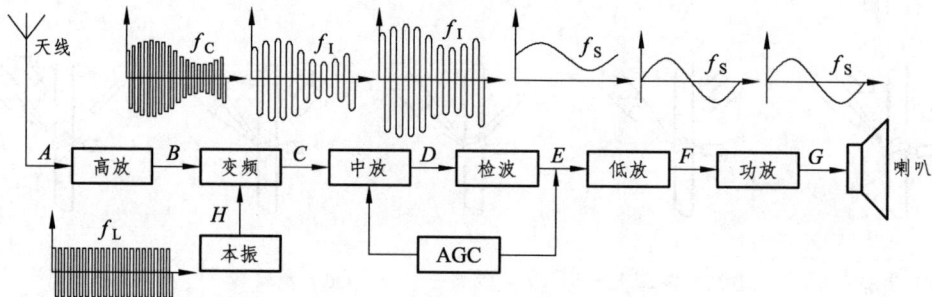

附图 1-18 超外差收音机原理框图

1. 输入回路

天线将空中的电磁信号接收下来，并输入调谐回路。输入回路的任务是：

（1）通过天线接收电磁波，使之变为高频电流。

（2）选择信号。在众多的信号频率中，只有载波频率与输入调谐回路谐振频率相同的信号才能进入收音机输入电路。调谐频率为

$$f_0 = \frac{1}{2\pi\sqrt{LC}}$$

2. 变频与本机振荡

从天线及输入电路送来的调幅信号和本机振荡器产生的等幅信号被一起送到变频级，经过变频级产生一个新的频率，这一新的频率应是输入信号频率和本机振荡频率的差值，称为差频。

在超外差式收音机中，本机振荡的频率始终要比输入信号的频率高 465 kHz，这个在变频过程中新产生的差频比原来输入的频率要低，比音频信号却要高得多，称之为中频。

中频频率 = 本机振荡频率 − 输入信号频率

3. 中频放大器

由于中频放大信号是固定的调制信号，其信号频率为 465 kHz，它比高频信号更容易实现调谐和放大，可提高整机的选择性及灵敏度，保证其增益。中频回路 Q 值太低，选择性差；Q 值太高，通频带变窄，容易产生失真，故 Q 值为 40～60 较合适。

4. 检波与 AGC 电路（自动增益控制电路）

经中放后，中频调制信号进入检波器，检波器要完成两项任务：一是在尽可能减小失真的前提下，把中频信号还原成音频信号，即实现解调功能；二是将检波后的直流分量送回到中放，控制中放级的增益，使该级不发生削波失真。该电路通常称为自动增益控制电路（AGC 电路）。

5. 前置放大器

前置放大器也称为电压放大级。从检波器输出的音频信号大约只有几毫伏到几十毫伏，前置放大器的任务就是将它放大几十至几百倍。

6. 功率放大器

前置电压放大虽可使输出电压达到几伏。但由于电压放大器内阻很大，输出电流很小，不到 1 mA，其带负载能力很差，不能带动扬声器工作。功率放大器的主要任务是提高输出电流，进而提高输出功率，以推动扬声器工作。

我国规定中频频率：调幅为 465 kHz，调频为 10.7 MHz。超外差式收音机的特点是灵敏度高，选择性好。

（二）超外差收音机电路分析

HX118-2 超外差收音机原理如附图 1-19 所示。

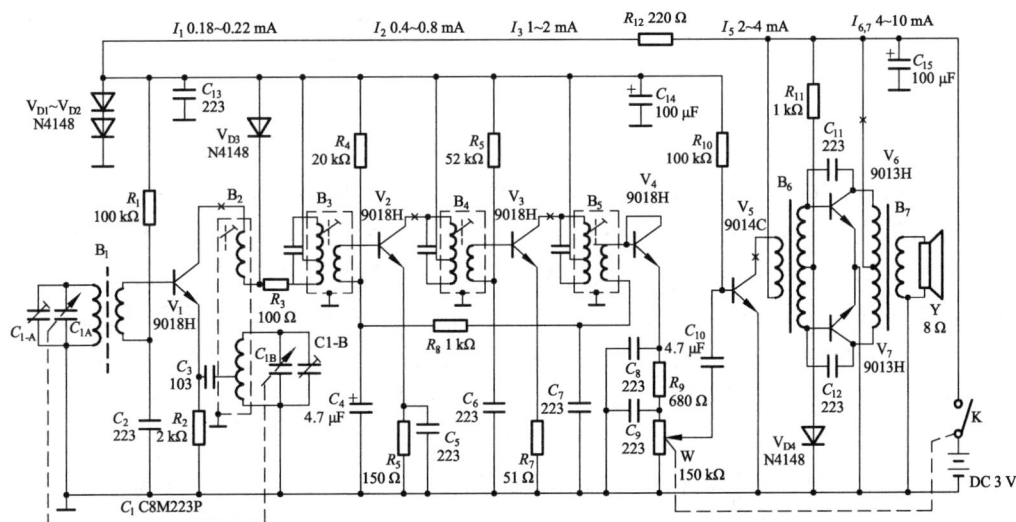

说明："*"为集电极工作电流测试点，电流参考值见图顶端所示。电流 223 即为 0.022 μF，103 即为 0.01 μF。

附图 1-19　HX118-2 超外差收音机原理图

由图可见，整机中含有 7 只三极管，因此称为 7 管收音机。其中，三极管 V_1 为变频管，V_2、V_3 为中放管，V_4 为检波管，V_5 为低频前置放大管，V_6、V_7 为低频功放管。

1. 磁性天线输入回路

从天线接收进来的高频信号首先进入输入调谐回路。输入回路的任务是：（1）通过天线收集电磁波，使之变为高频电流。（2）选择信号。在众多的信号中，只有载波频率与输入调谐回路相同的信号才能进入收音机。

输入回路由磁性天线 B_1、双联可变电容器 C_{1A} 构成。磁性天线（由线圈套在磁棒上构成）初级感应出较高的外来信号电压，将经调谐回路选择后的信号电压感应给次级输入到变频级。双联可变电容器 C_{1A}、C_{1B}（两只可变电容器，共用一个旋转轴）可同轴同步调谐回路和本机振荡回路的谐振频率，使它们的频率差保持不变。

附图 1-20 所示电路由可变电容 C_{1A}、天线线圈 L_1 和天线微调电容 C_{1-A} 组成。改变 C_{1A} 可以改变谐振频率，使之与某一高频载波发生谐振，在 L_1 上感应出的电动势最强，L_1 与 L_2 发生互感，由 L_2 将感应信号送入变频管 V_1 的基极。输入回路的谐振频率为

$$f_0 = \frac{1}{2\pi\sqrt{L(C_{1A} + C_{1-A})}}$$

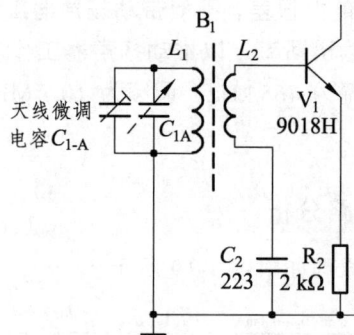

附图 1-20　天线输入回路

2. 变频电路

变频电路由混频、本机振荡和选频三部分组成，其作用是把天线接收下来的不同频率的高频信号变成一个固定频（465 kHz）的中频信号，再送到中频放大电路。

附图 1-21 中由变频管 V_1、振荡线圈 B_2、双联同轴可变电容 C_{1B} 等元器件组成的共基调射型变压器反馈式本机振荡器，能产生等幅高频振荡信号，振荡频率总是比输入的电台信号高 465 kHz。本振信号经电容 C_3 注入变频管 V_1 的发射极，而由调谐回路和本振电路组成天线所接收信号由 B_1 耦合到 V_1 的基极，电台信号与本振信号在变频管 V_1 中进行混频，混频后，由 V_1 集电极输出各种频率的信号，V_1 管集电极电流中将包含本振信号与电台信号的差频（465 kHz）分量，经过中周 B_3（内含谐振电容），选出所需的中频（465 kHz）分量，并耦合到中放管 V_2 的基极。变频电路是超外差式收音机较关键的部分。

以上 3 种频率之间的关系可以用下式表达：

本机振荡频率 − 输入信号频率 = 中频（465 kHz）

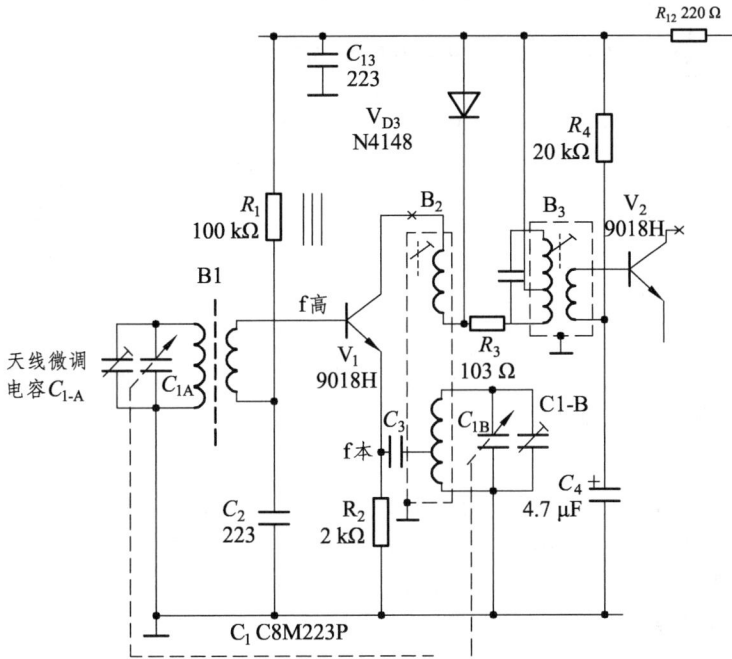

附图 1-21　变频级电路原理图

1）混频原理

当三极管工作于输入特性曲线的转折区时（见附图 1-22），基极电流与发射结电压呈平方律特性，即

$$i_B \propto U_{BE}^2$$

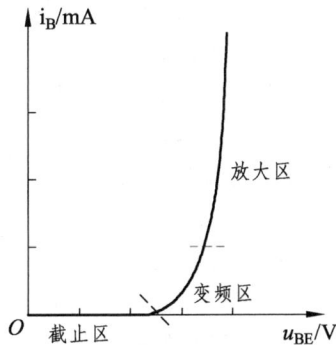

附图 1-22　三极管的输入特性曲线

如果本振信号加到三极管 V_1 的发射极，高频已调波信号加在基极：

$$u_{BE} = u_B - u_E = u_高 - u_本 = U_{高M}\cos\omega_高 t - U_{本M}\cos\omega_本 t$$

则
$$i_B = K \cdot U_{BE}^2 = K[U_{高M}\cos\omega_高 t - U_{本M}\cos\omega_本 t]^2$$

$$= K[U_{高M}^2\cos\omega_高^2 t + U_{本M}^2\cos\omega_本^2 t - 2U_{高M}\cdot U_{本M}\cos\omega_高 t\cos\omega_本 t]$$

$$= \{KU_{高M}^2\cdot\frac{1}{2}\cos 2\omega_高 t + U_{本M}^2\cdot\frac{1}{2}\cos 2\omega_本 t -$$

$$2U_{高M}\cdot U_{本M}\cdot\frac{1}{2}[\cos(\omega_本+\omega_高)t + \cos(\omega_本-\omega_高)t)]\}$$

可见出现了 $2\omega_高$, $2\omega_本$, $\omega_本+\omega_高$, $\omega_本-\omega_高$ 共 4 种频率分量，电路要求中周 B_3 谐振在 465 kHz，则只有 $\omega_本-\omega_高 = 465$ kHz 的频率成分可以输出，其他频率成分被抑制。

$$f_0 = \frac{1}{2\pi\sqrt{L(C_{1A}+C_{1-A})}}$$

电路中，采用双连电容使 $C_{1A} = C_{1B}$，适当调节 C_{1-A}，C_{1-B} 使本振频率跟踪高频信号频率并保持 465 kHz 的频率差。

2）变频级直流通路

（1）DC$+\to R_{12}\to V_{D1}\to$地。电源电压嵌位在 $1.2\sim 1.4$ V，如附图 1-19 所示。

（2）V1 基极电路：$\to R_1\to B_1\to V_1$（b）$\to$（e）$\to R_2\to$地。

（3）V1 集电极电路：$\to V_{D3}\to B_2\to V_1$（c）$\to R_2\to$地。

3）变频级交流通路

外来信号经 C_{1A}、C_{1B} 谐振$\to$地，耦合到 B_1 次级（上）V_1（b）$\to$（e）$\to R_2\to C_3\to B_1$（下）。

集电极输出经 $B_2\to R_3\to C_{14}\to$地$\to R_2\to V_1$（e）。

本振交流电路：由于 B_2、C_{1B} 振荡经 C_3 加到 V_1（e）经地$\to C_2\to B_1$（次级）$\to V_1$（b）。

两个交流同时控制 V_1 集电极电流而成为混合波形。

3. 中放、检波电路

中放是由 V_2、V_3 等元器件组成的两级小信号谐振放大器，如附图 1-23 所示。通过两级中放将混频后所获得的中频信号放大后，送入下一级的检波器。检波器是由三极管 V_4（相当于二极管）等元件组成的大信号包络检波器。检波器将放大了的中频调幅信号还原为所需的音频信号，经耦合电容 C_{10} 送入后级低频放大器中进行放大。在检波过程中，除产生了所需的音频信号之外，还产生了反映输入信号强弱的直流分量，由检波电容之一 C_7 两端取出后，经 R_8、C_4 组成的低通滤波器滤波后，作为 AGC 电压（$-U_{AGC}$）加到中放管 V_2 的基极，实现反向 AGC。即当输入信号增强时，AGC 电压降低，中放管 V_2 的基极偏置电压降低，工作电流 I_E 将减小，中放增益随之降低，从而使得检波器输出的电平能够维持在一定的范围。附图 1-23 中电阻 R_3 是用来进一步提高抗干扰性能的，二极管 V_{D3} 用以限制混频后中频信号振幅（即二次 AGC）。

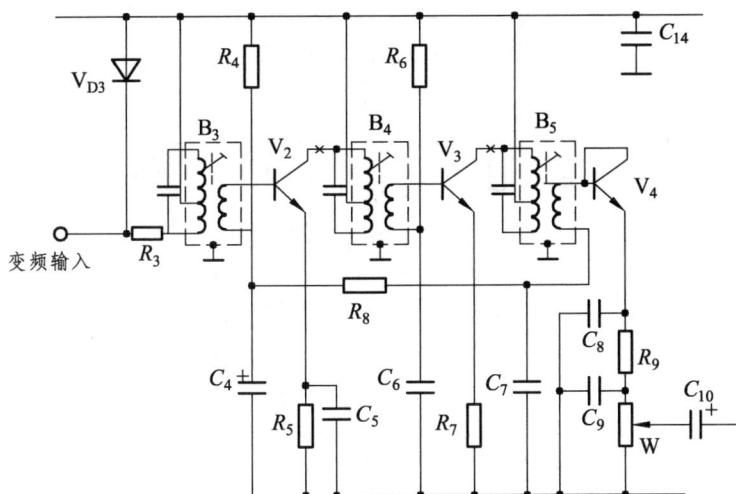

附图 1-23　中放检波电路

1）一中放直流通路

基极：$\rightarrow R_4 \rightarrow B_3 \rightarrow V_2$（b）$\rightarrow$（e）$\rightarrow R_5 \rightarrow$ 地。

检波直流：$R_4 \rightarrow R_8 \rightarrow B_5 \rightarrow V_4$（b）$\rightarrow$（e）$\rightarrow R_9 \rightarrow W \rightarrow$ 地。

集电极：$\rightarrow B_4 \rightarrow V_2$（c）$\rightarrow$（e）$\rightarrow R_5 \rightarrow$ 地。

2）二中放直流通路

基极：$\rightarrow R_6 \rightarrow B_4 \rightarrow V_3$（b）$\rightarrow$（e）$\rightarrow R_7 \rightarrow$ 地。

集电极：$\rightarrow B_5 \rightarrow V_3$（c）$\rightarrow$（e）$\rightarrow R_7 \rightarrow$ 地。

3）一中放交流通路

B3 谐振在 465 kHz$\rightarrow V_2$（b）$\rightarrow$（e）$\rightarrow C_5 \rightarrow$ 地$\rightarrow C_4 \rightarrow B_3$（下）。

集电极放大输出 V_2（c）$\rightarrow B_4$ 于 C 谐振取 465 kHz$\rightarrow C_{14} \rightarrow$ 地$\rightarrow C_5 \rightarrow V_2$（e）。

4）二中放交流通路

$B_4 \rightarrow V_3$（b）$\rightarrow$（e）$\rightarrow R_7 \rightarrow C_6 \rightarrow B_4$（下）。

集电极输出 V_3（c）$\rightarrow B_5$ 于 C 谐振$\rightarrow C_{14} \rightarrow$ 地$\rightarrow R_7 \rightarrow V_3$（e）。

5）检波交流通路

由于 V_4 的二极管作用，正半周导通，465 kHz 中频通过 C_8、C_9 滤波$\rightarrow C_7 \rightarrow B_5$（下）。

6）自动控制（AGC）交流通路

R_8 上原有直流与音频信号合成脉动直流$\rightarrow B_3 \rightarrow V_2$（b）（负反馈）。

4. 低放、功放电路

　　低放部分由前置放大器和低频功率放大器组成，如附图 1-24 所示。由 V_5 组成的变压器耦合式前置放大器将检波器输出的音频信号放大后，经输入变压器 B_6 送入功率放大器中进行功率放大。功率放大器是由 V_6、V_7 等元器件组成的，它们组成了变压器耦合式乙类推挽功率放大器，将音频信号的功率放大到足够大后，经输出变压器 B_7 耦合去推动扬声器发声。其中 R_{11}、V_{D4} 是用来给功放管 V_6、V_7 提供合适的偏置电压，消除交越失真。

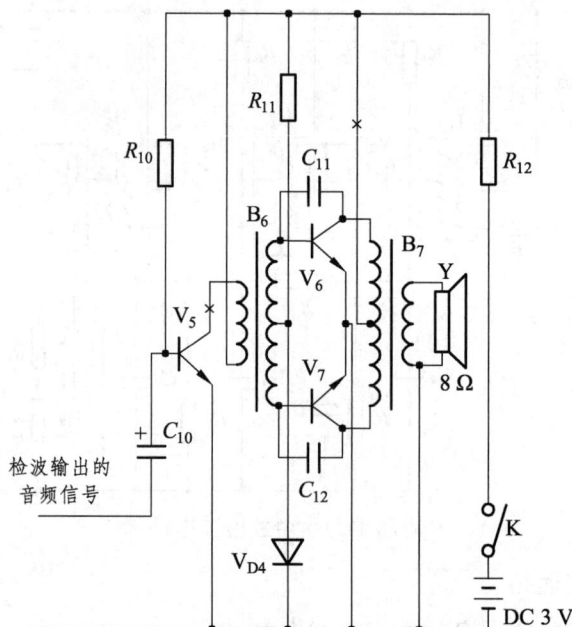

附图 1-24　　低放、功放电路

1）低放直流通路

基极：→R$_{10}$→V$_5$（b）→（e）→地。

集电极：→B$_6$初级→V$_5$（c）→（e）→地。

2）功放直流通路

基极：→R$_{11}$→V$_{D4}$→地。

→R$_{11}$→B$_6$次级中点 B$_6$（上）→V$_6$（b）→（e）→地。

中点 B$_6$（下）→V$_7$（b）→（e）→地。

集电极：→B$_7$（上）→V$_6$（c）→V$_6$（e）→地。

B$_7$（下）→V$_7$（c）→V$_7$（e）→地。由于电位相等，扬声器没有电流通过。

3）低放的交流通路

W 中→C$_{10}$→V$_5$（b）→（e）→W 下。

集电极输出 V$_5$（c）→B$_6$→C$_{15}$（见附图 1-19）→地→V$_5$（e）。

4）功放的交流通路

音频信号为正半周时，B$_6$ 次级从上到下为 +，—输出，V$_6$（b）为正→V$_6$（e）→C$_{15}$→R$_{11}$→B$_6$（中）。

音频信号为负半同时，V$_7$（b）为正→V$_7$（e）→C$_{15}$→R$_{11}$→B$_6$（中）。

V$_6$ 导通时集电极电流为→B$_7$（下）→V$_7$（c）→V$_7$（e）→DC-。

自耦变压器在正负半周的作用下形成电位差，扬声器通过电流发出声音。

本机由 3 V 直流电压供电。为了提高功放的输出功率，3 V 直流电压经滤波电容 C$_{15}$ 去耦滤波后，直接给低频功率放大器供电。而前面各级电路是用 3 V 直流电压经过由 R$_{12}$、V$_{D1}$、V$_{D2}$ 组成的简单稳压电路稳压后（稳定电压约为 1.4 V）供电。目的是用来提高各级电路静态工作点的稳定性。

5. HX108-2 型 7 管半导体调幅收音机的主要性能指标

（1）频率范围：525~1 605 kHz。

（2）输出功率：100 mW（最大）。

（3）扬声器：ϕ 57 mm，8 Ω。

（4）电源：3 V（5 号电池二节）。

（5）体积：122 mm × 66 mm × 26 mm。

六、超外差式收音机的组装

（一）元器件准备

首先根据元器件清单清点所有元器件，并用万用表粗测量元器件的质量好坏，再将所有元器件上的漆膜、氧化膜清除干净，然后进行搪锡（如元器件引脚未氧化则省去此项），最后根据附图 1-25 将电阻、二极管进行弯脚。

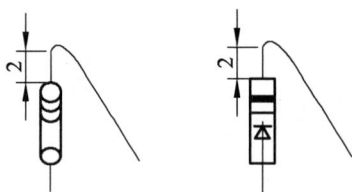

附图 1-25　电阻、二极管弯脚方式

注意：磁性天线线圈的线较细，刮去漆皮时不要弄断导线。

（二）组合件准备

（1）将电位器拨盘装在 W-5K 电位器上，用 M1.7 × 4 螺钉固定。

（2）将磁棒按附图 1-26 所示套入天线线圈及磁棒支架。

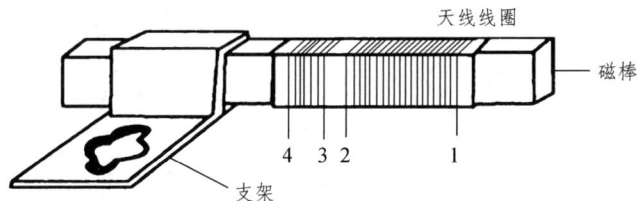

附图 1-26　磁棒天线装配示意图

（三）插装与焊接

1. 插　装

按照装配图（见附图 1-27）正确插入元件，其极性应符合图纸规定。

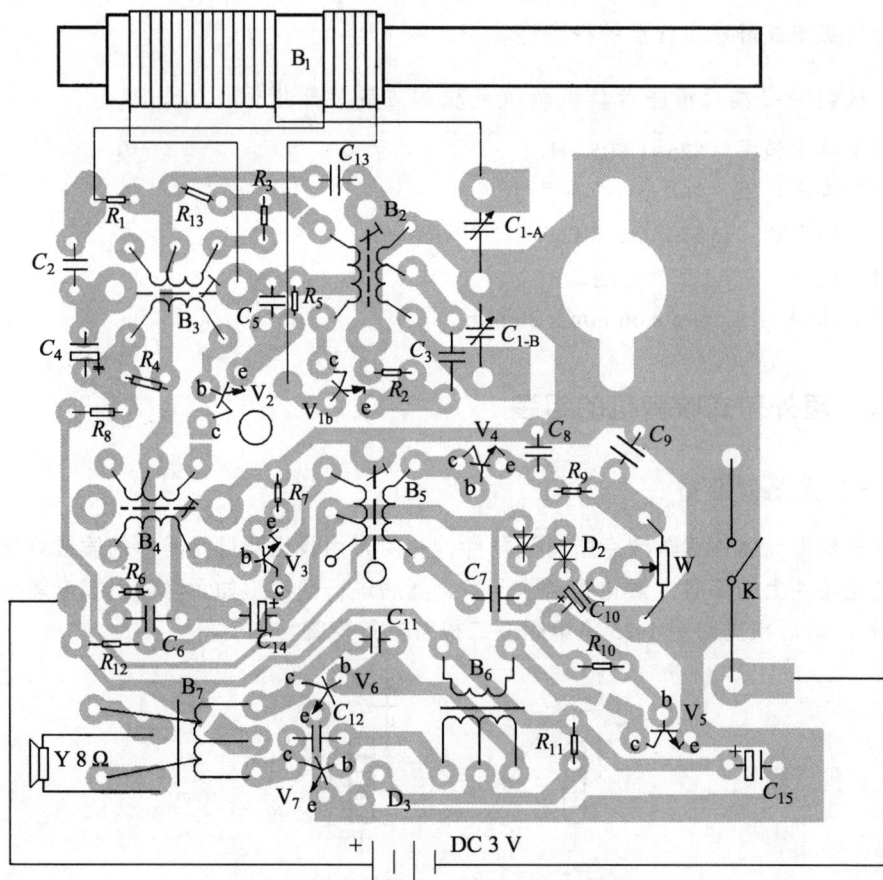

附图 1-27　HX108-2 型收音机装配图

（1）电阻全部为立式安装，所有电容器和三极管等的安装高度以中频变压器为准，不能过高。

（2）二极管、三极管的极性以及色环电阻的识别如附图 1-28 所示。

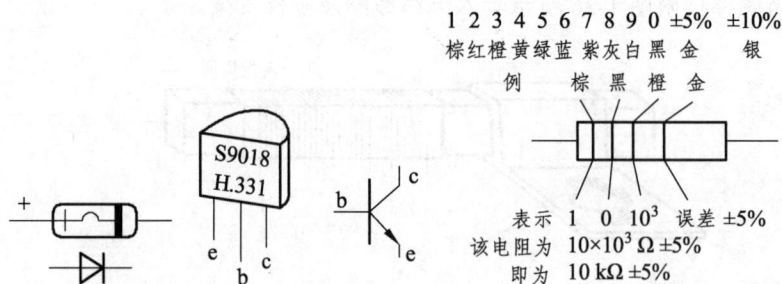

附图 1-28　二极管、三极管及色环电阻的识别

（3）输入（绿或蓝色）、输出（黄色）变压器要辨认清楚。输出变压器的次级电阻不到 1 Ω。与输入变压器初次级的电阻相差很大。

（4）由于振荡线圈与中周在外形上几乎一样，则安装时一定要认真选取。

注意事项：

（1）不同线圈是以磁帽不同的颜色来加以区分的。B_2——振荡线圈（红磁芯）、B_3——中周1（黄磁芯）、B_4——中周2（白磁芯）、B_5——中周3（黑磁芯）。

（2）所有中周里均有槽路电容，但振荡线圈中却没有。

（3）所谓"槽路电容"，就是与线构成的并联谐振时的电容器，由于放位置在中周的槽路中，故称之为"槽路电容"。

2. 焊　接

焊点表面要光滑、清洁，并要有足够的机械强度，大小最好不要超出焊盘，不能有虚焊、搭焊、漏焊，应保证良好的导电性。

元器件焊接顺序：

（1）电阻器、元片电容器、二极管。

（2）晶体管三极管。

（3）中周、输入输出变压器。

（4）电位器、电解电容。

（5）双联、天线线圈。

（6）电池夹引线、喇叭引线。

元器件为先小后大，先轻后重。

特别提示：每次焊接完一部分元件，均应检查一遍焊接质量以及是否有错焊、漏焊，发现问题应及时纠正。这样可保证焊接收音机的一次成功而进入下道工序。

注意：

（1）振荡线圈的外壳与中频变压器的外壳也要焊在电路板上。

（2）第一中频变压器外壳的两个脚都必须焊好，因为它还有导电作用。

（3）红中周 B_2 插件后外壳应弯脚焊牢，否则会造成卡调谐盘。

（四）装大件

（1）将双联 CBM-223P 安装在印刷电路板正面，将天线组合件上的支架放在印刷电路板反面双联上，然后用 2 只 M2.5×5 螺钉固定，并将双联引脚超出电路板部分弯脚后焊牢。

（2）天线线圈的 1 端焊接于双联天线联 C_{1-A} 上，2 端焊接于双联中点地线上，3 端焊接于 V_1 基极（b）上，4 端焊接于 R_1、C_2 公共点。

（3）将电位器组合件焊接在电路板指定位置。

（五）开口检查与试听

收音机装配焊接完成后，请检查元件有无装错位置，焊点是否脱焊、虚焊、漏焊，所焊元件有无短路或损坏。发现问题要及时修理、更正，用万用表进行整机工作点、工作电流测量。

各级工作点参考值如下：

$V_{cc} = 3\ \text{V}$；

$U_{c1} = 1.35 \text{ V}$，$I_{c1} = 0.18{\sim}0.22 \text{ mA}$；

$U_{c2} = 1.35 \text{ V}$，$I_{c2} = 0.4{\sim}0.8 \text{ mA}$；

$U_{c3} = 1.35 \text{ V}$，$I_{c3} = 1{\sim}2 \text{ mA}$；

$U_{c4} = 1.4 \text{ V}$；

$U_{c5} = 2.4 \text{ V}$，$I_{c5} = 2{\sim}4 \text{ mA}$；

$U_{c6、7} = 3 \text{ V}$，$I_{c6、7} = 4{\sim}10 \text{ mA}$。

如检查都满足要求，即可进行收台试听。

（六）前框准备

（1）将电池负极弹簧、正极片安装在塑壳上（见附图 1-29），同时焊好连结点及黑色、红色引线。

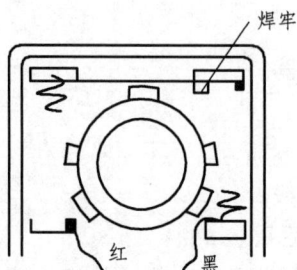

附图 1-29　电池簧片安装示意图

（2）将周率板反面的双面胶保护纸去掉，然后贴于前框，注意要安装到位，并撕去周率板正面保护膜。

（3）将喇叭 Y 安装于前框，用一字小螺丝批导入压脚，再用烙铁热铆三只固定脚，如附图 1-30 所示。

附图 1-30　喇叭安装示意图

（4）将拎带套在前框内。

（5）将调谐盘安装在双联轴上，如附图 1-31 所示，用 M2.5×5 螺钉固定，注意调谐盘方向。

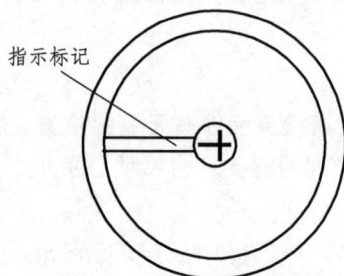

附图 1-31　调谐盘安装示意图

（6）根据装配图，分别将二根白色或黄色导线焊接在喇叭与线路板上。

（7）将正极（红）、负极（黑）电源线分别焊在线路板指定位置。

（8）将组装完毕的机芯按附图 1-32 所示装入前框，一定要到位。

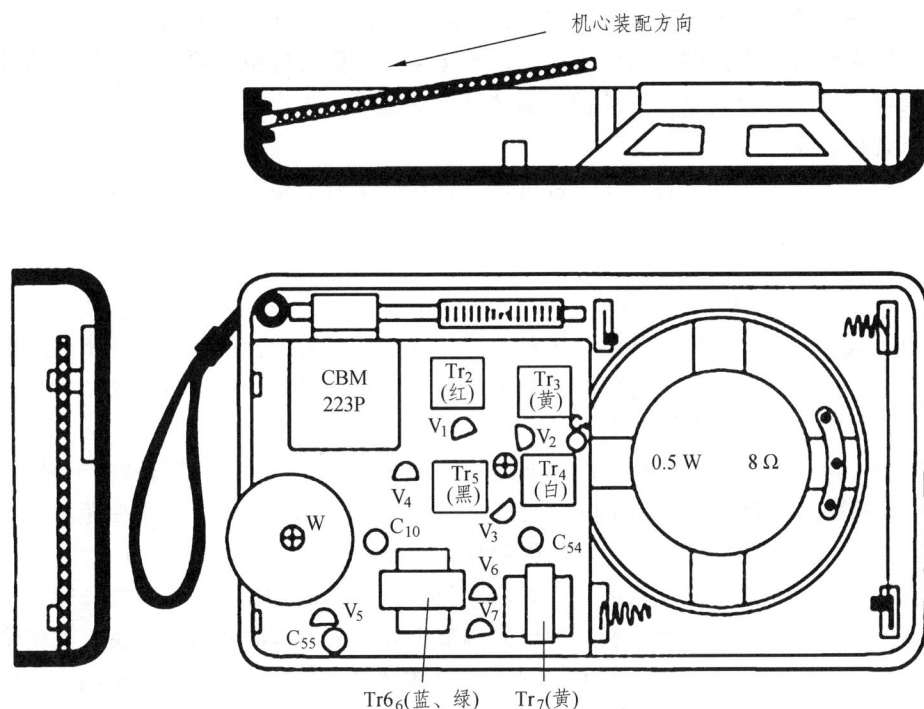

附图 1-32　机芯安装示意图

（七）后盖装配

在完成统调好机器后，放入 2 节 5 号电池进行试听，收听到高、中、低端都有电台信号即可将后盖盖好，完成收音机的组装。

七、整机调试

新装的收音机必须通过调试才能满足性能指标的要求。收音机调试的目的是增加收音机的选择性（收台多），提高收音机的灵敏度。

收音机调试的方法有两种：一种是徒手调试，另一种是利用设备仪器调试。其调整内容有：调整各级晶体管的工作点，调整中频频率，调整覆盖（即对刻度），统调（调整频率跟踪即灵敏度）。

（一）徒手调试

1. 静态调试

目的：使各级三极管都处在工作状态（$V_2 \sim V_7$ 处于放大状态，V_1 处于放大、振荡状态）。

方法：测开口电流 I_1、I_2、I_3、I_5、I_7 的值

接入电源（注意 + 、– 极性），将频率盘拨到 530 kHz 无台区，在收音机开关不打开的情况下首先测量整机静态工作总电流，应<25 mA，然后将收音机开关打开，在每一个开口处串接一个电流表，分别测开口电流 I_1、I_2、I_3、I_5、I_7 的值，并与参考值相比对，如果电流过大说明电路中有短路，或者某只三极管的引脚焊错，应仔细检查。若各集电极电流符合要求，用焊锡把测试点连接起来，测量时注意防止表笔将要测量的点与其相邻点短接。

注意：该项工作很重要，在收音机开始正式调试前该项工作必须要做。

2. 动态调试

1）调整中频频率（调中周）

中频放大级是决定超外差收音机灵敏度和选择性的关键。中频频率在出厂时都已调好，且中频变压器一般不易失谐，故只有在非调不可时，如修理中更换了中频变压器、中放管等元件时才去调整它。

目的：实际上 3 个中周不同时工作在一个单一频率上。要保证信号的通频带宽度，3 个中周振荡频率存在一定的差值。调整中频频率的目的是使 3 个中周变压器（中频调谐回路）的谐振频率调整为固定的中频频率 465 kHz。

方法：由于所用中周是新的，一般厂家已调整到 465 kHz。调试时打开收音机，在高端接收某一个电台，用无感应螺丝刀调节中周磁芯，以改变其电感量。调整顺序是由后级往前级，即先调黑中周 B_5（调到声音响亮为止），然后调白中周 B_4，最后调黄中周 B_3。由于前、后级之间相互影响，反复调整几次。

当收不到台时，可在可变电容器的天线边上接一根一米左右的导线作天线，以增加耦合度。先调最后一只中频变压器，再调前边的一只，直到声音最大为止。由于有自动增益电路的控制，以及当声音很响时，人耳对音响的变化不易分辨的缘故，在收听本地电台过程中，当声音已经调到很响时，往往不易调得更精确，这时可改收外地电台或转动磁性天线方向以减小输入信号。

2）调频率覆盖（对刻度）

收音机的接收频率应与刻度盘上的频率标志相一致，调整时可以先调中波后调短波。

目的：使双连电容全部旋入至全部旋出时，收音机所接收的信号频率范围正好是整个中波段 535 ~ 1 605 kHz。

方法：调整振荡回路的电感、电容。

（1）调低端：先在 535 ~ 700 kHz 范围内选一个电台（例如 549 kHz）作为低频端调试信号，使参考调谐盘指针指在 549 kHz 的位置，调整振荡线圈 B_2（红色）的磁芯，收到这个电台并调到声音较大。这样，当双联全部旋进容量最大时的接收频率为 525 ~ 530 kHz，低端刻度就对准了。

（2）调高端：在 1 400 ~ 1 600 kHz 范围内选一个已知频率的电台，例如 1 377 kHz，再将调谐盘指针调在周率板刻度 1 377 kHz 的位置，调节振荡回路中微调电容（即双联顶部左上角的微调电容 $C_{1\text{-}B}$，见附图 1-33），收到这个电台并将声音调大。这样，当双联全部旋出容量最小时，接收频率必定在 1620 ~ 1640 kHz，高端位置就对准了。

由于高、低端的频率在调整中会互相影响，所以低端调电感磁芯、高端调电容的工作要反复几次才能最后调准。

3）调统调（调灵敏度，跟踪调整）

目的：使本机振荡频率与输入回路频率的差值恒为中频 465 kHz。

方法：调整输入回路的电感、电容。在所选频率范围内的高、中、低三点进行跟踪，即三点统调。常取低频端 600 kHz 附近，中频 1 000 kHz 附近，高频端 1 500 kHz 附近。

（1）低端统调：将收音机调到 600 kHz 附近的一个电台上，调整输入回路天线线圈在磁棒上的位置，使声音最响，达到低端统调目的。

（2）高端统调：将收音机调到频率高的电台（1 500 kHz 附近），调节输入回路中的微调电容（双联上天线连的微调电容 C_{1-A}，见附图 1-33），使声音最响，达到高端统调目的。

由于高、低端之间相互影响，反复调整几次。当高低端都统调了以后，一般来说中间频率也自然跟踪了。

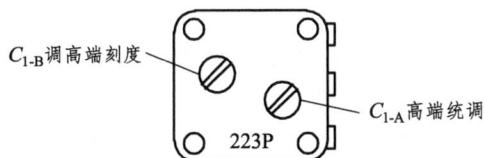

附图 1-33　双联上的微调电容

统调完毕后，输入回路线圈在磁棒上的位置要用蜡封上，以固定位置。另外应注意，统调时，最好用外地电台的播音来进行，因本地电台信号较强，产生的自动增益控制作用较强，会使输出的音量变化迟钝，因而不易调得准确。

注意：收音机本机振荡调谐回路和输入回路采用电容量变化相同的双联电容进行调谐。但实际上，由于两回路跟踪的频率覆盖系数不相等，两个电容的容量变化值不相同，所以不能实现理想的频率跟踪，如附图 1-34 所示。

为了实现良好三点跟踪，常在本振回路中串联一个 C_P 电容（称为垫整电容），用来在低频端提升本振回路的频率；在本振回路中并联一个补偿电容，用来在高频端降低本振回路的频率。从而使本振回路和输入回路的差值都等于 465 kHz。

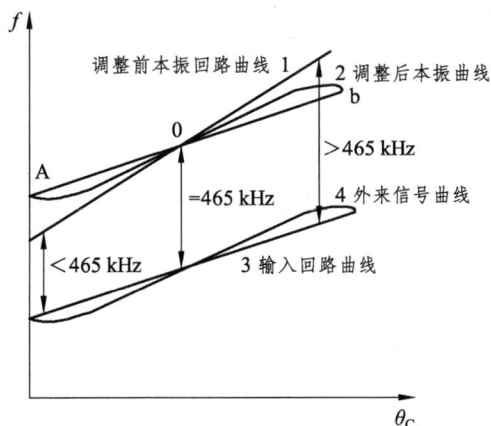

附图 1-34　跟踪曲线图

3. 如何测试收音机是否已统调好

用铜铁棒来检验收音机是否已统调好。铜铁棒的制作方法：取一支废笔杆，一端嵌入铜棒或铝棒，另一头嵌入 20 mm 的高频磁芯，也可用断磁棒代替，这样一支电感量测试棒就制作成功了，如附图 1-35 所示。

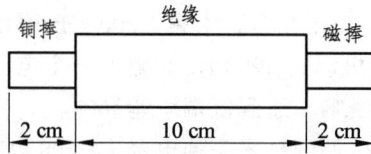

附图 1-35　铜棒的制作

检验时：把双联电容旋到统调点（高频端、低频端均可）附近的一个电台频率上，然后把铜铁棒靠近磁性天线 B_1。如果铜端靠近 B_1 使声音增加，说明 B_1 的电感量大了（因为铜是良导体，当铜棒靠近输入回路时，铜棒上产生感应电流，此电流反作用于输入回路，使输入回路的总电感量小），这时应把线圈向磁棒的端头移动，如移到头还是声音增大，则说明 B_1 的初级圈数多了，应该拆下几圈以减小电感量；反之，若磁棒端靠近 B_1（会使 B_1 的电感量增加）使声音增大，则说明 B_1 的电感量小了，可把线圈往磁棒中间移动或增加几圈；如果铜铁棒无论哪头靠近 B_1 都使声音变小，说明统调是合适的。

（二）在仪器设备下的调整

1. 仪器设备

常用仪器设备有：稳压电源（200 mA、3 V）；XFG-7 高频信号发生器；示波器（一般示波器即可）；DA-16 毫伏表（或同类仪器）；圆环天线（调 AM 用）；无感应螺丝刀。

2. 调试步骤

（1）在元器件装配焊接无误及机壳装配好后，将机器接通电源，在中波段内能收到本地电台后，即可进行调试工作。仪器连接如附图 1-36 所示。

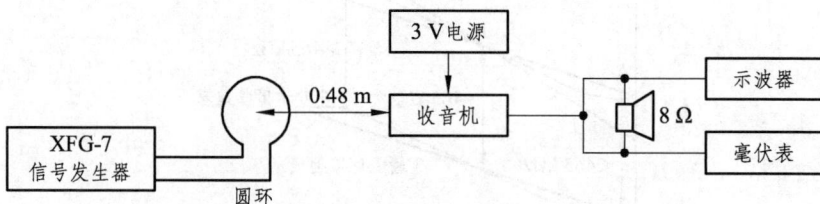

附图 1-36　仪器连接方框图

（2）中放调试。

首先将双联电容旋至最低频率点，XFG-7 信号发生器置于 535 kHz 频率处，输出场强为 10 mV/M，调制频率为 1 000 Hz，调幅度为 30%。收音机收到信号后，示波器应有 1 000 Hz 信号波形，用无感应螺丝刀依次调节黑 B_5、白 B_4、黄 B_3 三个中周且反复调节，使其输出最大，此时，465 kHz 中频即可调好。

（3）频率覆盖。

将 XFG-7 置于 520 kHz，输出场强为 5 mV/m，调制频率为 1 000 Hz，调幅度 30%。双联电容调至低端，用无感应螺丝刀调节振荡线圈 B_2（红色），收到信号后，再将双联电容旋至最高端，XFG-7 信号发生器置于 1 620 kHz，调节双联振荡联微调电容 C_{1-B}，收到信号后，再重复将双联电容旋至低端，调振荡线圈 B_2（红色），以此类推。高低端反复调整，直至低端频率为 520 kHz，高端频率为 1 620 kHz 为止，频率覆盖调节到此结束。

（4）统调。

将 XFG-7 置于 600 kHz 频率，输出场强为 5 mV/m 左右，调节收音机，收到 600 kHz 信号后，调整输入回路天线线圈在磁棒上的位置，使输出最大。然后将 XFG-7 旋至 1 400 kHz，调节收音机，直至收到 1 400 kHz 信号后，调双联微调电容 C_{1-A}，使输出为最大，重复调节 600 kHz 和 1 400 kHz 统调点，直至二点均为最大为止，至此统调结束。

在中频、覆盖、统调结束后，机器即可收到高、中、低端电台，且频率与刻度基本相符。至此，放入 2 节 5 号电池进行试听，在高、中、低端都能收到电台后，即可将后盖盖好。

八、常见故障及检测方法

（一）故障检查原则

检修收音机是一项很细致的工作。故障检查原则一般应按下列原则进行：

1. 先外后内

对于有故障的收音机，应先从外表上检查，检查是否有机壳摔坏、度盘拉线断线、插接件损坏或接触不良、磁棒断裂等。另外，要根据收音机反映出的故障现象，如"无声"、有"沙、沙"杂音而收不到电台、啸叫、失真等来初步分析可能是什么毛病，然后动手检查电路、元件。

2. 先易后难

应先从容易找到故障的地方检查，如电源断线、某一元件引线是否断线等。

3. 先粗后精，逐步压缩

首选粗略找出故障的部位，然后逐步缩小，最后找出故障元件。例如，先找出是低频部分还是高频部分；若是低频部分，再找出是前置级还是功放级；若是功放级，再找是放音元件还是输出放大级电路。

（二）外差式收音机常见故障处理

外差式收音机常见故障现象可分为无声、灵敏度低、音小、失真、杂音（噪声）大、啸叫、混台（选择性低）等，现分别介绍如下：

1. 无 声

无声可分为两种：一种是完全无声；另一种是有一点噪声但收不到电台。

前一种故障可能出在电源、扬声器、输出变压器等元件。

对于后一种故障，如当调整音量控制时，噪声不变，则故障多出现在低放级。若调整音量，开大时噪声大，关小时噪声小，则故障多出在检波级以前。

1）检查电源电压和电流

若测电源电流太大，按下面步骤逐步检测：滤波电容器→B_3的初级线圈（是否与其铁芯短路）→V_6、V_7（内部是否被击穿短路）。

另外，印制电路板各铜箔导线间若留有过多的焊锡使某点接地，也可能使供电电流增大。

V_1、V_2、V_3管被击穿或穿透电流过大也会造成总电流增大的现象。

如果测出的电源总电流为零，多半为电源的引线已断或者电源开关本身接触不良。若这一部分检测完好，应检查到电源负极间的印制电路板导线是否断裂。

2）检查低频放大级

如果测总电流正常，音量控制已开大，而收音机仍旧无声，而且当电池与电池夹相接触时，扬声器完全听不到"喀啦"声，那么该现象多半是低频放大部分工作不正常所致。

2. 灵敏度降低

收音机接收无线电波的能力减弱，能接收的电台数量减少，但收近地电台时的音量却并不显著减低。

灵敏度减低的原因主要是输入电路的效率、变频级的增益、中放级的增益或检波级的效率变低引起的。

1）变频级（包括输入电路）

（1）磁性天线中初级线圈的多股线有一部分断线，使调谐回路 Q 值降低。

（2）磁性天线初级线圈全部断线或引线脱焊。这时不但灵敏度降低，而且选择性也降低，有混台、干扰现象。

（3）磁性天线线圈位置移动，破坏了统调。这时可能出现某一端灵敏度显著比另一端低。检查时可将收音机调到低频端的一个电台，试移动线圈在磁棒上的位置，若移动后电台声音增大，说明统调可能已破坏，应重新统调。

（4）输入或本振微调电容器 $C_{1\text{-}A}$，$C_{1\text{-}B}$ 变值，这时可把收音机调到高频端的一电台上，试调 $C_{1\text{-}A}$，如声音增大，说明统调已乱，应重新统调。

（5）偏置电路中的高频旁路电容器开路。

（6）还可能是三极管本身放大能力下降，这时只能拆下测试。

2）中频放大级

中频放大级增益降低是使整机灵敏度降低最常见的原因：

（1）中频变压器失调。由于机械振动，中频变压器磁芯的位置可能产生移位。另外，有些磁性材料不良，其磁芯可能产生老化现象。

（2）中频放大级偏置电路中的高频旁路电容器开路或失效，也会导致中放增益降低，可用容量差不多的好电容器并联试验。

（3）发射极旁路电容器开路、失效。这时，在放大器内引入电流负反馈，因而也会使中放增益降低。

（4）中频变压器受潮，Q 值严重降低。

（5）中频变压器线圈部分短路。这时不但该级增益低，且调整磁芯对增益不起作用。

（6）中放三极管基极偏压降低，可能是偏置电阻变值。

（7）中放管性能变坏，电流放大系数下降。

3）检波级

检波级影响灵敏度的主要元件是三极管 V_4、电容 C_7。当三极管 V_4 性能下降时，会影响检波效果。

当电容 C_7 开路或失效时，没有中频通路，也会导致检波效率的降低。

3. 音 小

如果收音机能收到的电台数目没有很显著地减少，但放音音量减小很多，故障原因多在低放级及扬声器上。

（1）低放发射极旁路电容器开路或失效，从而引入电流负反馈。

（2）耦合电容器失效或容量减小。

（3）高频旁路电路器漏电，将音频信号分流。

（4）输入变压器线圈部分短路。

（5）放大管直流工作状态不正常，令偏压降低。

（6）放大管电流放大系数下降。

4. 失 真

失真指扬声器发出的声音与原来播送时的声音不一样。失真从主观听觉上来分有：

1）发音混浊，不易听清楚

故障的原因可能是：

（1）各放大管（尤其是低放各级）的偏置电压不对。

（2）功放两管特性不平衡，使正、负半周不对称引起失真。

（3）输入变压器某一边断线，会造成单边工作而失真。

2）发音沙哑

故障的原因可能是：

（1）扬声器音圈碰磁芯，或音圈与磁芯间有杂物。

（2）扬声器纸盆破裂，可更换，或用胶水或绵纸修复。

（3）各低放管基极偏置电压严重失常时，也会产生沙哑现象。

3）发音间断、漏音的原因

除上述低放各管基极严重失常外，强信号阻塞是发音间断的原因。"阻塞"是指信号太强，使后极放大管产生信号失真。个别收音机中也有由于自动增益控制电路设计不当或出故障后，使一中放出现阻塞现象。

5. 杂　音

收音机杂音要分清是外来干扰，还是机内故障。可将收音机输入电路短路，如将磁性天线初级线圈短路，若杂音消失，则与机器本身无关；若短路后仍有杂音，就是机内故障。

产生杂音的常见原因如下：

（1）假焊。可轻轻拨动可疑的元件听扬声器中有无反应。如有，说明该元件焊接不良。

（2）各变压器（最多的是输入）及磁性天线中的线圈似断非断。

（3）各电容器内部时断时连或漏电也会产生杂音。

（4）各电阻器内部接触不良，如其两头引出线铜圈与炭膜接触不良，同样能产生杂音。

此外，晶体管收音机还常常发出一种连续性的较平稳的噪声，这是由于晶体管本身的固有杂音，一般很难绝对消除。

6. 啸　叫

啸叫的原因一般是自激振荡。此外由于干扰调制而形成的差拍也能产生啸叫。

（1）如果晶体管收音机在调谐时，啸叫声不变化，则故障是低放级所造成，而且与音量控制电位器位置有关。开得大，叫声大；开得小，叫声小。其产生的原因多为电源滤波电容器 C_{15} 开路或容量不足所造成的。另外，更换输入变压器时，将接头接反也可能产生自激。

（2）如果在调谐时，整个刻度盘上都有啸叫声，特别在收听电台的两旁更为显著，但当调整到强电台位置时叫声消除，那么此故障就是中放自激。

（3）有时在调电台中，当调到波段的高端时，出现啸叫，而低端无啸叫，则可能是由于本机振荡过强而引起的。可以采取增大 R_1 阻值，减少集电极电流，以免振荡过强而引起啸叫。

（4）有时啸叫只限于中波段的低端，当有了电台时，即产生差拍的啸叫，其故障主要有两个原因：

① 中波天线调谐回路严重失调，以致 465 kHz 以上的假象频率串入机内，而造成差拍在低频段形成啸叫。只需重新统调，即可解决。

② 中频变压器频率调得太高，使输入调谐回路对中频的衰减不大，引起中频自激。解决的方法是：只要将中频变压器频率校准至 465 kHz 即可。

（5）有些晶体管收音机的啸叫只限于 930 kHz 和 1 395 kHz 附近，而且只有在这两频率附近有电台时，才产生啸叫，它是由于检波器的谐波泄漏造成的。解决方法是可将检波及附属元件用铝皮或铜皮加以屏蔽即可。

7. 机 振

它是由于机械上的原因引起的。音量放大后，扬声器的机械振动使收音机其经元件随之振动。例如双联可变电容器，中频变压器、磁性天线等受到振动，其参数将发生相应的变动，会导致本机振荡频率或中放增益随之变化。这种变化经过一些非线性元件后，将变成音频信号，产生正反馈形成振荡，称为机振。

机振的现象：音量开大时产生，开小即消失，且在短波段更为显著。

解决方法：对机械振动敏感的高频元件如双联可变电容，用橡皮或泡沫塑料等减振物与机壳或机板隔开；高频部分引线尽可能短，且加以固定；磁性天线的线圈用胶或蜡封固；本振线圈磁芯用细橡皮条或蜡紧固；扬声器与机壳间垫上减振垫圈。

8. 选择性不良

选择性不良一般也叫混台，即在收听时分不开台，有时会在一个地方出现两个或两个以上的电台。引起选择性低的原因有：

（1）磁性天线调谐回路线圈断线，信号输入就失去选择作用。这时，除选择性较低外，灵敏度也将降低，可用万用表测量该线圈的直流电阻来判断。

（2）本机振荡停振。此时几乎满刻度盘都是本地强电台的声音。可检查本机振荡部分。

（3）中频变压器失谐，可重调中频变压器。

（4）中频变压器的回路电容断线或开焊。这时调中频变压器磁芯对音量无显著变化，且越向里调，声音有加大的趋势。

（5）高频及中频偏置电路中的旁路电容器（C_4、C_5、C_6）失效或断路，这时除灵敏度降低外，也会使有关调谐回路的 Q 值降低，致使选择性变坏。

9. 汽船声

收音机有时会发出像汽船一样的声音。若有此故障，首先应检查一下电池，若电池废旧，内阻太大，可能引起汽船声音。

如果电池良好，此故障多半是由于电源滤波电容失效或容量减小，在公共电源电路中产生不良耦合，引起了极低频率的自激振荡。发现这种故障，可用替代法逐个检测这几个电容。

还有可能是低频放大电路中某一负反馈电路开路，造成增益而引起自激。

另外，如果修理中更换输入变压器时，把两臂线头接反，也可能引起汽船声。

（三）HX108-2 型外差式收音机的检测实例

检测收音机时，一般由后级向前检测，先检查低功放级，再检查中放和变频级。

1. 整机静态总电流测量

整机静态总电流应小于 25 mA。无信号时，若大于 25 mA，则该机出现短路或局部短路，无电流则电源没接上。

2. 工作电压测量（总电压 3 V）

（1）V_{D1} 正极、V_{D2} 负极两端电压在 1.3±0.1 V，大于 1.4 V 或小于 1.2 V 均为不正常。

（2）大于 1.4 V 时，二极管 4148 可能极性接反或损坏。

（3）小于 1.3 V 或无电压时，可检测：

① 3 V 电源是否接上。

② R_{12} 电阻 220 Ω 是否接好。

③ 中周（特别是白中周与黄中周）初级与其外壳短路。

3. 变频级无工作电流

（1）天线线圈次级是否接好。

（2）V_1 9018 三极管已损坏，或未按要求接好。

（3）红中周次级不通，R_3（100 Ω）虚焊，或者错焊成了大值电阻。

（4）电阻 R_1（100 kΩ）和 R_2（2 kΩ）接错或虚焊。

4. 一中放无工作电流

（1）V_2 晶体管坏或管脚（e、b、c）插错.

（2）R_4（20 kΩ）电阻未焊好。

（3）黄中周次级开路。

（4）C_4（4.7 μF）电解电容短路。

（5）R_5（150 Ω）开路或者虚焊。

5. 一中放电流过大，为 1.5~2 mA（标准是 0.4~0.8 mA）

（1）R_8（1 kΩ）电阻未接好或连接电阻的铜箔有断裂现象。

（2）C_5（223 μF）电容短路，或 R_5（150 Ω）电阻接成 51 Ω。

（3）电位器坏，测量不出阻值，R_9（680 Ω）未接好。

（4）检波管 V_4 9018 损坏，或管脚插错。

6. 二中放无工作电流

（1）黑中周初级开路。

（2）黄中周次级开路。

（3）晶体管坏或管脚接错。

（4）R_7（51 Ω）电阻未焊好。

（5）R_6（65 kΩ）电阻未焊好。

7. 二中放工作电流太大（> 2 mA）

R_6（62 kΩ）接错，阻值远小于 62 kΩ。

8. 低放级无工作电流

（1）输入变压器（蓝）初级开路。

（2）V_5 三极管坏或管脚接错。

（3）电阻 R_{10}（51 kΩ）未焊好。

9. 低放级电流太大（>6 mA）

R_{10}（51 kΩ）装错，阻值太小。

10. 功放级无电流（V_6、V_7 管）

（1）输入变压器次级不通。

（2）输出变压器不通。

（3）V_6、V_7 三极管坏，或管脚未焊好。

（4）R_{11}（1 kΩ）电阻未接好。

11. 功放级电流太大，大于 20 mA

（1）二极管 V_{D4} 坏或极性接反，管脚未焊好。

（2）R_{11}（1 kΩ）电阻装错了，用了很小的电阻（远小于 1 kΩ）。

12. 整机无声

（1）3 V 电源是否接上。

（2）V_{D1} 正极，V_{D2} 负极两端电压是否为 1.3±0.1V。

（3）有无静态电流（≤25 mA）。

（4）各级电流是否正常：

变频级 0.2±0.02 mA；

一中放 0.6±0.2 mA；

二中放 1.5±0.5 mA；

低放 3±1 mA；

功放 4±10 mA（15 mA 左右属正常）。

（5）用万用表×1 挡检查喇叭，阻值为 8 Ω。表棒接触喇叭引出接头时，应有"喀喀"声，若没有，说明喇叭已坏（测量时应将喇叭焊下，不可连机测量）。

（6）黄中周 B_3 外壳未焊好。

（7）音量电位器未打开。

13. 变频部分是否起振

用 MF47 型万用表直流 2.5 V 挡正表棒接 V_1 发射极，负表棒接地，然后用手摸双联振荡器（即连接 B_2 端），万用表指针应向左摆动，说明电路工作正常，否则说明电路中有故障。变频级工作电流不宜太大，否则噪声会很大。

14. 中频部分故障

中周 B_3 外壳两脚未接地，产生哨叫，收不到电台。

中频变压器序号位置搞错，结果是灵敏度和选择性降低，有时有自激。

15. 低频部分故障

输入、输出位置搞错，虽然工作电流正常，但音量很低，V_6、V_7 集电极（c）和发射极（e）搞错，工作电流调不上，音量极低。

16. 整机无声（用 MF47 型万用表检查故障方法）

用万用表 $\Omega \times 1$ 挡黑表棒接地，红表棒从后级往前级寻找，对照原理图，从喇叭开始，顺着信号传播方向逐级往前碰触，喇叭应发出"喀喀"声。当碰触到哪级无声时，则故障就在该级，可测量工作点是否正常，并检查有无接错、焊错、塔焊、虚焊等。若在整机上无法查出该元件的好坏，则可拆下检查。

九、实训报告要求

实训报告应包括主要指标、电路工作原理、装配工艺、测试说明、调试工艺、实训体会等。

十、思考题

根据附图 1-18 所示的 HX108-2 型 7 管超外差收音机的原理图，回答下列问题：

（1）结合方框图说明收音机的发射和接收原理，叙述并标明各级信号的频率及波形。

（2）如何检查各级的工作点？判断起振的方法是什么？

（3）B_3、B_4 和 B_5 是什么器件，正常工作时其初级调谐回路应谐振在多大频率上。

（4）B_1 的初级调谐回路的谐振频率和 V_1 管发射级振荡调谐回路的谐振频率之间具有什么样的关系？

（5）图中的本振电路和混频电路各是什么形式的电路？

（6）如果 V_6 与 V_7 中有一管极间开路损坏，扬声器有没有声音，为什么？

（7）低放属于什么类型放大器？试述其直流通路、交流通路。

（8）功放级在电路中起何作用？说明其工作过程。

附录二　电子技术在线实验系统 v1.0 功能介绍

实践表明，多媒体技术能提高学生对实验的兴趣，促进学生对相关知识的掌握。随着互联网的发展，各种网络平台技术对各行业都产生了不同程度的影响，网络化教育代表了教育改革的一个发展方向，已经成为现代教育的一个特征，并对教育的发展形成了新的推动力。实验网络化是现代教育技术的一个具体表现，具有很重要的现实意义。

本平台是为了配合院校开设电子实验课程而开发出来的实验教学系统，可以实现学生在线实验，以及教师的在线统计与管理。

一、概要

开发团队：河南惠思通电子科技有限公司；
操作系统：Windows 7 及以上版本；
应用服务器：CentOS 7.7 64 位；
CPU：2 核；
内存：8 GB；
公网带宽：2 Mb/s；
硬盘：40 GB；
网络架构：完全支持 TCP/IP 协议；
开发语言：Java 1.8；
开发工具：IntelliJ IDEA；
数据库：MySQL 5.7。

二、系统功能

在线实验平台采用互联网＋、5G 通信和嵌入式测试技术，把电源、信号源、示波器、万用表等测试仪表与被测电路集成在一起，将传统的必须在实验室里进行的电子技术实验项目搬到了网上，且不受时间和空间限制。

实验内容按阶梯递进式难度设置，在保留原有经典实验项目的前提下，融入一些新器件、新技术，划分为三个不同层次，即基础性实验、设计性实验、研究性实验，以培养主动发现问题、分析问题、解决问题的自主学习能力和习惯，帮助学生掌握创新思维方法，提高解决实际工程问题的实践能力。学校可以根据教学情况灵活组织，以解决学生实践技能参差不齐、实验兴趣严重两极分化的问题，改善教学效果，提高教学质量。

所有实验项目均在真实的电路板上进行线路连接和仪器仪表设置，将测试数据和波形储存在数据库中，以便随时调取分析，还可以对实验过程进行记录回放。项目注重实验过程中实验预习，实验数据的测试、整理、处理和分析能力，实验报告撰写的规范程度，实验结束后的思考总结，实验教学宗旨以学生工程设计能力培养为核心，突出对学生进行科学规范的工程教育素质和综合实践能力的培养。

三、适用人群

学习和教授电子课程的学生和教师、电子爱好者及相关行业的企业人员等。

四、系统组成

在线实验平台包括实验管理和在线实验两部分。

（一）管理功能

（1）班级管理：教师和学生进入班级管理模块，可以实现班级信息的查询和班级实验项目的查询。

（2）教师管理：用于学校教师的添加、发布和删除相应的实验，查询实验结果为学生评分。

（3）学生管理：学生可以在线做实验填写实验报告，查询实验结果和教师评分。

（4）实验管理：主要用于实验项目的添加和维护，记录和保存实验结果，方便教师和学生的查询。

（5）数据管理：记录复杂的线路连接过程，提供数据的安全存储，实现检索迅速、可靠性高、存储量大、保密性强、成本低等功能。

（6）平台维护管理：日常系统的维护功能。

（二）实验功能

（1）实验预习：根据实验内容设置测试题和答案，便于检查预习效果。

（2）实验原理：讲解实验原理图，估算实验结果，给出理论依据。

（3）实验步骤：按照实验指导书步骤进行电路接线，合理连接测试仪器，并进行测试。

（4）实验报告提交：处理数据，填写实验结果，提交报告。

（5）实验成绩：教师根据学生提交的实验报告和实验过程记录进行评分，给出成绩。

（6）实验总结：设置一些思考题，对实验结果进行总结。

随着现代信息技术的发展，在线实验系统大大提高了实验效率及实验结果的管理能力，降低时间成本、人力成本。希望本系统能够促进电子技术实验教学体系、实验教学内容和实验教学方法的建设，在面向工程教育人才培养中发挥积极的促进作用。

五、系统性能

该系统性能稳定，符合用户要求。可多人同时在线使用，节约成本，提高安全性，利用仿真提高教学效果，还具有操作简便、易学易用、功能强大等特点。

六、安全保密

该系统具有较好的安全保密机制，每个人在使用系统前必须先登录，依照自己的账户信息使用该系统。

七、操作指南

（一）网站首页

建议使用 Chrome、Firefox、Edge 或 360 等主流浏览器登录网站：http://www.ceeolab.com，首页界面如附图 2-1 所示。

附图 2-1　首页界面

最上层是用户导航，如附图 2-2 所示。

附图 2-2　用户导航

用户可根据自身需求点击上方按钮，跳转至所需界面。

首页：在"首页"界面对本实验平台进行了简单介绍。

所有课程：登录以后点击导航中"所有课程"的按钮，即可跳转至实验页面，用户可在该页面中选择自己所需的实验课程。

常见问题：如用户遇到问题，可点击"常见问题"按钮，查找是否有解决方案。

关于我们：点击"关于我们"按钮可以查看平台简单介绍，对本平台有更多了解。

帮助中心：如用户仍有问题未解决，点击"帮助中心"按钮可以下载关于实验平台的操作说明书。

登录：点击最右侧的"登录"按钮将跳转至登录界面，如附图 2-3 所示。

附图 2-3　用户登录界面

　　界面左侧是本平台所对接的学院信息，即郑州铁路职业技术学院的相关简介，右侧是登录页面，用户可使用用户名/手机号/学号并输入密码进行登录。

　　除此之外，也可切换至手机号登录界面，如附图 2-4 所示。

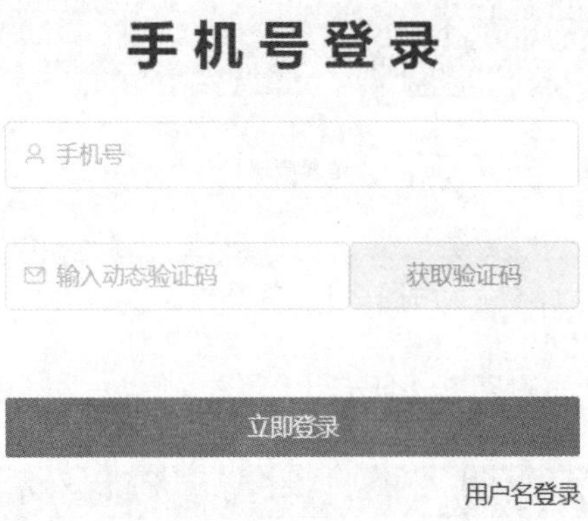

附图 2-4　手机登录界面

　　输入手机号，点击获取验证码，系统会给用户绑定的手机发送动态验证码，正确输入之后，用户即可登录。

（二）课程使用

　　登录网站以后，可根据学习需要，选择相应的课程，进入实验操作界面。课程包含：电路原理课程、模拟电子技术课程、数字电子技术课程及电工技术课程等，如附图 2-5 所示。目前仅开通模拟电路、数字电路两门课程。

附图 2-5　所有课程界面

八、课程介绍——模拟电子技术

硬件组成：采用 STM32 系列主板，进行远程实验电路触点控制、数据采样以及数据返回。

课程介绍：模拟电子在线实验室采用远程实验技术，通过网络访问远程端真实模拟电子电路实验板（单级放大电路、多级放大电路等），完成基本模拟电子实验。该实验室可作为电子技术类课程实验教学，也可用于教师在课堂上通过投影为学生演示，还可作为开放实验室供学生使用。界面如附图 2-6 所示。

附图 2-6　模拟电子技术实验界面

模拟电子电路采用固定电路，在线还原典型实验，通过实验室可培养学生的基本实验技能，加深对模拟电子技术基本原理的理解，了解模拟电路的组成及设计方法。

九、硬件支持

硬件支持包括实验所需电路板以及其他测量设备，整个系统只需一套设备，即可完成整个实验。

在线实验的基础还是硬件设备，有了硬件设备才可以为在线实验测得数据，将实际硬件测量的数据通过服务器上传到网站，学生即可完成实验，该部分介绍如下：

（一）共射-共集放大电路板

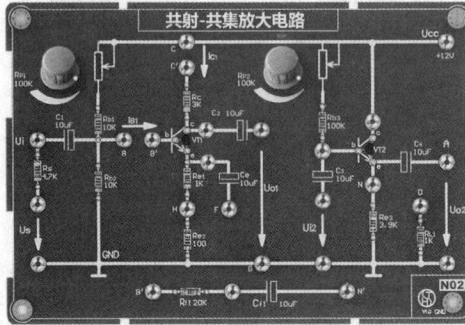

附图 2-7　共射-共集放大电路板

（二）差动放大电路板

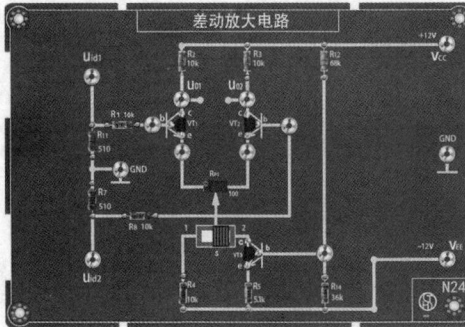

附图 2-8　差动放大电路板

（三）运算放大器基本电路板

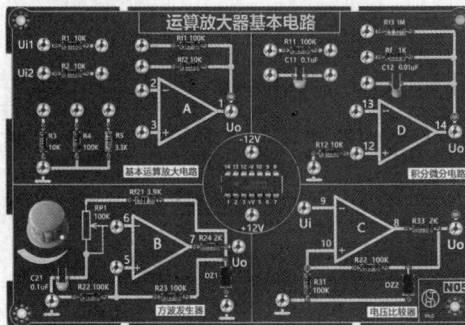

附图 2-9　运算放大器基本电路板

（四）其他设备

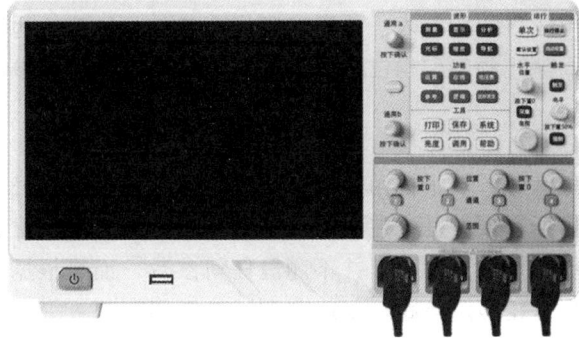

（a）数字万用表   （b）示波器

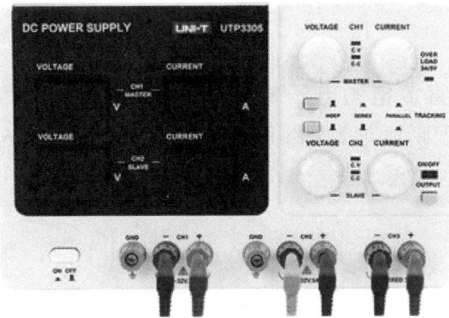

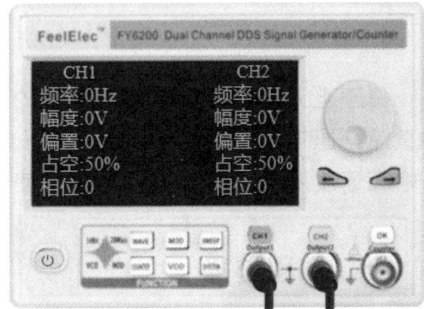

（c）信号源   （d）稳压电源

附图 2-10　其他硬件设备图

1. 数字万用表

它采用了集成电路模数转换器和数显技术，将被测量的数值直接以数字形式显示出来。数字万用表显示清晰直观，读数正确，与模拟万用表相比，其各项性能指标均有大幅度的提高。

数字万用表一般有 4 个表笔插孔，测量时黑表笔插入 COM 插孔，红表笔则根据测量需要，插入相应的插孔。测量电压和电阻时，应插入 V、Ω 插孔；测量电流时注意有两个电流插孔，一个是测量小电流的，一个是测量大电流的，应根据被测电流的大小选择合适的插孔。

根据被测量选择合适的量程范围，直流电压置于 DCV 量程、交流电压置于 ACV 量程、直流电流置于 DCA 量程、交流电流置于 ACA 量程、电阻置于 Ω 量程。

当数字万用表仅在最高位显示"1"或"－1"时，说明已超过量程，须进行调整。用数字万用表测量电压时，应注意它能够测量的最高电压（交流有效值），以免损坏万用表的内部电路。测量未知电压、电流时，应将功能转换开关先置于高量程挡，然后再逐步调低，直到合适的挡位。测量交流信号时，被测信号波形应是正弦波，频率不能超过仪表的规定值，否则将引起较大的测量误差。测量 10 Ω 以下的小电阻时，必须先短接两表笔测出表笔及连线的电阻，然后再测量中减去这一数值，否则误差较大。

2. 示波器

示波器是利用电子射线的偏转来复现电信号瞬时值图像的一种仪器。它不仅可以像电压表、电流表、功率表那样测量信号幅度，也可以像频率计、相位计那样测试信号周期、频率和相位，而且还能测试调制信号的参数，估计信号的非线性失真等。

3. 信号源

信号源是根据用户对其波形的命令来产生信号的电子仪器，主要负责给被测电路提供所需要的基本波形信号，然后用其他仪表测量感兴趣的参数。可见信号源在电子实验和测试处理中，并不测量任何参数，而是根据使用者的要求，仿真各种测试信号并提供给被测电路，以达到测试的需要。

凡是产生测试信号的仪器，统称为信号源，也称为信号发生器，它用于产生被测电路所需特定参数的电测试信号。

4. 稳压电源

稳压电源是能为负载提供稳定的交流电或直流电的电子装置，包括交流稳压电源和直流稳压电源两大类。当电网电压或负载出现瞬间波动时，稳压电源会以 $10 \sim 30$ ms 的响应速度对电压幅值进行补偿，使其稳定在 ±2% 以内。

十、课程选择

打开软件登录后，选择"模拟电子技术"进入，选择实验项目。这里以"多级放大电路"为例，单击"多级放大电路"，进入多级放大电路实验，如附图 2-11 所示。

单击多级放大电路界面右侧的"进入实验"，进入多级放大电路实验操作界面，如附图 2-12 所示。

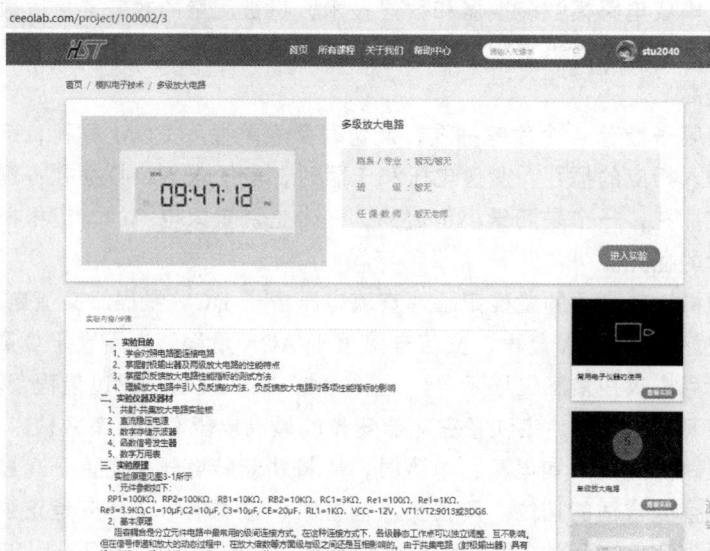

附图 2-11　多级放大电路实验界面

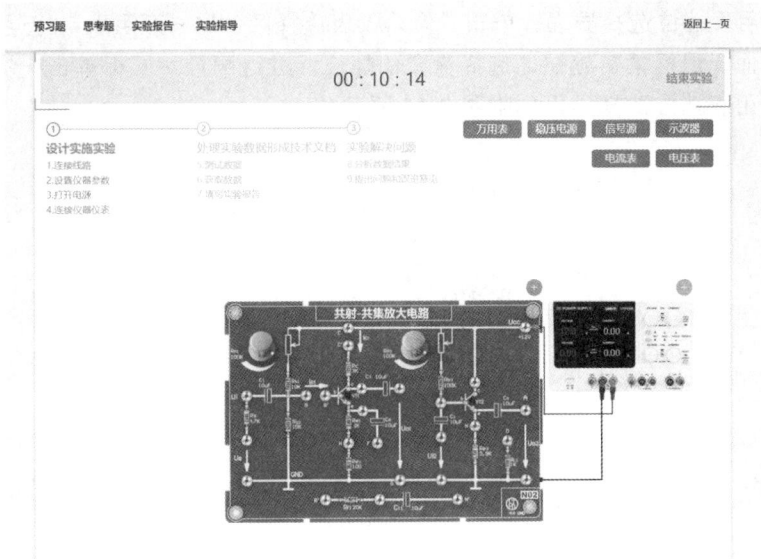

附图 2-12　多级放大电路实验操作界面

十一、仪器仪表选择

注意：每个仪器仪表第一步都要打开电源开关后，才可与实验板导线连接。

（1）稳压电源选择：单击"仪器仪表选择区"的"稳压电源"，单击稳压电源旁边的蓝色"＋"号，放大稳压电源，进行参数设置，稳压电源参数设置界面如附图 2-13 所示。参数设置完成后，单击稳压电源右上角的蓝色"-"号，可进行稳压电源与实验板的导线连接。

附图 2-13　稳压电源参数设置界面

注意：每个仪器仪表第一步都要打开电源开关后，才可与实验板导线连接。

（2）万用表挡位选择界面：单击"仪器仪表选择区"的"万用表"，万用表出现在实验操作界面，鼠标单击旋钮，选择需要的挡位，进行测量。鼠标单击一次，挡位转换一次。万用表挡位选择界面如附图 2-14 所示。

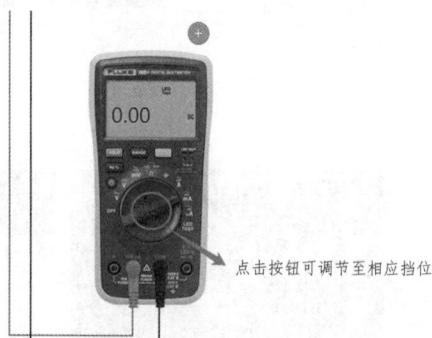

点击按钮可调节至相应挡位

附图 2-14　万用表挡位选择界面

（3）信号源参数设置界面：单击"仪器仪表选择区"的"信号源"，信号源出现在实验操作界面，单击信号源左上角的蓝色"＋"号，放大信号源进行参数设置，信号源参数设置界面如附图 2-15 所示。

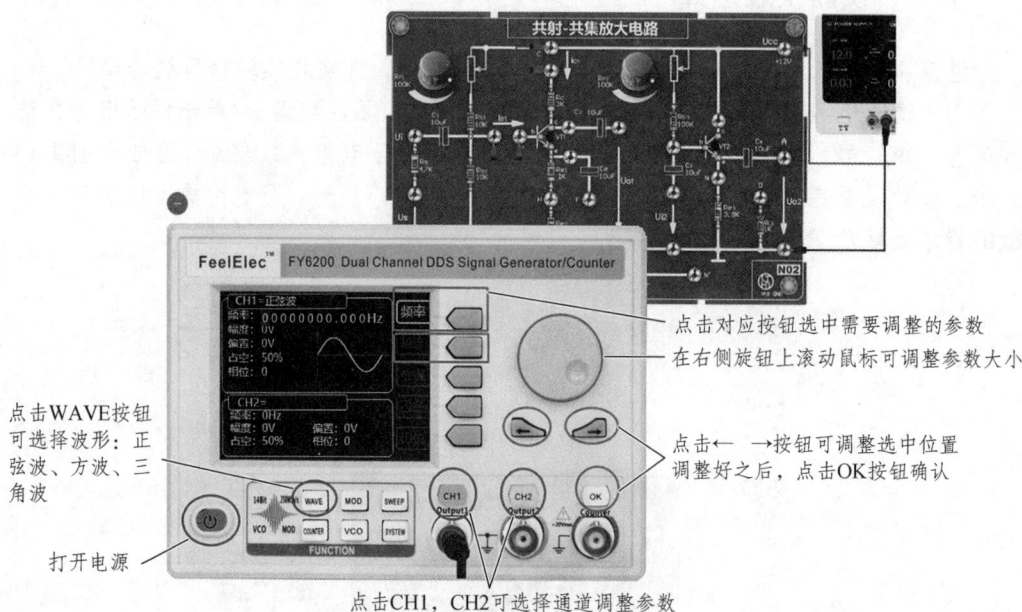

点击对应按钮选中需要调整的参数
在右侧旋钮上滚动鼠标可调整参数大小

点击WAVE按钮可选择波形：正弦波、方波、三角波

点击← →按钮可调整选中位置
调整好之后，点击OK按钮确认

打开电源

点击CH1，CH2可选择通道调整参数

附图 2-15　信号源参数设置界面

（4）参数设置完成后，单击信号源左上角的蓝色"-"号，可进行信号源与实验板的导线连接。

（5）示波器调节：单击"仪器仪表选择区"的"示波器"，示波器出现在实验操作界面，单击示波器右上角的蓝色"＋"号，放大示波器进行调节，示波器调节界面如附图 2-16 所示。单击示波器右上角的蓝色"－"号，缩小示波器，恢复实验操作界面。注意：示波器通道 CH1 连接 U_s，通道 CH2 连接 U_i，通道 CH3 连接 U_{o1}。

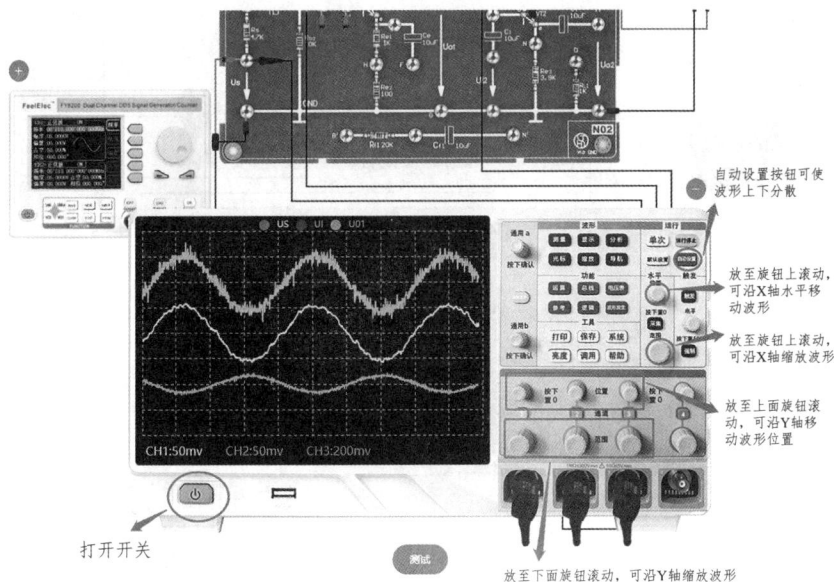

自动设置按钮可使波形上下分散

放至旋钮上滚动，可沿X轴水平移动波形

放至旋钮上滚动，可沿X轴缩放波形

放至上面旋钮滚动，可沿Y轴移动波形位置

打开开关

测试

放至下面旋钮滚动，可沿Y轴缩放波形

附图 2-16　示波器参数设置界面

十二、实验板与仪器仪表连接界面

（1）各个仪表参数设置调节完成后，与实验板完成连接，连接完成的界面如附图 2-17 所示。然后点击实验操作界面的最下方"测试"按钮，提交实验，记录实验结果。

（2）点击示波器右上角的蓝色"＋"号，可放大示波器，查看实验结果，调节示波器参数，如附图 2-18 所示。

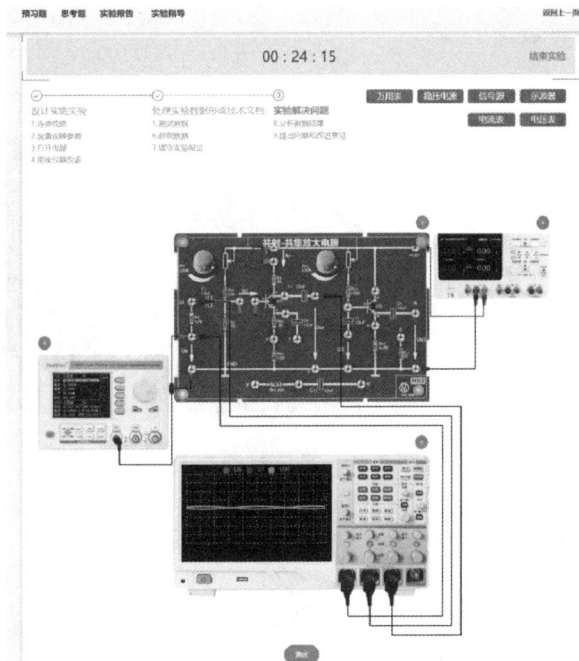

附图 2-17　实验板与仪器仪表的连接界面

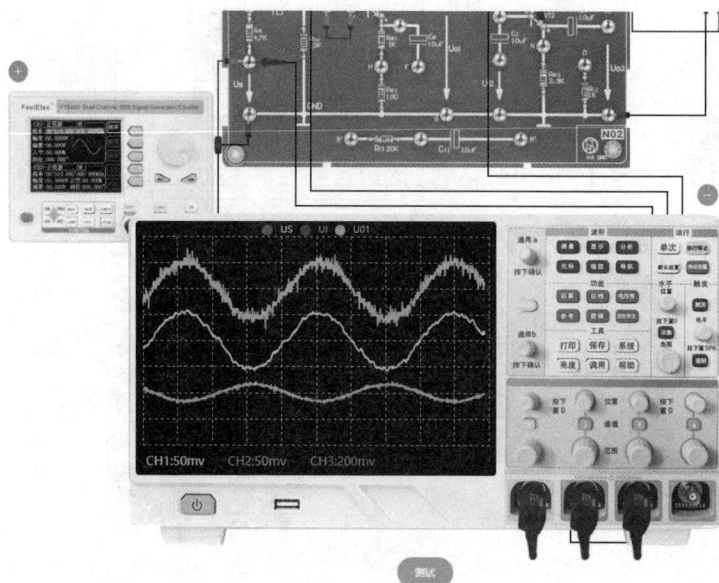

附图 2-18　示波器参数调节

十三、电位器参数调节

（1）方式一：单击电位器，出现"请输入 R_{p1} 计算的阻值"，输入需要的阻值，然后点击确定，完成电位器参数调节。

（2）方式二：鼠标放至电位器上并滚动，调节电位器参数。电位器参数设置界面如附图 2-19 所示。

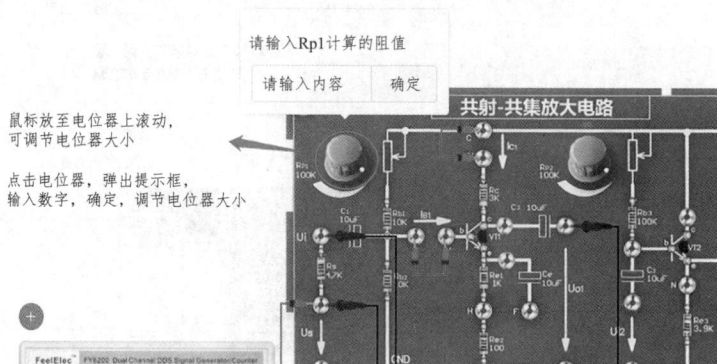

附图 2-19　电位器参数调节

十四、实验导航栏区界面介绍

（1）实验预习题、思考题区：在进行实验之前，可先完成实验预习题及思考题，带着问题进行实验，加深实验理解，如附图 2-20 所示。

附图 2-20　实验预习题、思考题区

（2）实验报告：对照实验结果，完成实验报告的填写，如附图 2-21 所示。

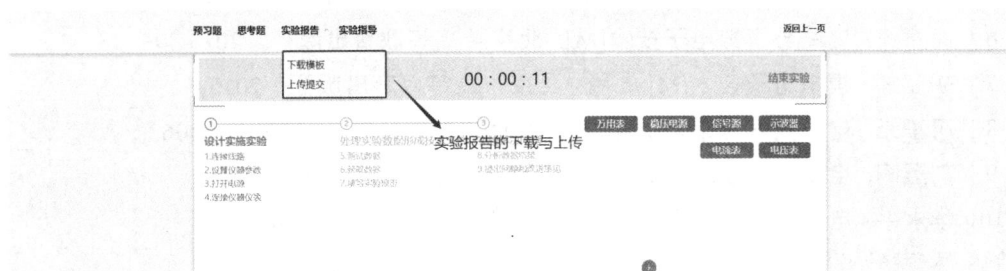

附图 2-21　实验报告的上传下载界面

十五、常见问题

（1）若点击提交按钮后长时间请求不到数据，请点击"实验完成"按钮或者按"F5"刷新页面重新提交（注意：刷新实验页面当前连线数据会丢失，须重新连线）。

（2）如芯片放置错误，可刷新页面重新开始。

（3）若提示"硬件请求故障，无法获取数据"，请首先检查硬件主板连接情况，若故障依然存在，请联系管理员解决。

参考文献

[1] 童诗白. 模拟电子技术[M]. 5 版. 北京：高等教育出版社，2015.

[2] 王连英，模拟电子技术[M]. 北京：高等教育出版社，2014.

[3] 胡宴如. 模拟电子技术及应用[M]. 北京：高等教育出版社，2011.

[4] 张惠敏. 电子技术[M]. 北京：化学工业出版社，2021.

[5] 张园，于宝明. 模拟电子技术[M]. 北京：高等教育出版社，2018.

[6] 高育良. 电路与模拟电子技术[M]. 北京：高等教育出版社，2013.

[7] 胡宴如. 模拟电子技术[M]. 5 版. 北京：高等教育出版社，2015

[8] 康华光. 电子技术基础模拟部分[M]. 北京：高等教育出版社，2006.

[9] 刘蕴陶. 电工电子技术[M]. 北京：高等教育出版社，2014.

[10] 华永平. 电子技术及应用[M]. 北京：高等教育出版社，2012.

[11] 林瑜筠. 区间信号自动控制[M]. 北京：中国铁道出版社，2007.

[12] 林瑜筠. 铁路信号基础[M]. 北京：中国铁道出版社，2005.

[13] 李源生，李艳新，孙英伟. 电路与模拟电子技术[M]. 北京：电子工业出版社，2007.

[14] 周雪. 模拟电子技术. 高职[M]. 西安：西安电子科技大学出版社，2008.

[15] 詹新生. 电工技术及应用[M]. 北京：高等教育出版社，2012.

[16] 赵桂钦. 模拟电子技术教程与实验[M]. 北京：清华大学出版社，2008.

[17] 赵世平. 模拟电子技术基础[M]. 北京：中国电力出版社，2004.

[18] 余辉晴. 模拟电子技术教程[M]. 北京：电子工业出版社，2006.